传统美德的守望

论耻

唐海燕 ◎ 著

中国社会科学出版社

图书在版编目（CIP）数据

传统美德的守望：论耻/唐海燕著 . —北京：中国社会科
学出版社，2018.11
　ISBN 978 - 7 - 5203 - 3480 - 8

　Ⅰ.①传…　Ⅱ.①唐…　Ⅲ.①个人品德—道德修养—研
究—中国　Ⅳ.①B825

　中国版本图书馆 CIP 数据核字（2018）第 247872 号

出　版　人	赵剑英
责 任 编 辑	刘晓红
责 任 校 对	孙洪波
责 任 印 制	戴　宽

出　　　版	中国社会科学出版社
社　　　址	北京鼓楼西大街甲 158 号
邮　　　编	100720
网　　　址	http：//www.csspw.cn
发 行 部	010 - 84083685
门 市 部	010 - 84029450
经　　　销	新华书店及其他书店

印　　　刷	北京明恒达印务有限公司
装　　　订	廊坊市广阳区广增装订厂
版　　　次	2018 年 11 月第 1 版
印　　　次	2018 年 11 月第 1 次印刷

开　　　本	710×1000　1/16
印　　　张	15
插　　　页	2
字　　　数	231 千字
定　　　价	66.00 元

目　　录

绪论 ………………………………………………………… 1

第一章　耻的伦理意蕴 ………………………………………… 5

　第一节　耻的伦理内涵解读 ………………………………… 6

　　一　耻的范畴辨析 ………………………………………… 6

　　二　耻的伦理特点 ………………………………………… 11

　　三　耻与其他传统德目的关系 …………………………… 15

　第二节　耻的作用 …………………………………………… 16

　　一　推进立人之大节 ……………………………………… 16

　　二　凝练社会治教之大端 ………………………………… 20

　　三　强化治国之大维 ……………………………………… 22

　第三节　耻的文化功能 ……………………………………… 24

　　一　耻感文化与乐感文化 ………………………………… 24

　　二　耻感文化与罪感文化 ………………………………… 27

第二章　耻的理论渊源与现代功能 …………………………… 31

　第一节　中华传统文化中的耻 ……………………………… 32

　　一　儒家的耻德观 ………………………………………… 32

　　二　道家的耻德观 ………………………………………… 49

　　三　墨家的耻德观 ………………………………………… 52

　　四　法家的耻德观 ………………………………………… 54

　第二节　西方文化中的耻 …………………………………… 56

　　一　亚里士多德的羞耻理论 ……………………………… 56

二　亚当·斯密的羞耻思想 ································ 59

三　约翰·罗尔斯的羞耻观 ························· 62

第三节　现代伦理中的耻 ································· 63

一　耻德的现代功能 ································· 63

二　耻德的运用原则 ································· 66

第三章　耻与仁 ····································· 70

第一节　仁的伦理内涵与历史溯源 ··················· 71

一　仁的伦理解读 ··································· 71

二　仁的历史演进 ··································· 74

三　中华传统学派对仁的诠释 ····················· 77

四　仁的当代解读 ··································· 83

第二节　耻与仁的内在关联 ····················· 85

一　耻为仁的道德基础 ························· 85

二　仁是耻的高层次展现 ······················· 86

第三节　中国传统文化中的耻仁观 ··················· 88

一　儒家的耻仁观 ··································· 88

二　道家的耻仁观 ··································· 89

三　墨家的耻仁观 ··································· 89

四　法家的耻仁观 ··································· 90

第四节　耻与仁的现代运用 ······················· 91

一　知耻明仁，提高个人修养 ··················· 91

二　耻仁并行，培育良序社会 ····················· 92

三　耻仁结合，推进道德养成 ····················· 94

第四章　耻与义 ····································· 97

第一节　义的伦理内涵与历史发展 ··················· 98

一　义的伦理解读 ··································· 98

二　义的历史演变 ······························· 100

三　义的主要特性 ······························· 102

四　义的时代解读 ······························· 105

第二节　中华传统文化中的耻义观 ················· 107

　　一　儒家的耻义观 ……………………………………………… 107

　　二　道家的耻义观 ……………………………………………… 111

　　三　墨家的耻义观 ……………………………………………… 113

　　四　法家的耻义观 ……………………………………………… 115

第三节　耻与义的内在关系 ………………………………………… 118

　　一　耻为义之发端 ……………………………………………… 118

　　二　达义是耻育的重要目的 …………………………………… 120

第四节　耻与义结合的现代运用 …………………………………… 124

　　一　以耻义培育个体真善美的品质 …………………………… 124

　　二　育耻求荣，强化义德 ……………………………………… 125

　　三　耻义结合，推进社会主义核心价值观的培育和践行 … 127

第五章　耻与礼 ……………………………………………………… 132

第一节　礼的伦理内涵与历史演进 ………………………………… 133

　　一　礼的范畴辨析 ……………………………………………… 133

　　二　礼的伦理溯源 ……………………………………………… 135

第二节　耻与礼的内在关联 ………………………………………… 141

　　一　耻是礼的内在动力 ………………………………………… 141

　　二　礼是耻的外在表现形式 …………………………………… 144

　　三　耻与礼相互促进 …………………………………………… 145

第三节　耻与礼的现代融合 ………………………………………… 147

　　一　耻与礼现代融合面临的挑战 ……………………………… 147

　　二　以耻入礼 …………………………………………………… 153

第六章　耻与廉 ……………………………………………………… 158

第一节　廉的伦理意蕴与历史溯源 ………………………………… 159

　　一　廉的词义解读与内涵解释 ………………………………… 159

　　二　廉的历史演进 ……………………………………………… 163

第二节　中华传统文化中的耻廉观 ………………………………… 166

　　一　儒家的耻廉观 ……………………………………………… 166

　　二　道家的耻廉观 ……………………………………………… 167

　　三　墨家的耻廉观 ……………………………………………… 169

四　法家的耻廉观 …………………………………………… 171

第三节　耻与廉的内在关联 ………………………………… 172

一　耻与廉词性本义具有互通性 …………………………… 172

二　耻与廉伦理内蕴具有统一性 …………………………… 174

第四节　耻与廉结合的现代运用 …………………………… 176

一　耻廉结合，提升个人修养 ……………………………… 176

二　耻廉结合，加强从政者自律 …………………………… 178

三　耻廉结合，推进国家体制建设 ………………………… 181

第七章　耻德的实现路径 …………………………………… 183

第一节　个体耻德的养成 …………………………………… 184

一　个体耻德自律弱化的困境 ……………………………… 184

二　耻德修己路径："他律"与"自律"的融合 …………… 186

三　耻德律己目标：实现自由与和谐 ……………………… 187

第二节　大学耻德的培育 …………………………………… 189

一　推进以知耻为底线伦理的道德教育 …………………… 189

二　引领大学生树立耻德价值观 …………………………… 196

三　加强知耻与趋荣相结合的教育 ………………………… 198

第三节　家庭耻德的熏陶 …………………………………… 202

一　严格家教管理 …………………………………………… 202

二　营造良好家风 …………………………………………… 205

三　强调家训制约 …………………………………………… 207

四　重视家规建设 …………………………………………… 210

第四节　社会耻德的塑造 …………………………………… 212

一　加强耻德宣传 …………………………………………… 212

二　营造良好社会环境 ……………………………………… 214

三　健全社会耻德运行机制 ………………………………… 216

四　以优秀传统文化融入耻德培育 ………………………… 218

五　建立耻德法治保障 ……………………………………… 219

参考文献 ……………………………………………………… 222

绪　　论

　　耻是中华文明上下五千年一以贯之的重要道德条目，穿越几千年历史长河，任岁月变迁、任时光流淌，中华民族知耻明耻的道德意志信念历久弥坚、历久弥新，已然成为融入中国人血脉的民族高贵精神气节，成为中国人视如生命的精神依托，耻德是中华民族传统文化宝库中一颗璀璨的明珠。

　　历史上传颂至今的典故，代表着中华民族世代传承的耻文化的精神内核和精神动力，至今依然震撼人心。这里择取一二：

　　知耻近乎勇——典故：越王勾践，焦思苦身，不忘国耻，尝胆卧薪。

　　春秋时期，吴越交兵，越国兵败。越王勾践被俘入吴宫，做了吴王夫差的奴隶。勾践知耻而后有勇。获释回国后，他卧薪尝胆，访贫问苦，任用贤才，发展生产。十年生产、十年教训，二十年的时光，终于使国家富足，军队精壮。后勾践带兵灭掉吴国，一举而雪会稽之耻，他也成为春秋霸主之一。

　　见利忘义为耻——典故：魏节乳母，护主忠诚，耻行逆乱，不羡千金。

　　周朝时期，秦国灭了魏国。杀了魏王和许多公子，只有一个公子，遍寻不到。秦国就下了一道命令：捉着这个公子者，赏万两银子，藏匿者灭其三族。那时候魏国有个叫节乳母的人带着这个公子逃跑，旧时的臣子劝节乳母去告发，节乳母说："见有利就反了君上，这就是逆；怕被杀死就弃了义气，这就是乱；行了逆乱去求自己的利益，这就是没有羞耻。我还有什么面目活在世上呢?!"秦国的军队追上来看见他们，大家就争着用箭来射公子。节乳母却用自己的身体遮掩公子，中了几十箭，最后和公子一同死了。

耻为立人之大节——典故：宋范纯仁，胸怀坦荡，不学韩维，无愧于心。

北宋时，范仲淹之子范纯仁被封为忠宣公，他曾经和司马光两个人讲论力役的征法，意见有分歧。后来朝廷里处治司马光一派的人，有一个叫韩维的人，因为从前做官的时候，同司马光意见不合，因此得到幸免。有人劝范纯仁根据韩维的前例，去要求免罪，范纯仁说："从前我和司马光两个人，同在朝廷里论事，意见不合，那是正常的，要把这个当作现在脱罪的理由，那是不可以的。况且一个人，与其有了惭愧的心活着，还不如没有惭愧的心死去好呢！"

阅卷有益，翻开这些典故，中华民族知耻重义的精神和魄力仍然气贯长虹、磅礴激昂。时代在变迁，文化也于岁月涤荡中不断在反思、演进、筛择中进步发展，但耻之德性一直屹立于中华民族文化的核心，展示着中国人的铮铮傲骨和自尊自信，展现着中国人步行天下的强大气场和能量。

20世纪初，徐悲鸿在欧洲留学时，曾碰到一个洋人的挑衅。那个洋人羞辱他说："中国人愚昧无知，生就是当亡国奴的料，即使送到天堂深造，也成不了才！"徐悲鸿义愤填膺地回答："那好，我代表我的祖国，你代表你的国家，等学习结业时，看到底谁是人才，谁是蠢材！"徐悲鸿不忘耻辱、奋发图强，一年之后，他的油画就受到法国艺术界的好评，此后数次竞赛，他每次都获得第一名，徐悲鸿的个人画展，轰动了整个巴黎美术界。这样令人惊叹的成就，令那个洋人远远不能及，让他羞愧不已。徐悲鸿的绘画成就让中国人扬眉吐气。这就是中国人明耻自强的生动案例。

西方人崇尚罪感文化，深受基督教原罪论与新教伦理预定论的影响，他们对耻的认识也很深刻，有这样以耻明志的故事：

加拿大工程学院的毕业生都佩戴着一枚与众不同的戒指——"耻辱戒指"。原来是早年毕业于该校的一名工程师由于设计错误，使一座大型桥梁在交付使用不久就倒塌了。为吸取这个惨痛教训，学院买下这座桥梁的钢材加工成戒指分发给学院学生。长期以来，学院的毕业生手戴"耻辱戒指",牢记教训,并以此不断自我鞭策和激励,在技术上精益求精,在工作上认真仔细,在世界上取得了骄人的成就。

2013 年 9 月 26 日,习近平在会见第四届全国道德模范及提名奖获得者时,提到中华文明所具有的重要历史意义,他强调指出,中华文明源远流长,孕育了中华民族的宝贵精神品格,培育了中国人民的崇高价值追求。自强不息、厚德载物的思想,支撑着中华民族生生不息、薪火相传,今天依然是我们推进改革开放和社会主义现代化建设的强大精神力量。在纪念孔子诞辰 2565 周年国际学术研讨会暨国际儒学联合会第五届会员大会开幕会上,习总书记又指出,中国人民的理想和奋斗,中国人民的价值观和精神世界,是始终植根于中国优秀传统文化沃土之中的。他强调,中国优秀传统思想文化体现着中华民族世世代代在生产生活中形成和传承的世界观、人生观、价值观、审美观等,其中最核心的内容已经成为中华民族最基本的文化基因,是中华民族和中国人民在修齐治平、建功立业过程中逐渐形成的有别于其他民族的独特标识。①

"抛弃传统、丢掉根本,就等于割断了自己的精神命脉。"习总书记的话语一语中的。博大精深的中华优秀传统文化是我们在世界文化激荡中巍然屹立的根基,是我们建立民族文化自信的根本,而如何传承和创新中华传统文化,已经成为我们新时期的重要课题。

本书试图从中华传统文化体系中,梳理和厘清耻的理论渊源、学理结构以及历史演变,探讨耻的范畴界定,耻与耻感(知耻)、耻德三者一体的内在逻辑联系。论述耻对社会、对个体产生的重要作用,中华传统耻感文化、乐感文化与西方罪感文化的联系和区别。

耻之德目与中华传统其他德目仁、义、礼、廉之间具有紧密联系,既有内在本质关联又有不同的目的指向重心,中华传统四大学派儒家、道家、墨家、法家对耻以及耻德与其他德目之间的关系也都有各自独特的见解和诠释。耻德经过世代演变和创新,在现代社会中,对于个人品德塑造、社会道德教化以及国家治理,都发挥着特有的功效和作用。

耻德的培养和形成要通过个人、学校、家庭、社会的合力作用。一是个体知耻教育是前提。知耻首先是自耻,是从主体知耻意识开始的道

① http://theory.people.com.cn/n/2015/0109/c40555-26356863-2.html.

德自觉自律。二是大学知耻教育是主要阶段。大学时期是道德价值观确立和形成的黄金时段，大学耻育要渗透于学生的文化学习及社会实践活动中，要延伸至学生管理工作、校园文化建设活动中。三是家庭知耻教育具有优先的地位。自古以来，家庭就是中国人的伦理观念形成的主要场域，家庭是中国人精神的依托、亲缘关系的纽带，营造优良家教家风、完善和运用各家各户优秀家训家规，是家庭耻德教育的根本。四是社会知耻教育是关键。家庭和学校耻育是取之于社会又用之于社会的，社会知耻教育是家庭和学校耻育的基础和必然归宿，营造良好的耻育环境、对优秀传统文化进行借鉴、建立道德规则和加强法治建设，是提高国民耻德素养的重要基础。

从对耻的认知到耻德的建立，是一个循序渐进的过程。美德培养不会一蹴而就，需要我们加以认真学习感悟、内化为志和外化于行动。如果知耻是道德的底线伦理，那么，我们就要知耻明耻，筑牢伦理底线、铸就道德防线，努力在全社会形成人人知耻、去恶扬善的社会风气，并以此推进社会主义精神文明建设步伐，谱写社会主义道德进步的美好篇章。

第一章　耻的伦理意蕴

在中华民族几千年文化演变中，耻、耻感、耻德一直是道德文明建设的主题。中国文化对耻德的推崇绵延不绝，每个历史时期的思想家、伦理学家都会从不同侧面、不同角度探讨耻，从根本上来说，中国是一个重耻感、重耻德建设的国度。

"耻"一直是传统伦理文化中传之久远、受人重视并以之作为行为准则之一的德目。早在春秋时期，齐国政治家管仲就提出"礼义廉耻，国之四维"的治国要领。他把"耻"作为治国的四大精神支柱之一——"四维不张"，则"国乃灭亡"！这又是何等警策的危言，孔子则标举"行己有耻""有耻且格"等作为教导社会成员修身的标准。《中庸》中的"知耻近乎勇"把"耻"提到一个较难达到的境界，认为必须知耻才能有勇气。孟子说："人不可以无耻""耻之予人大矣"。并且将其作为一切悖礼犯法行为的根源。在一些古籍中常见到一些文句，以"耻"来反思自己言行的不足与相悖。如《左传》中说："耻不能据郑也"，《礼记》中称："耻名之浮于行也""耻有其容而无其辞"和"耻有其辞而无其德""耻有其德而无其行"等，都在检讨立身行事存在的缺憾和应知羞耻之处。而我国历朝历代都继承着重耻的传统，把明耻视作知人论世的准则，而"无耻"则是使人无地自容的唾骂之辞。大者如治国平天下，小者如修身齐家，"耻"几乎是衡量是非、忠奸、曲直的一个标尺，也是鼓舞人们挺身而立的力量。

那么，什么是耻？什么是知耻？耻作为一种德性或者说是耻德，又具有什么样的内涵、特质和特殊作用？在本章中，将对这些问题一一进行诠释，探索耻与传统文化的其他德目，比如与仁、义、礼、廉之间的联系。在立人处世、社会治教、治国之道方面提炼和强调其现实作用。

本章还论述了耻感文化与乐感文化、罪感文化的异同，强化对耻德更深入的理解。耻感文化与中华传统的乐感文化同属于中华传统伦理的两种道德模式，二者既有联系也有区别；耻感文化与西方崇尚的罪感文化的产生方式、约束方式也有不同。但是耻感文化、乐感文化、罪感文化三者都引导人们形成道德良心、行事向善并具有共同倡导构建良善的道德社会的价值取向。

第一节　耻的伦理内涵解读

一　耻的范畴辨析

（一）耻的词义与伦理界定

对耻的研究和探索，要从耻的内在规定性和外延上来进行辨析。厘清耻之词源学意义与意蕴所在，是研究耻的前提和基础。

对"耻"的理解，在《现代汉语词典》中，"耻"的基本释义有两大方面，一是指羞愧、羞愧的事，比如，可耻；二是指羞辱，例如：不耻下问等。从词义上看，"耻"与"羞""羞耻""耻辱"界定相近。在《说文解字》里提到"耻，辱也"，"辱，耻也"，"辱也。从耳，心声。"在此，"耻"与"辱"互通。在西方，耻的英文为"shame""disgrace""humiliation"，简要的译义是指耻辱、丢脸；不光彩、使受耻辱等。可见，中西方对"耻"内涵解释是基本相同相通的。

而对"耻"的伦理解读，可从其词的结构和性质等方面来分析，进而把握"耻"的伦理意蕴。"耻"应有四个从低到高、从浅入深的四个层次：第一层次，从"耻"字面结构来看，"耻"古时做"恥"，左为"耳"字右为"心"字，从"恥"字的组成而言，我们可以这么来理解"耻"，即耳闻（某事、某言）而引发个体内心的感应和反响，因此，"耻"是一种人体自身的感官反应和感受。第二层次，从人性的本能看，"耻"是本能感官之上产生的一种情感状态，人的身体感受传导至人体神经中枢，而激发出的一种感官的强烈体验，而这种状态以羞愧、屈辱的方式为体验，本质上就是人的一种情感表露。第三层次，在人性本体论上来解释，"耻"是情感体验形成对人的一种行为制约。"耻"的这种不适感受（耻感）会在人将采取行动的时候，迸发其应有力量阻止人的不道德的行为，因此，儒家亚圣孟子才会有"人不可以无耻"的说法。第四层次，行为习惯到意志自律的升华。"耻"的情感体验抑制着人"可耻"的行为模式、行为选择，经过长期的反复，形成人的自律习惯，最后形成人的避"耻"弃"耻"的稳定的道德意志力。从人体感受到情感体验，而后成为行为习惯和道德意志的四个层次，是对"耻"词性较为全面的释义，而对"耻"的伦理意蕴内涵也是建立在此基础之上。

深入理解"耻"的内涵，我们必须还要将它与类似的词语进行明确区分。我们往往易于将"耻"与"羞"和"惭愧""羞愧""辱"等词混用，有些词典也未能做出很好的区分。但在哲学的研究中，它们的词性词义是有区别的，辨析其含义，有助于对"耻"有更为清晰的认知。

"耻"与"羞"的区别。在古语中，"羞"同"馐"，具有由浅入深的几个含义，即害臊、难为情→使难为情→耻辱、感到耻辱。而在日常生活中，我们往往多用羞来描述羞臊、难为情后面红耳赤、体热焦躁的状态。羞在词源上还具有遮蔽的意思，即表达试图遮蔽自己不被他人所窥的行为与情感需求。耻常常表现为羞，但在表达上比羞浓烈，人们因知耻而达至愤怒、激愤状态，耻以知错为前提，而羞则具有不知道自己行为的过错或者根本就认为自己没有过错的含义，因此往往是羞而不耻。羞只是人性的自然本能反应，而耻感更多的是道德底线与理性认知的选择。

"耻"与"惭愧"的区别。二者都具有"因做错事，内心感到不安"的意思。但惭愧侧重于因有缺点或做错事而感到不安，倾向于主体主观的认知感受和自我认定，是由内而发的自我感受，外界评判成分的感知较弱，比如，宋代欧阳修在《相州昼锦堂记》中说："所谓庸夫愚妇者，奔走骇汗，羞愧俯伏，以自悔罪于车尘马足之间。"即表现了惭愧的状态。"耻"蕴含着羞愧和惭愧的双重内涵，侧重于主观感受与客观的认定两者的结合与作用。因此，二者相比较，"耻"无论是内在与外在含义，在表达个体感受程度上，都比"惭愧"的程度更深。

"耻"与"辱"的区别。耻与辱在本质上也有不同。辱与"荣"

（荣誉、殊荣、光荣等）相对，至少包含着"耻辱""侮辱""玷辱"等的意义。而耻一般多指羞耻，是一种个体认知，而辱则不同，侧重于指外来力量对主体人格的伤害，作为心理机制是指他人的行为践踏了"我"的尊严而产生的。《现代汉语词典》中"自尊"条目解释为自我尊重，即不向别人卑躬屈膝，"不容许（被）别人歧视、侮辱"。① 中华古典文籍《韩非子·诡使》曰："重厚自尊，谓之长者。"因此，"辱"与内在于个体的人的尊严被伤害相联系。总之，"耻"与"辱"都包含着主体痛苦体验，二者区别在于——耻感是因自己对自我行为过错产生的；"辱"则是他人对主体的过错导致名誉上受到损失，精神上受到打击伤害而产生的。

以上是对耻的含义与词性梳理，但是，对"耻"的道德意蕴的全面把握，必须挖掘中华传统伦理思想史对耻的内涵的解读，因为自古以来，耻就是中国传统伦理文化的重要内容和重要伦理规约、道德条目，先贤对"耻"的解读丰富而深刻。概括起来对耻的伦理阐述至少有三方面：

第一，"耻"作为一种个体自我惩罚的体验。《说文解字》曰"辱也。从耳，心声。"将"耻"与"辱"互训，"耻，辱也"，"辱，耻也"。故"耻"在传统道德中指羞耻心、知耻感。耻感本质上即为羞耻心、知耻感，它是个体违背道德诉求时，受外界道德评价标准与内在是非善恶道德观念影响而自觉地产生的自我惩罚。因此，"耻"促使个体自觉遵守道德法规、明辨是非，《诗经·风·相鼠》中说："相鼠有皮，人而无仪。人而无仪，不死何为？相鼠有齿，人而无止。人而无止，不死何俟？相鼠有体，人而无礼。人而无礼，胡不遄死？"这里的"止"通耻，文中提出微小的鼠类还有自己的脸皮，人又怎么能没有廉耻和尊严？如果人失去了廉耻，也就会只是一个躯壳而已。康有为更在《孟子微》卷六中提出："人之有所不为，皆赖有耻心。如无耻心，则无事不可为矣。耻者，治教之大端。"这些论述都体现了，有人把人的耻感提高到了与生死等同的高度，认为没脸皮毋宁死，都足以看出"耻"在古人心目中的重要地位。

第二，知耻是重要伦理德目，简称耻德。经过不断发展完善，知

---

① 《现代汉语词典》，商务印书馆 1983 年版，第 1538 页。

耻、有羞耻心已成为中华传统社会基本美德之一，是每个人都必须具有的伦理底线。孔子总结以往道德理论，建构起了比较完备的道德规范体系。他以知、仁、勇为"三达德"，并由此展开为孝、礼、悌、忠、恕、恭、宽、信、敏、惠等德目。孟子以仁、义、礼、智为"四母德"，提出君仁臣忠、父慈子孝、兄弟友恭、夫义妇顺、朋友有信。而后，仁、义、礼、智成为代表传统道德精神的"中国四德"，形成完整的德性体系。在此基础之上，法家发展并建立了自己的道德规范体系。管仲提出"四维七体"，把礼、义、廉、耻四德作为"国之四维"，将耻列入立国兴国的四大根本纲要，《管子·牧民》中言："礼不逾节，义不自进，廉不蔽恶，耻不从枉。故不逾节，则上位安；不自进，则民无巧诈；不蔽恶，则行自全；不从枉，则邪事不生"。将"四维"作为重要的伦理规则，列入立国兴国的根本要求，从国家、社会层面到个人都必须切实遵行。这些中华传统规范条目，我们把它的综合成"六德""六行""四维""八德"，而"耻"是其中不可或缺的重要成分和内容。

第三，"耻"是向善的前提。在中国伦理道德思想发展史上，人性善恶一直是思想家们广泛讨论和争议的主题，并产生各种不同流派和理论。性善论、性恶论、性不善不恶论、性有善有恶论等，都构成了伦理思想家们建构伦理体系的出发点。"耻"就是很多思想家用来研判和解析人性善恶的标准，它以特有的否定性方式来引导人们把握善和趋向善。比如，《礼记·中庸》中的"知耻近乎勇"，意为知道羞耻就接近勇敢，知错就可学习礼仪。儒家将"知耻近乎勇""好学近乎知""力行近乎仁"凝练成对知、仁、勇"三达德"的一种阐发。"人之有所不为，皆赖有耻心。如无耻心，则无事不可以为矣。风俗之美，在养民知耻，耻者，治教之大端。"[1] 周敦颐《通书·幸》则称"必有耻，则可教"，揭示了知耻是能接受道德教育的前提。有"耻"将会使人能感受到一种违背了社会道德标准的自我之恶的不安不当之情，因此在内心否定"耻"所感受到的"恶"，对不善之行之言产生羞愧、改正心理。因此，知"耻"能促使人积极去寻找善，能自觉产生向善的意识与行为，衍生向善之内力，并能自觉接受道德教化、加强道德修养，形成善的信念和意志。

---

① 康有为：《孟子微》卷六。

总之，不论是从词性词义上对"耻"的含义的解读，还是在中华传统文化中对耻的伦理追溯与挖掘，其目的都在于从认知"耻"的界定内涵出发，从而培养人们"羞耻心""羞耻感"，进而深化为一种知耻的德性。

（二）耻、耻感、耻德的内涵与联系

知耻在伦理学意义上也称为羞耻感、羞恶心或者羞愧感，作为一种特殊的道德意识，知耻具有三个内在本质特征：首先，知耻是个体自我意识的道德情感。羞耻感是一种否定性的道德情感体验，行为主体基于社会特有的道德约束和伦理要求，在对自身的思想道德行为进行自我评价或接受他人评价时，对自己违背社会道德的不良行为进行自责自省。知耻是"个体意识到自身或所属的团体违反了社会规范和道德准则时而产生的自我谴责的情感体验"，[①] 是主体"由于做了一些错误的、不恰当的行为而产生的悲伤、尴尬、痛苦的体验。"[②] 其次，知耻是个体自我道德选择评价的一种特殊能力。马克思在《政治经济学批判》中提出：人具有"实然"和"应然"的双重存在状态。[③] 人的这种双重存在状态决定了人在道德实践过程中，是以"实然如此"存在状态为伦理前提，以"应当如何"为理想境界期望，而当主体（人）未能实现此状态进程并为自身所知觉后，必将产生由于脱离自身本质存在而萌发的耻感评判，而产生内在自我调整的道德自觉，因此，知耻也是个体道德进步的推进机制。最后，知耻是道德良心的外在表现。个体一旦做了不符合道德规范的事，道德良心将激发主体内心深处的羞愧、内疚的心理体验，促使主体在道德良心驱动之下，对自我行为进行内在反省和修正。

心理学家欧文斯曾经提出，羞耻是当人们产生或实施了一些错误的、粗心的或遗憾的想法或行为时，他们会得出自己本质上是坏人或是不值得尊重的结论。[④] 哲学家梯利也说："如果不正当的行为赢得了胜

---

① 林崇德、杨治良、黄希庭：《心理学大辞典》，上海教育出版社 2003 年版，第 859 页。

② 霍恩比：《牛津高阶英汉双解词典》，商务印书馆 1997 年版，第 663 页。

③ 《马克思恩格斯全集》（第 46 卷上册），人民出版社 1975 年版，第 491 页。

④ June Price, Tangney, Patricia E. Wanger, et al., Relation of Shame and Guilt to Constructive Versus Destructive Responses to Anger Across the Lifespan [J]. *Journalof Personality and Social Psychology*, 1996, 70 (4): 797 – 809.

利，正当行为的思想还会在意识中徘徊，我感到悲哀、苦恼、羞愧、卑鄙……它们可能变得如此强烈以致使受苦者陷入深深的痛悔，甚至使他情愿或者渴求承受最严厉的惩罚。"① 最后，道德良心是个体道德耻感产生的必要条件，个体唯有因自身的思想行为违背所认同并内化客观外在道德义务为自己的道德良心而感到羞愧，才会产生耻感。

从知耻到耻德形成是一个递进的过程。耻感是在知"耻"基础上产生的，是当个体违背道德诉求时，受外界道德评价标准与内在是非善恶道德观念影响而自觉地产生的自我惩罚心理，是人的行为与内化为个体的社会价值观念和道德观念发生差距甚至冲突时所产生的痛苦体验。耻感产生有两个原因：一是耻者对自己的"可耻"行为进行自我评价活动，耻感由此引发；二是对他人的"可耻"行为进行内心自我评价活动，然后产生为他人之恶而引起的类同耻感。

耻感作为自己的行为与内化为自身的社会价值观念和道德观念产生差距或发生冲突时所产生的痛苦体验的心理机制，是个体的自我评价活动。当主体用内化为自身的社会价值观念和道德观念作为标准来评价自己的所作所为，并感受到自己行为产生与前者具有差距甚至冲突时，主体就会形成羞愧、感到丢脸的知耻感；反之，当行为符合社会价值观念和道德观念时，则会产生愉悦情感，就是荣誉感。主体对自己所作所为的这种以痛苦情感表现出来的否定性评价经过无数次的重复，就会以固定的模式和格式稳定下来，在个体心理中形成价值判断的杠杆，形成一种特有的价值信念，即耻观。而在反复的耻观强化之下，主体逐渐形成特有的德性，即耻德，并以此德性体现在日常行为中。

二 耻的伦理特点

（一）知耻是人性的根本标志

知耻是人特有的心理机制和为人的根本，这样的论述在我国传统文化中由来已久。孔子将"知耻""行己有耻"作为君子理想人格的基础，认为"知耻"是对人的行为的外在要求，孔子说："行己有耻，使

---

① ［美］弗兰克·梯利：《伦理学导论》，何意译，广西师范大学出版社2002年版，第50页。

于四方，不辱君命，可谓士矣。"① 他提醒人们要时刻保持羞辱心、保持行为自律。孟子认为是否知耻，有无羞恶之心，是区分人与动物、人与禽兽的根本，"无羞恶之心，非人也。"② 把"羞恶之心"作为先天的与生俱来的人的内在规定性，视为人之为人的依据，耻感之于人的意义至关重要，是人与禽兽的重要区别，并说"人不可以无耻，无耻之耻，无耻矣"③。宋朝的朱熹、陆九渊等思想家也强调耻感之于人之为人的意义，譬如："夫人之患莫大乎无耻。人而无耻，果何以为人哉？"④ "耻者，吾所固有羞恶之心也。存之则进于圣贤，失之则入于禽兽，故所系为甚大。"⑤ 因此，人不可以无耻，即耻是做人的根本起点标准。

在西方的古希腊时期，就已经将知耻作为重要的美德。亚里士多德曾经提出，耻感是一切美德的发端，是成人之希望。⑥ 之后，西方学者更多地将对耻的认识与罪感文化结合起来进行阐述。近代西方社会，以德国思想家马克斯·舍勒为代表，他在《价值的颠覆》一书中进一步强化提出，动物只有生命本能，而耻感为人所特有，人有精神属性，人是一种自由意志的存在，能够将自己的生命活动变成自己意志和意识的对象，能对自己的生命活动进行反思。"人在世界生物的宏伟的梯形建构中的独特地位和位置，即它在上帝与动物之间的位置，如此鲜明地直接表现在羞感之中。"⑦

（二）耻感是道德教化的前提

在中国传统道德中，具有知耻意识亦是进行道德教化的基础。孟子说："恻隐之心，仁之端也；羞恶之心，义之端也；辞让之心，礼之端也；是非之心，智之端也。"⑧ 这"四心"即人性中的四善端，是仁、

---

① 《论语·子路篇》。
② 《孟子·公孙丑上》。
③ 《孟子·尽心章句上》。
④ 《陆九渊集·人不可以无耻》。
⑤ 朱熹：《孟子集注》。
⑥ ［古希腊］亚里士多德：《尼各马科伦理学》，中国社会科学出版社1992年版，第53页。
⑦ ［德］马克思·舍勒：《价值的颠覆》，生活·读书·新知三联书店1997年版，第164页。
⑧ 《孟子·公孙丑章句上》。

义、礼、智四种德性的萌芽，共同构成了人类善良合宜的道德行为的基础。并且，孟子将"羞恶之心"当作"义之端也"，即为"义"的德性形成人性根源和德性本体。没有耻感，一切无从谈起。宋朝学者周敦颐认为："必有耻，则可教。"[1] 康有为也提出："人之有所不为，皆赖有耻心，如无耻心，则无事不可为矣。"[2] 他们都深刻揭示了耻感是道德教育的前提，人有了羞耻感，才能明是非、辨善恶，并自觉向善。

知"耻"是品德修养的平台，耻感是品德养成的保证。人有耻方可教，羞耻心是一种最基本又最能激发人心良知的道德力量。一个在社会中生活的人，首先应有知"善恶""廉耻"之心，有了知"羞耻"之心，就能因知"恶"的可耻而心生愧疚，从而及时审视并改正自身不善想法或行为。有了羞耻心，才会追求善，因而自觉地从事道德修养、接受教化。宋人范浚曾说："夫耻，人道之端也。"[3] "必有耻，则可教。"[4] 这些言语深刻地揭示了耻是道德教化的前提。朱熹也认为人只有"耻于不善"，才有可能"至于善""人有耻则能有所不为"。[5] 一个人只有有了知"耻"心，才能从内心对丑恶、不道德的事情产生憎恶，自觉产生对善、美、道德的向往。清代著名学者石成金也说过："耻之一字，乃人生第一要事。如知耻，则洁己励行，思学正人，所为皆光明正大，凡污贱淫恶，不肖下流之事决不肯为。""如不知耻，则事事反是。"[6] 耻感是一种积极的道德情感，它以否定性方式把握善；耻感也是自律的根据，而这些对于品德的养成都是极为关键的。所以，知耻心是人们内心深处为善抑恶的动力，有了这种内在的动力，才能产生积极向善的自觉，通过主动地修身养性，达到自律、自制，主动将社会道德规范内化为自己内心的道德戒律，知"荣"而为、知"耻"而不为，追求完美的品德修养及"从心所欲不逾矩"[7] 的完美境界。

---

①　周敦颐：《通书》第八章。
②　康有为：《孟子微》卷六。
③　范浚：《宋元学案》（卷四十五），中华书局1986年版。
④　周敦颐：《通书·幸》，三秦出版社1965年版。
⑤　朱熹：《朱子语类》卷十三。
⑥　石成金：《传家宝·人事通》。
⑦　《论语·为政》。

（三）耻感是社会进步的道德基础

知耻能激励人们勇于承担社会责任。"耻"是激励人们更好遵循道德规范的一种内在力量。耻感代表了"理想我"与"自我"之间的紧张性，在于个体道德世界中存在一个"理想我"，因而知耻在本质上是达至"理想我"的一种道德激励。法家将"礼、义、廉、耻"当作"国之四维"。"国有四维，一维绝则倾，二维绝则危，三维绝则覆，四维绝则灭。倾可正也，危可安也，覆可起也，灭不可复错也。何谓四维？一曰礼，二曰义，三曰廉，四曰耻。礼不逾节，义不自进，廉不蔽恶，耻不从枉。故不逾节，则上位安；不自进，则民无巧诈；不蔽恶，则行自全；不从枉，则邪事不生。"① "四维"就是法家所认为的立国、治国的四项基本道德原则。在"国之四维"中，"耻"既是底线，也是社会秩序和国家安危的最后一道道德防线。这个底线如果守不住，国家的命运便不是"倾"或"危"，乃至是"覆"，甚至是"灭"。"耻"的核心是"不从枉"，即不做不符合道德的事，知耻远耻便可"邪事不生"，即不会使伦理失序、道德失范。孔子说："道之以政，齐之以刑，民免而无耻；道之以德，齐之以礼，有耻且格。"② 由此可见孔子也十分重视耻之于德、德之于治国的作用和意义。对此，康有为也强调，社会"风俗之美，在养民知耻""耻者，治教之大端"。③ "人之有道也，饱食、暖衣、逸居而无教，则近于禽兽。圣人有忧之，使契为司徒，教以人伦：父子有亲，君臣有义，夫妇有别，长幼有序，朋友有信。"④ 这种力量，让"耻"上升成为一种约束人们行为的坚定理念，推动人们自强不息、厚德载物，达到伦理道德上的理想境界，所以对于个人而言，知耻是人的基本的德性和道德人格的表征，是人之有所作为的动力，每一个社会成员，应将知耻看作"人生第一要事"，予以高度重视。

耻感不仅对于个人有巨大的激励作用，对于国家和民族也是如此。历史上"知耻而后勇"的例子屡见不鲜。知耻德性培养是良好社会风

---

① 《管子·牧民·国颂》。
② 《论语·为政》。
③ 康有为：《孟子微》卷六。
④ 《孟子·滕文公上》。

气的首要任务，对整个社会来说，如果社会成员缺乏羞耻心，社会风气将不堪设想，"则祸败乱亡无所不至。"① 对国家与社会而言，则应以教人知耻作为"教化"的首要任务，给予全面规范的引导和教育，要把教社会成员"知耻"作为教化的重要任务，从培养人们的耻感入手，提高每个人的道德自律能力，使人们逐步形成具有自律品格的当代公民，培育一个隆礼尊道、贵仁尚义、明荣知耻的社会。当社会中的多数人都怀有一颗知耻之心时，不仅自己不去做可耻之事，也会在舆论上和行动上制约一些无耻之徒，从而使邪恶被压制，正义得以弘扬，形成风清气正的社会环境，进而建立一个美好的道德社会。

三 耻与其他传统德目的关系

耻德是中华传统重要德目，耻与仁义礼智信并行，成为中华民族特有的道德规范、伦理规约，作为立国立业之本和个人修身的最基本准则，它是中国古代儒家归纳的最基本的伦理道德范畴。亚圣孟子首先整体提出"仁义礼智"四德，到西汉时，董仲舒将仁义礼智信这些道德规范作为整体道德要求概括为"五常之道"。魏晋隋唐时期，仁义礼智信已经成为人们普遍认可的道德准则和行为规范。而后，朱熹在继承程颢、程颐"五常全体四支说"的基础上，提出"孝悌忠信礼义廉耻"是做人的基本品德，即人们常说的"朱子八德"，将耻列入其中。

"仁"是中国传统道德的一种基本道德。中国人历来崇尚讲"仁者爱人""己所不欲，勿施于人""己欲立而立人，己欲达而达人"。在传统道德中，仁的对象很广泛，包括爱他人、爱物和爱自然，超越了血亲之爱，达到了"仁者以天地万物为一体"和"泛爱众"的境界。"义"是判断是非善恶的标准和处理人际关系的基本道德，被儒家作为人的立身处世之本。义的本义是善的、美的、应当的、合理的。在传统道德中，义的内涵主要有三个层次：重视人际交往的情谊，追求人间道义，提倡"行义以达其道"；体现社会整体利益，坚持社会正义，"急公义而轻私利"；坚持人格尊严、为正义而献身，提倡"以义制利""舍生取义"。"礼"是个人修身成人及与他人交往的基本道德。在传统道德

---

① 顾炎武：《日知录》卷十三《廉耻》。

中，礼的内涵大体包括三个层次：社会等级制度、法律规定、社会习俗和道德规范的总称；作为一种具有特殊意义的规范，强调恭敬和谦让；礼仪、礼节、礼貌以及待人接物和处世之道。廉，多指清正廉洁，指人的品行端正、严于律己、洁身自好、朴素节俭。历代统治者大都重视革贪倡廉，更有许多的思想家强调"廉"在为官之道中的重要意义，腐败者亡，倡廉者兴，"公生明，廉生威""士不畏吾严而畏吾公，民不服吾能而服吾廉"，这些都说明了传统伦理思想中肯定了清正廉洁的重要作用。改革开放以来，中华民族传统美德得到了进一步传承和弘扬，耻德与其他德目一样，其符合民族精神和时代要求的合理价值内核得到了深入发掘和实际运用。

耻德在中华民族传统道德的系列德目中具有不可或缺的地位。从性质上看，耻是人们应该遵循和坚守的道德底线，是中华民族传统道德的重要价值理念和基本精神。仁义礼智信等都要在具有知耻意识上才能阐发和形成，因此耻居于主要的位置，具有引导性；从与其他道德规范的关系看，耻具有基础性，其他许多道德都是以耻为根本发展而来的；从历史影响看，耻关联着社会的道德体系，推动着社会的道德教化，提升着社会的道德水准。正确认识和处理耻与其他传统美德德目的关系，使中华传统美德得以创造性转化和创新性发展，对推进人际关系和谐、社会风气进步、民族精神锻造，将发挥其应有的作用。

第二节　耻的作用

一　推进立人之大节

（一）耻为人之最起码的道德标准

中国传统伦理思想史中，知耻历来被视为做人最起码的标准。孔子认为，一个人说话办事、与人交往，时时都应有知耻之心，要求人们"行己有耻"[1]。孔子思想的继承者孟子也认为，凡为人者，就应懂得什

---

[1] 《论语·子路》。

么该为，什么不该为，"羞耻之心，义也"。①

若民不知耻，就会毫无敬畏、无法自我约束，社会也将会出现恃强凌弱、依富欺贫的混乱局面，"则祸败乱亡无所不至"。② 我国传统思想史就十分重视对民众的知"耻"教育。先秦典籍中，最重视知"耻"教育的当数管子，管子将"耻"与"礼、仪、廉"并列，看作"国之四维"，指出"四维不张，国乃灭亡"，将"耻"置于治国的方略之中。宋明以后，当时虽然世风日下，但一些有影响的思想家都还大力提倡对民众进行知"耻"教育。明清之际的思想家顾炎武在赞赏《管子》"四维说"的同时，进一步提出："人之不廉，而至于悖礼犯义，其原皆生于无耻"，"四者之中，耻为尤要"，要使世风好转、国家兴旺，应当先教育民众知耻。在这些思想家们看来，知"耻"是"人生的第一要事"，应自觉予以高度重视；就社会国家来说，则应以教人知"耻"为"教化"的首要任务。

（二）耻为个人修养之起点

人有耻方可教。羞耻心是一种最基本却最能发挥人心良知的道德力量。一个在社会中生活的人，首先应有知"善恶""廉耻"之心，有了知"羞耻"之心，就能因恶行产生的可耻而心生愧疚，从而及时改正。有了羞耻心，才会追求善，从而自觉地接受教化、提高道德修养。宋人范浚曾说："夫耻，人道之端也。"③ 人只有"耻于不善"，才有可能达到善的境界。一个人只有具备知耻心，才能从内心对不道德的事情产生憎恶，自觉产生对善、美、道德的向往。人的品德的养成是个不断近善远恶的过程，这都需要有知耻心，自觉摒弃不善之举，是品德养成的重要前提。特别是坚决不做不该做的事情，对做邪恶之事有强烈的耻辱感，所以知耻是人们内心深处扬善抑恶的根本动力。有了这种内在的动力，才能产生积极向善的道德自觉。通过主动修身养性，将社会道德规范内化为自己内心的道德戒律，做到明耻趋荣，自觉为人民为社会做有益之事。

---

① 《孟子·告子上》。
② 顾炎武：《日知录·廉耻》。
③ 范浚：《宋元学案》卷四，中华书局1986年版。

（三）耻推动人自觉向美德迈进

耻为滋养人的内在正气正义的动力。正气是一种品德境界，正义为正气的展现。在汉语里，正义即公正之意，与公平、公道、正直、正当等相关联。《辞海》中对正义解释是对政治、法律、道德等领域中的是非、善恶作出肯定判断。作为道德范畴，正义与"公正"同义，主要指符合一定社会道德规范的行为，每个人都得到了应有的权利、履行了应尽的义务。在西方语言中，"正义"一词源于拉丁语 justitia，由拉丁语中"jus"演化而来，有公正、公平、正直、法、权利等多种含义。柏拉图认为各尽其职就是正义，乌尔比安认为，正义就是给每个人以应有权利的、稳定的、永恒的意义，凯尔森认为正义是一种主观的价值判断。罗尔斯进一步强调，正义是社会制度的首要价值。总之，正义即公平、公正，是中西方学术界形成基本共识的范畴内涵。

正气即光明正大的作风或纯正良好的风气，它能传播社会正能量，有助于消除歪风邪气，凝练个人刚正的气节。正气是中华民族一以贯之的美德追寻，《楚辞·远游》言："内惟省以端操兮，求正气之所由。"《素问·刺法论》称："正气存内，邪不可干。"正义是一种主观的价值判断和行为，正气在正义品质根本上建立，因此，它们必须需要一个价值生成的依托，而耻德具有的伦理道德底线意蕴，为人们正义品质形成、正义行为的履行和正气的传扬奠定了稳定的基础，耻德有助于推进社会正气与正义的涵养和弘扬，这也是社会主义核心价值观价值理念的具体落实。

耻德是君子人格的重要环节。"君子"是儒家崇尚的道德人格，指称有道德讲仁义之人。孔子认为君子要从仁、智、勇三个方面成其德；孟子将孔子的君子人格扩充为"大丈夫"人格，使君子人格呈现更多的阳刚之气。儒家认为，作为君子，有其特有的品格：首先君子要以德修身，其次君子要安贫乐道，另外君子还须自强不息。君子要修身养性，成人之道同时也是内圣之路。耻德就是人们修身养性迈向理想人生境界必不可少的环节，只有培养耻德，才会守得清贫、守住防线，并能锻造君子应具有的其他美德。

既然知耻、有羞耻心是个人立足于社会的起点和根基，那么，人们如何才能做到知耻？首先，要明辨善恶是非，人要做到"有所取有所为"与"有所不敢为不能为"，并以"非能为而为之"为耻。儒家认为，一个人在道德实践中如能较自觉准确地甄别孰为"能为之为"、孰为"非能为"之为，必须要有基本的知耻心，只有这样，才能做到"有所为"与"有所不为"，否则他会在善恶与是非不辨的混沌中无所不为，甚至干出丧尽天良、无恶不作的坏事，朱熹说："耻，有当忍者，有不当忍者。"① 许衡更是一针见血地总结道："教人，使人必先使有耻；无耻，则无所不为"。② 知耻是人立足于世的道德根本，是构成人之为人的伦理底线，李颙把有耻视作重于才学的道德操守。反之，一个一点羞耻心都没有的人必会沦为与禽兽无异的无耻之徒。所以，孟子说："人不可以无耻，无耻之徒，无耻矣。"③

其次，洁身自爱，以不仁不义为耻。儒家的始祖孔子与他的学生曾有两段精彩的对白。面对学生关于"耻为何"的提问，孔子答曰"邦有道，谷；邦无道，谷，耻也"④"邦有道，贫且贱焉，耻也；邦无道，富且贵焉，耻也。"⑤ 孔子的这两段回答的大体意思是：一个人不管做什么事，都不能只顾一己一时之得失，要把个人的荣辱与国家的兴旺发达、人民的安居乐业联系在一起。这就告诫我们：个人如贪图安乐与享受而逆行其道、背仁弃义、祸国殃民乃是人生最大的耻辱，他的恶行将被载入历史的耻辱册中；在日常道德行为中，人们要做到端正品行、不贪不欺、讲诚信、有正气。

最后，慎言检行，以臆言妄行为耻。言为心声，行为言导，人们的知耻心指导着人们的荣辱之言行，进一步说，人们的耻德是通过道德言行表征出来的，有什么样的知耻心，就有什么样的荣辱言行。"言行，君子之枢机。枢机之发，荣辱之主也。言行，君子之所以动天地也，可不慎乎！"⑥ 故此，古代圣贤们无不郑重地向世人警言：言行一致，不说大话、牛话，不口出狂言，并以此为耻；不言过其实，并以文非饰过

---

① 朱熹：《朱子语类》，中华书局 1986 年版。
② 许衡：《许文正公遗书·语录上》。
③ 《孟子·尽心上》。
④ 《论语·宪问》。
⑤ 《论语·泰伯》。
⑥ 《周易·系辞上》。

为耻，"天启宠纳侮，无耻过作非"①；言行必果，慎言谨行，并以言多寡行、言而勿行为耻，"君子耻其言而过其行"②。

二 凝练社会治教之大端

耻德是构建社会主义现代化强国的前提和保证。中国共产党的十九大提出，到 2035 年中国基本实现现代化，到 2050 年或新中国成立 100 年时，建成富强民主文明和谐美丽的社会主义现代化强国，实现社会主义现代化，实现中华民族伟大复兴的中国梦。建设现代化强国社会，实现国家富强、民族振兴、公民幸福，是中国人民伟大的目标。而社会主义强国的实现，必须依靠人们的思想观念提升和行为的规范，依靠人们的内心道德自觉。假设民无知耻心，恃强凌弱、依富欺贫，社会风气将混乱不堪，更遑论社会的发展和繁荣。在中国古代思想家的道德教育理想中，教民知耻，士大夫养耻，既是人们进行自我道德修养的必要途径，又是敦化社会风气的重要举措。培养民众的耻感是治理天下、造就良风美俗的根本之所在，仅从大家常用的"寡廉鲜耻""恬不知耻""知耻而后勇"等俗语中就可以看出耻感对中国民众及社会风气影响之深远。因此，要使世风日盛、国家兴旺，应当教育国民知道何为耻以及如何避耻。

一个社会的整体道德水平与这个社会公民耻德培养密切相关。有知耻之心，每个人都自觉地不去做各种可耻的事，也会在舆论上、行动上制约一些无耻之徒，净化社会风气，推动社会不断进步。杜绝无耻、无德的行为，仅仅依靠政府和法律的手段是不够的，只有使公众明德、知耻，自觉遵守社会规范才能形成一个文明的社会。

知耻事关社会的安定与治理，是社会实现有序运行的重要条件。知耻的力量对社会秩序和社会文明进步起着至关重要的作用。对社会而言，每个社会个体的知耻心理和知耻意识，是实现社会整体有序的基础。对大多数有良心、有道德、有敬畏心的人而言，将不道德行为公之于众，便会使不道德行为实施者感到无地自容，容易造成其自尊心受损

---

① 《尚书·说命中》。
② 《论语·宪问》。

甚至较长时间内的丧失。因为遭他人或公众的拒绝、蔑视，这种否定性的态度、情感，对有自尊心的人来说，是一种很有威慑力的惩罚，一般人们都不愿付出如此巨大的代价。可见，知耻会从思想深处将对可耻之事的感受及其行为调整作为道德要求，将耻感作为内心深处判断是非善恶的一个标准，这样耻辱感就与荣誉感一起从正、反两面共同形成推动社会进步的巨大动力。

加强知耻道德教育，让全民族的思想道德素质、科学文化素质和健康素质明显提高，是全面建设小康社会中文化建设目标的重要内容。但是，许多道德问题仍然困惑着我们，可以说，当前建设小康社会要突破的关键问题之一就是道德问题。因此必须正视这一现实，在建构小康社会及其精神文明的工程中，必须注意培育人们的知耻意识，把知耻道德教育作为小康社会的一个重要道德方面凸显出来，唯此才能为现代化建设提供强大的精神动力。知耻是增加集体和社会凝聚力的思想保证，是民族振兴的精神动力。耻感也并非只是个人之耻，还有集团之耻、民族和国家之耻。鉴于鸦片战争前社会道德堕落，士大夫多缺乏羞耻心，清末龚自珍曾提出了著名的"廉耻论"，指出："士皆知有耻，则国家永无耻矣；士不知耻，为国之大耻。"[1] 古人关于知耻对于国家和民族重要意义的论述，对我们今天应当起到警示的作用。人民有耻，社会风俗才能善美；从政者有耻，国家的尊严才能得到维护。如果一个民族、一个国家的所有成员都能切切实实地觉悟"礼义廉耻"，国家才有繁荣昌盛的希望。

知耻改过，对于培养集体和社会的凝聚力尤为重要，知耻而后勇，对于国家、民族走向强盛尤为迫切。对民族而言，知耻心是指受到外来的侮辱，民族的自尊心受到伤害而引起的愤怒的情感。知耻之心不但是中国传统的思想美德，而且在今天市场经济条件下的社会生活中，仍然具有重要的现实价值，对于弘扬民族精神有不可低估的重要作用。近代帝国主义对中国的入侵、强迫订立的割地赔款的不平等条约、掠夺中国文物等历史事件，都是中华民族的奇耻大辱。这种民族的耻辱曾激发了广大中华儿女奋起反帝反封建的革命爱国斗志，经过辛亥革命、五四运

---

① 龚自珍：《明良论二》。

动和新民主主义革命，终于在中国共产党领导下，打败了帝国主义及其在中国的代表势力，结束了半殖民地半封建的悲惨地位，建立了独立自主的社会主义新中国。知耻才能使民族振兴，国家繁荣。中国任人宰割的历史已经成为过去，然而，国耻是永远不能忘记的。一部中国近代史，是中华民族备受帝国主义列强欺凌压迫，在屈辱中挣扎的历史！面对祖国危亡，无数仁人志士挺身而出甚至以身殉国以雪国耻。马克思曾说："羞耻就是一种内向的愤怒。如果整个国家真正感到羞耻，它就会像一只蜷伏下来的狮子，准备向前扑去。"① 有了国民对羞耻的认同，进而才能形成强大的民族凝聚力，成为国家繁荣、民族振兴的精神动力。世界上任何一个国家，任何一个民族，只有勇敢正视"耻辱"，并不断从中汲取动力，这样的国家和民族才有希望。邓小平说过："中国人民有自己的民族自尊心和自豪感，以热爱祖国、贡献全部力量建设社会主义祖国为最大光荣，以损害社会主义国家利益、尊严和荣誉为最大耻辱。"② 正是强烈的知耻意识不断激励着中国人艰苦奋斗、奋发图强，为民族振兴国家富强而自强不息。

三　强化治国之大维

耻德是"治国之大维"。就整个社会和国家来说，耻德远不局限于道德风气敦化的功效，而是管理社会、治理国家的重要方法及"纲目"。作为维系国家安全、社会稳定的耻德"纲目"，必须切实推进和培育，如果社会无耻之徒众多，则国家将会处于危机状态。因此，在封建社会，除了在全社会倡扬风俗之美，对士大夫等统治阶级来说，教民守仁行义，还要以身作则，为官清正廉洁则"民无廉耻，不可治也"③，"夫王道之本，经国之务，必先之以礼义，而致人于廉耻。"④ 就我国当前构建社会主义和谐社会来说，如果广大民众尤其是党的领导干部不彻底"唤醒"知"耻"心，以权谋私、贪赃枉法，那构建和谐社会就成为纸上谈兵，落不到实处。

---

① 《马克思恩格斯全集》（第 1 卷），人民出版社 1956 年版，第 407 页。
② 《邓小平文选》（第 3 卷），人民出版社 1994 年版，第 3 页。
③ 《淮南子·泰族训》。
④ 《晋书·列传第二十二》。

首先，耻德推动民主法治意识的培养。《淮南子·泰族训》篇中说："民无廉耻，不可治也；非修礼义，廉耻不立。"培养正确的耻感意识，可以推动人们树立科学的荣辱观念，使我们分清社会中的善恶、美丑、荣辱，在全社会形成一种内在的精神品质和心理约束机制，从而自觉推动民主法治国家的形成和发展。针对我国当前政治、经济、文化、社会领域出现的一些法治漏洞现象，我们从儒家传统思想挖掘智慧，倡导"有耻且格"的道德内在约束机制，为构建社会主义法治社会奠定基础。

其次，耻德有助于公平正义精神的弘扬。从建设和谐社会的现实情况来看，公平正义是社会的诚信友爱、安定有序和充满活力等理想实现的保证。孔子曰："有国有家者，不患寡而患不均，不患贫而患不安。"古希腊哲学家亚里士多德在《政治学》中阐述，公平就是公正、平等，强调公正是一切德性的总汇，政治学上的善就是正义，正义要以公共利益为依归，而遵守道德是实现公平正义的保证。但是，在当前社会，一些道德败坏和不良风气仍然存在，挫伤了国人的公平感和正义感。而耻德具有对人们道德的约束作用和塑造功能，具有促进社会走向公平正义的功用。

再次，耻感文化促进诚信友爱与安定有序。诚信友爱是中华民族的传统美德。但在今天的社会生活中，诚信友爱似乎成了紧缺的道德资源，和谐社会的构建也缺少了道德基础。而造成道德基础缺失的主要原因就是国人的耻感因种种原因有所淡化。在提高人的物质生活水平的前提下，尊重和保障公民的基本权利、尊重人格、保护和激发全体社会成员的耻感、培育公民的自尊心，是树立社会主义荣辱观，促进良好社会风气的形成和发展的必要条件。因此，在全社会开展社会主义荣辱观教育，培养国人的耻感意识，无疑有利于中华民族讲诚信、重友爱的传统美德的弘扬，从而在全社会形成诚信友爱的和谐人际关系，推动和谐社会的构建。耻德推进人们趋荣避辱，努力实现自己的人生价值，从而激发整个社会的创造热情，使社会充满活力、安定有序，为和谐社会的构建提供思想保证。

最后，耻德促进人与自然的生态协调发展。维护人与自然的协调发展，除了要依靠法律制度，还要注重解决人与自然关系中的道德伦理问题，将伦理关怀延伸到自然界，对人与自然关系进行道德层面的思考。所以，人们应转变传统的思维方式，肯定自然界的内在价值，确立和发展人与自然和谐共生的道德理念。对人们进行耻感教育，依靠内在伦理信念来调节人们的行为，使人们真正做到"羞耻之心不可无，羞耻之事不可为"，并产生心灵共鸣，自觉爱护自然，实现人与自然的和谐。

总之，在构建和谐社会和国家的进程中，必须重视耻感文化与和谐社会的关联性，推动耻感文化的创新发展，培养国人的耻感意识，树立社会主义荣辱观，以实际行动推动耻感文化发展与和谐社会构建的互动共进，继续发挥中华传统耻感文化在现代社会中的积极作用。

第三节　耻的文化功能

一　耻感文化与乐感文化

耻感文化的界定最早见于美国人类学家露丝·本尼迪克特在她的代表作品《菊与刀——日本文化类型》一书中，对人的心理结构或行为模式的一种归纳式的描述。本尼迪克特认为，耻感文化就是"公认的道德标准借助于外部强制力来发展人的良心社会。"[1]

"耻感文化"是由中国特殊的历史环境所决定的，耻感文化在中国两千多年历史中可谓一以贯之。中华传统社会绵延数千年的人本主义扩大了家庭和伦理的本位联系，构成了耻感文化生成的历史文化语境。"仁"是中国占主流地位的儒家文化的核心，儒家思想家强调通过修身养性来"养吾浩然之气"[2]，并注重对"养吾浩然之气"否定行为的自我批判。由此历代思想家都把"仁"与"耻"联系在一起。从这个意义上说，中国文化是耻感文化，而以儒家文化为主，构建了关于耻感文化的完整思想体系。

耻感文化主要表现为他人对主体行为的反应。若他人对自己的行为反应不佳，作为主体道德良心的"超我"便会产生"耻感"。因此，

---

① ［美］露丝·本尼迪克特：《菊与刀》，青岛出版社 2009 年版，第 188 页。
② 《孟子·公孙丑上》。

"耻感文化"是特别注重他人反应的文化。自己感觉自我行为为他人所鄙视、为群体所贬斥，就会产生羞耻之心；自己感觉自我行为为他人所敬仰、为群体所钦佩，就会产生荣誉之感。可见，耻感文化是行为主体的一种积极的道德情感文化，是以普遍的社会价值观念和基本的道德操守为前提的。

乐感文化，则见于李泽厚先生在其论著《历史本体论·己卯五说》中的论述："'乐感文化'的要义正在于：人生艰难，又无外力（上帝）依靠（'子不语怪力乱神''敬鬼神而远之'等），只好依靠自身来树立起积极精神、坚强意志、韧性力量来艰苦奋斗，延续生存。"[1] 李泽厚先生将以儒学为核心的中国传统文化界定为"乐感文化"，并认为"乐感文化"最本质的特征就是："没有超验世界而以现实生活为本体。"[2] 它对人生采取了一种积极入世的态度。主要内容是，它要求为生命的生存、生活而积极活动，要求在这种活动中保持人际的和谐、人与自然的和谐，反对放纵欲望，主张在现实的世俗生活中取得精神的平静和幸福，知足常乐。乐感文化既是一种美感文化，又是一种强调并注重生活境界的文化。

"乐感文化"的内涵主要有两个层面：第一，关于"一个世界"，即关注"此世"而非"彼世"。"'乐感文化'的关键在于它的'一个世界'（即此世间）的设定，即不谈论、不构想超越此世间的形上世界（哲学）或天堂地狱（宗教）。"[3] 第二，思维方式是"实用理性"，核心是"情本体"。乐感文化具体呈现为"实用理性"（思维方式或理论习惯）和"情感本体"（以此为生活真谛或人生归宿，或曰天地境界，即道德之上的准宗教体验），[4]"情本体是乐感文化的核心。"[5]"乐感文化是以情为本体，是强调人的感性生命、生活、生存，因而人的自然情欲不可毁弃、不应贬低。虽然承认并强调'理性凝聚'的道德伦理，

---

① 李泽厚：《历史本体论·己卯五说》，生活·读书·新知三联书店 2007 年版，第 315 页。

② 同上书，第 126 页。

③ 李泽厚：《论语今读》，生活·读书·新知三联书店 2008 年版，第 29 页。

④ 同上。

⑤ 李泽厚：《人类学历史本体论》，天津社会科学院出版社 2008 年版，第 200 页。

但反对以它和它的圣化形态（宗教）来全面压服或取代人的情欲和感性生命，认为重要的是应研究'理'与'欲'在不同生活方面所具有或应有的各个不同的比例、关系、节奏和配置，即各种不同形态的人性情理结构。"①

总之，"一个世界""实用理性""情本体"是"乐感文化"内在元素，"一个世界"旨在关注现实世界，重视现实生活；"实用理性"是选择生活时所采用的思维方式，这种思维方式旨在要求在精神追求、价值原则不变的前提下与时俱进、灵活变通；"情本体"旨在尊重生命、享受生活。因此，"乐感文化"是一种"精神超越而不迷失、行为自由而不放纵、生活务实而不庸俗"的文化，这种文化是乐观的、积极的、面向未来的文化。

乐感文化的渊源众多，它至少包含了以孔子为代表的原始儒学，以老、庄为代表的道家学说，《易传》中的哲理思索以及董仲舒的"天人感应"学说。从《论语》中我们可以发现，在人生观世界观方面，心理的乐感是孔子儒学精神最突出的特征之一。虽然老子的道家学说相比儒学具有更加浓厚的悲观色彩，不过却是一种超脱世俗的"乐"。老、庄哲学也是当时人们在面对生活中苦难艰辛的时候要寻求心灵解脱与平静的主要途径。《易经》开卷即有"天行健，君子以自强不息"之言，其充满了辩证思想的内容也是古人崇敬自然的同时努力适应环境的印证。而天人感应学说将君主的权力公正化，从一定程度上减轻了下层民众精神上的疾苦，容易使被统治者蒙蔽而产生秩序感和满足感。乐感文化则突出了人群乐天知命的较为积极的人生态度。

耻感文化与乐感文化同属于中华传统伦理的两种道德模式，二者既有联系也有区别。

乐感文化的制约方式不如耻感文化那么纯粹，比较倾向于个人的内在约束。乐感文化受到中国古典思潮的影响较大，而且采众家学说之长。以孔子为代表的儒学对乐感文化的形成起到了潜移默化的作用。"孔夫子用实用理性重新解释了中国古代原始文化——礼乐，从而把原来是礼乐制度的外在规范改变成为人们主动的内心欲求，礼乐服务的对

① 李泽厚：《人类学历史本体论》，天津社会科学院出版社 2008 年版，第 220 页。

象由神变为人。"① 从最早源于孔子的"三纲五常"到现代中国社会的道德文明诉求等，我们不难看出乐感文化背后的精神导向。不过对于乐感文化中的人来说，善恶对错的界限相对模糊。以"三纲"为例，"君臣义，父子亲，夫妇顺"。这可能是在等级制度严密的封建社会中的立生之本，然而义、亲、顺这些字眼只是一种状态的描述，并不具体，而如何来践行这些精神只能看个人的德行造化了。

耻感文化的内涵较大，它不止局限于"羞耻、耻辱"等关键词，乐感文化也不仅仅止于"乐观、豁达"。在其中，乐感文化和耻感文化的"耻"最大的不同在于"耻"的内容。对中国人来说，"耻"更多的是与社会道德、国家兴亡相关的。如果是与个人相关的耻，大多与"信"相关，失信为耻、不分善恶为耻。反观耻感文化中的"耻"，主要是和"情义""义务"息息相关的，失情义为耻，人的羞愧之情感体验来自他人的评价，耻感文化是一种必须通过借助于外部强制力来行善的文化模式。

耻以一种否定性情感体验协调着个体，成就着群体；乐则以一种肯定性情感，成就着个体、群体乃至类的存在。减少耻辱，增加快乐，成就人生（这里的"人"既包括个体，又包括超越个体的、即类的意义上的人），去俗成圣。总之，乐感文化突出了群乐天知命较为积极的人生态度，而非如耻感文化强调限制自己行为的心理模式。

二　耻感文化与罪感文化

罪感文化的界定最早见于美国人类学家露丝·本尼迪克特《菊与刀——日本文化类型》一书中，也是对于心理结构或行为模式的一种归纳式的描述。从命名来看，罪感文化突出"罪"的特征，表达这种文化群体中的人们主要特征是受到罪恶感的约束，由内心对自己罪行的愧疚等情感而受到折磨，最后通过祈祷等形式得到心灵的救赎的含义。

众所周知，西方文化与基督教紧密联系，《圣经》中讲述了人类的始祖吃了禁果而背弃上帝的禁令，因此基督教的教义离不开原罪。为此，我们可以说，罪感文化主要存在于西方文化。在罪感文化中，

---

① ［美］露丝·本尼迪克特：《菊与刀——日本文化类型》，商务印书馆 2000 年版。

"罪"就是一个基督教的宗教术语，来源于基督教的"原罪说"，《圣经》记载："人是生而有罪的""我们的罪高于我们的头"。圣经《旧约·诗篇》中说："我是在罪孽里生的，在我母亲怀胎的时候就有了罪。"意思是人并非因为犯罪才是罪人，而是因为人是罪人才犯罪，人既然有罪而又无法自赎，所以人必须在内心忏悔以借助神的力量救赎自身。坚信人只有真正信奉耶稣基督，向神承认自己的罪，这样才能减轻或解除自己的罪责。因此西方人对于为恶、犯罪大都是一种自觉的省察，因为他们认为每个人都是心中充满"圣灵"的以自我为中心、相对独立的个体，人们无权过问并且也无暇涉及别人的私事，他们只求无所不在、无所不能的上帝能够使个体自己认清所犯之罪，最终有一天通过上帝的审判进入天国。所以，西方人罪感文化崇尚个人主义、以自我为中心的道德省察和救赎。

可见，所谓"罪感文化"，即对"原罪"的自我意识、为赎罪而奋勇斗争，征服自然、改造自己，以获得神眷，再回到上帝的怀抱。这种以个人为本位的西方"罪感文化"把人生的意义和生活的信念寄托于神（上帝），寄托于超越世间的精神欢乐。由于需要依靠个人的良心来反省自己的行为，在罪感文化中的善恶标准大都十分清晰。

耻感文化与罪感文化既有区别又有联系。

首先，二者产生方式不同。耻感文化与东方的儒家文化有密切的关系，罪感文化与西方的宗教文化紧密相连。西方罪感文化的产生与西方的宗教信仰密切相关，西方人大都对犯错误或是犯罪采取忏悔的解救办法，向上帝吐露自己心中的罪行，以寻求上帝的宽容，同时他们认为，任何人，不分阶层、地位和年龄，只要敢于承认自己的错误，虔诚地向上帝忏悔，就可以得到宽恕，也就得到了人们的谅解，人们就可以得到心灵的解脱。这一点与东方耻感文化有差异，如前所述，耻感文化主要是以社会、他人对主体不当行为的评价为基点，是个人因外力作用而产生羞耻感、羞耻心，依靠社会的舆论、影响程度，为符合社会要求而来修正错误行为才能得以心灭上的解脱。耻感文化与罪感文化的不同是源于东西方文化传统的不同，这也反映了东方的集体主义与西方的个人主义两种不同的价值诉求。

其次，二者约束的方式不同。罪感文化提倡建立内心道德的绝对标准，并且激励人的向善性。它对人心理暗示在于，提出人生而有罪，死后人们都会接受终极的审判。善者升入天堂，恶人堕入地狱，永无翻身之日。因此，一旦你有了罪孽，不论多少，不管为或不为人所知，万能的上帝一定不会被蒙蔽。所以摆脱罪恶的方法就是忏悔、赎罪，并且以自己的行动证明向善之意。人对"罪"的极力躲避从某种程度上引导他们向善，如此社会自然就趋向安定。耻感文化与罪感文化则几乎相反，它是依靠外在的约束力来影响个体行为的。如果没有人知道的事情，就不一定会是自己的耻辱，至少某些人不会因此寝食难安。在耻感文化中，善恶的边界也十分模糊。就算谁做出常人看来十分恶劣的行为，也可能会因为不为人知而作罢。不过若是被人知晓，行为者会承受巨大的痛苦，并且很难从中解脱。因此，以道德作为绝对标准，依靠启发良知的罪感文化社会，一个人的行为违背了道德，无须别人指责，他自己就会感到羞愧，它的约束力来自内心而不是外界，因而是一种自律道德。耻感文化则相反，它依靠外部力量的强制性而发展人们的善行，个体行为是否道德，以社会他人评价为准，本质上是一种他律道德。

最后，两种文化对"耻""罪"的解脱方式不同。在罪感文化的国家里，人们的错误可以用向上帝忏悔的办法来加以解脱，而在以知耻为主的文化模式中，人们会对那些看来应该是犯罪的行为感到懊悔，这种懊悔可能非常强烈，但却不能像罪恶感那样可以通过忏悔、赎罪而得到解脱。相反，可能他会认为只要恶行没有被公之于世就不必懊丧。罪感文化相对于耻感文化而言，有一定的解脱途径，即向上帝忏悔，通过忏悔洗净心灵的尘埃，而耻感文化下的人们毫无解脱途径而言，重要的是避免被别人嘲笑，要在这种羞耻由外向内的反馈的过程中采取某种措施来使之中断。这样就产生了矛盾，耻感文化在产生了并犯了错误而免受惩罚的可能性的同时，又使这种错误无法解脱，而只能诉诸不道德的方法加以阻止，就有可能产生了两个犯罪陷阱，一个是人们可以心存做错事而不被发现的侥幸心理去做错事，这样就增加了犯罪的可能性；另一个是在人们已经犯了罪的情况下为了不暴露罪行，而有可能导致进一步犯罪。而罪感文化则不存在这样的问题，罪感文化直接触及人的心灵，是一个自己犯错误进而自我主动纠正错误的过程。由此可以看出，羞耻感主要是由外部的力量强制执行的一种耻感，是由外向内的一个反应的过程，随着这种反应的中断，即使做错了事，耻感也会随之消失。罪恶感则不是这样，即使恶行未被人发觉自己也会受到罪恶感折磨，尽管这种罪恶感可以通过忏悔来得到解脱。罪恶感是直接作用于人的内心的一种感觉，它无须由外部力量的制约，排除了犯了错误而免受惩罚的可能性，而耻感文化则让人存在侥幸心理。从这一方面来说，罪感文化在塑造人的品德的途径上比耻感文化相对而言的强度要大一些。当然，文化没有优劣之分，它只是不同文化背景下的人对自身价值实现的侧重点不同而产生的不同反应而已。

虽然耻感文化和罪感文化二者表征指向、解脱方式和制约手段不同，但其也有共同之处，即两者的出发点和终极指向都是劝人向善，主张构建一个道德的社会。正如本尼迪克特所说，罪感文化就是"提倡建立道德的绝对标准并且依靠其发展人的良心的社会"，而耻感文化是"公认的道德标准借助于外部强制力来发展人的良心社会"。两者的目的都是发展人的内在良心社会，一旦人犯了错误不管是不是感到有罪还是羞耻，都会使人想办法摆脱目前的困境和内心折磨，改过自新，重新塑造良好形象。

总之，耻感文化与罪感文化的不同塑造了东西方两种不同的价值理念，罪感文化使西方人能够从内心深处不断地自省、忏悔，而耻感文化则使东方人养成了"怕丢脸""爱面子"的性格，尽管两者存在一定的差异，但是他们的终极目的都是"劝人向善"。所以，对两种文化深层次的研究不仅对提高我国国民的道德水平意义重大，而且对实现我国传统文化与现代文化的接轨有一定的积极作用。

第二章 耻的理论渊源与现代功能

耻具有其特有的理论渊源和学理基础，并经历了几千年的历史文化演进。在中国传统博大精深的文化体系中，儒家、墨家、道家、法家的耻德思想体系各成一家，都形成了他们独特的耻德观。儒家关于耻德的思想作为传统耻德观的主流，对人的道德素质提升和社会文明进步产生积极作用，其中孔子、孟子、荀子是最重要的代表。孔子秉持以"仁"为核心的耻德思想，孟子将耻视为人之本性、知耻是国家仁政的保证，荀子提出耻与辱的结合、并将辱分为"义辱""势辱"，都使儒家耻德思想在历史发展中，成为国家、民族振兴强大动力的明证。墨家、道家、法家的耻德的思想，也同样是中华民族精神塑造的道德源泉。墨家从功利角度看荣辱，认为强就可以使之为荣而避耻。道家思想的本质表现出超越性特质，强调善恶都不要走向两极，对于人生而言，荣辱是次要的。法家思想体系中，耻的功利性被提高到国家安危、民族存亡的地位，耻被视为是治理国家的道德原则之一，认为如果治理国家中忽视耻德，那么国家就会有面临灭亡的危险。

虽然儒家、墨家、道家、法家的耻德思想各不相同，角度各异，甚至有相互对立之处，但其耻德思想都有共同交叉和价值指向，比如，他们都强调了知耻是人提高道德修养，形成人格高尚不可或缺的道德元素；耻对于营造和谐人际关系、规范社会道德具有重要功效。

在西方文明中，耻德理论历史悠久。古希腊时期的亚里士多德、英国近代思想家亚当·斯密、现代哲学家约翰·罗尔斯等思想家分别从不同角度论述了"耻"的重要意义，他们代表了西方在不同历史文化时期重要的耻德理论发展。亚里士多德倡导德性伦理学，把关于人的品格的判断作为最基本的道德判断，将耻置于德性中进行探讨，其耻德思想主要论述于《尼各马可伦理学》《论美德和邪恶》等著作中。亚当·斯密主要是在《道德情操论》一书中提出其耻德思想的核心，阐述了人的本性中的同情情感是道德的来源，也是判断荣辱的标准的观点。约翰·罗尔斯在他的影响20世纪下半叶伦理学、政治哲学领域的理论著作《正义论》中，将耻视为履行责任与义务的道德基础，论述了耻感与人的自尊、正义感的密切关联。

在现代伦理演进史中，耻具有道德制约和作为道德行为的伦理底线标准的重要功能，对耻德的运用和培育，我们也要遵循其特有的原则。耻德具有塑造健康人格、推进社会主义核心价值观的现代功能；耻德的运用遵循传承与创新相结合、道德底线与美德伦理共建的道德规范。

第一节　中华传统文化中的耻

一　儒家的耻德观

1. 儒家耻感思想的内容

儒家的耻感思想内容丰富，论及广泛。主要论述国家政治要员应以何为耻，耻跟义利之间的关系，以失去诚信为耻，以品德论耻辱等。

第一，先利后义即为可耻。儒家一向提倡"道义"，追求"道义"。所以，他们认为先利后义或重利轻义是可耻的而应该摒弃，主张先义后利或重义轻利。孔子一句很经典的话点明了这个道理，"饭疏食饮水，曲肱而枕之，乐亦在其中矣。不义而富且贵，于我如浮云。"[1] 荀子直接用义利来界定耻辱，"荣辱之大分，安危利害之常体：先义而后利者荣，先利而后义者辱。"[2] 认为"利"字当先，即为"辱"也，先利后义或重利轻义都是十分可耻的。儒家强调"义"是人生的奋斗目标，"义"是理想人格的起步和前提，去义求利的人跟动物没什么区别，是儒家所反对的、在儒家看来是无比羞辱的行径。

---

[1] 《论语·述而》。
[2] 《荀子·荣辱》。

第二，失去诚信为可耻。儒家认为诚信是做人的根本，失去诚信无比可耻，因此君子不可乱许诺。孔子曰："君子耻其言而过其行。"① 孟子认为人要正直诚实，通过欺骗手段换取官位是一件可耻的事情，孟子曰："丈夫生而愿为之有室，女子生而愿为之有家；父母之心，人皆有之。不待父母之命、媒妁之言，钻穴隙相窥，逾墙相从，则父母国人皆贱之。古之人未尝不欲仕也，又恶不由其道。不由其道而往者，与钻穴隙之类也。"② 要求做官要通过正当的合法手段获取。荀子强调要实事求是，不要隐瞒实情，否则可耻。《荀子·非十二子》记载："耻不信，不耻不见信。"无论他人是否相信自己，都要讲诚信。不讲诚信的人在社会上是无法立足的，在某种意义上说也是不"义"的表现，因此，先秦儒家把失信视为可耻的事情。

第三，耻德跟耻辱的关系。儒家强调具备"仁义"美德即为"荣"，"不仁"则为辱。"仁"是孔子提倡的最高理想境界。孟子直接把仁和不仁与荣辱对应地画等号，"仁则荣，不仁则辱"③，把道德的好坏作为判断荣辱的依据，"荣辱之来，必象其德。"④ 荣辱跟一个人的思想品德的优劣是成正比的对应关系，美好的品德是一种荣耀，恶劣的品德是一种耻辱，因而，先秦儒家非常重视良好品德的培养，提出作为国家统治者更要仁德厚重，实行"仁政"，这样广大黎民百姓才会自觉地拥护统治阶级，使国家繁荣昌盛；否则，人民发动暴乱，社会动荡不安，外敌入侵，国家的耻辱将很快就会来到。所以，各个阶层、各个领域的人们都要"行己有耻"，严格要求自己，弃恶从善，加强自身道德修养，提高自身素质。

第四，官员要以国弱民穷为耻。政府官员若只关心自己的私利，不考虑国家和百姓的利益是不称职的、可耻的，子曰："邦有道，谷；邦无道，谷，耻也。"⑤ 孔子要求国家政府官员要做人民真正的父母官，要为人民大众当家做主，要为人民谋福利，真正做到"为官一任，造

---

① 《论语·宪问》。
② 《孟子·滕文公下》。
③ 《孟子·公孙丑上》。
④ 《荀子·劝学》。
⑤ 《论语·宪问》。

福一方"，要和人民心连心。孟子认为国家政治要员要使自己的正义主张得以执行，从而使民富国强；相反，不能施展才华、抱负，在孟子看来是一种耻辱，他说："位卑而言高，罪也；立乎人之本朝，而道不行，耻也。"① 荀子则认为作为身居国家要职的人，要宽宏大量，乐于纳贤，民主协商，这样才能免受耻辱，"位尊则必危，任重则必废，擅宠则必辱，可立而待也，可炊而傹也。"② 孔子、孟子、荀子分别从不同角度提出了政府官员如何做才可以免受耻辱，获得荣耀的正确途径。

总之，儒家非常重视一个人内在品德的修行，强调要"义"字当先，个人私利放在第二位，国家、集体和他人利益放在第一位。人要不断地检省自己的思想和行为，见贤思齐、知耻不为，努力达到"君子"人格的道德理想境界。

2. 儒家耻观的基本特征

儒家耻感思想体系自始至终都彰显了"耻感"的自律性。强调人们通过内省、反求诸己、慎独等方法进行道德自我修养、自我完善，突出"见贤思齐"的道德实践途径。

第一，强调自律性。

先秦儒家的耻感思想强调"耻感"是个体内心主动产生的道德自觉意识，是自耻，跟个人的道德修养水平有关。孔子的"行己有耻"③"君子耻其言而过其行"④ 都要求行为主体主动加强道德修养，做到心中有"耻"。《为政》篇谈到了孔子的"德治"治国主张："道之以政，齐之以刑，民免而无耻；道之以德，齐之以礼，有耻且格。"道德教化、礼法要求，这些外在力量必须在个体内化之后，形成耻感意识，才会变成一种道德自觉能力。荀子的"故君子耻不修，不耻见污；耻不信，不耻不见信；耻不能，不耻不见用；是以不诱于誉，不恐于诽，率道而行，端然正己，不为物倾侧，夫是之谓诚君子。"⑤ 更明确地提出主体要注重高尚人格的塑造和内在修养的铸就，以增强自律能力。因

---

① 《孟子·万章下》。
② 《荀子·仲尼》。
③ 《论语·子路》。
④ 《论语·宪问》。
⑤ 《荀子·非十二子》。

而，在儒家看来，耻是一种自我约束，一种内心的主动要求，一种道德自觉，一种尚未实现理想道德目标的确认和觉悟。儒家追寻道德完善的"君子"的过程，就是人们因还未达到这一目标而自耻，进而严格要求自己，不断进行道德修养，不断提升自己的道德水准的过程。

第二，注重内省、反求诸己和慎独的修养方法。

儒家强调人要做到自耻，即自己培养自我的知耻意识，注重个体道德修养。同时修养方法也是伦理道德规范的一项重要内容。孔子提出"内省"的道德修养方法，他说"吾未见能见其过而内自讼者也。"① 这里的"自讼"就是指"内省"，强调人们对于自己的过错要反省和检讨，检查是否符合当时的社会道德规范——仁、义、礼、信等礼法规约。孔子的弟子曾子也提出个体对自己的思想和行为要经常反省，以便知道自己哪些方面需要改进、哪些方面需要坚守。他说："五日三省吾身——为人谋而不忠乎？与朋友交而不信乎？传不习乎？"② 经常反省自己对朋友是否诚信，为别人办事是否尽心尽力，以求完善自己的人格。通过内省来完善自己的人格品质，找出自己的不符合道德要求之处，不断地进行人格修养，以达到"至善"境界。"德之不修，学之不讲，闻义不能徙，不善不能改，是吾忧也。"③ 孔子担忧很多人由于不经常内省，导致自己不能改过迁善，知"义"而不践行。

《颜渊》篇里谈到内省的问题："司马牛问君子。子曰：'君子不忧不惧。'曰：'不忧不惧，斯谓之君子已乎？'子曰：'内省不疚，夫何忧何惧？'"君子常常反思自己的不善、不足，进而改过行善，弥补不足，就没有什么可担忧惧怕的了。孔子认为反问自身是一种高尚的品德，只有君子才具备；小人不会反思自己的过错，"君子求诸己，小人求诸人。"④

孟子明确地提出了"反求诸己"的道德修养方法："仁者如射，射者正己而后发；发而不中，不怨胜己者，反求诸己而已矣。"⑤ 孟子强

---

① 《论语·公冶长》。
② 《论语·学而》。
③ 《论语·述而》。
④ 《论语·卫灵公》。
⑤ 《孟子·公孙丑上》。

调追求"仁"德者要像射箭者一样面对自己的失败，时刻检讨自己、追问自身。仁德一直是先秦儒家推崇的人的本位道德。

内省，反求诸己是行为者自我反思、自我纠错，需要具备一定的自觉性和勇气；与此相比，"慎独"更是对行为者高度自觉性的检验，"道也者，不可须臾离也，可离非道也。是故君子戒慎乎其所不睹，恐惧乎其所不闻。莫见乎隐，莫显乎微，故君子慎其独也。"① 作为君子，修道一刻不可离身，即使没有外人在场，没有他人监督，自己独处的时候依然要谨言慎行，严格要求自己，自觉遵守各种道德规范。"慎独"是对君子真正的考验，是一种道德修养的至高境界，也是知耻改过的重要方法。

第三，突出见贤思齐的道德实践途径。

儒家认为君子不仅要不时地反省自己的思想和行为，同时更重要的是实施扬善去恶的道德实践。见贤思齐，它是内省基础上的外化和升华。通过内省和反求诸己，找出自己的差距和不足，并用行动把缺点变成优点，而后改恶从善，把贤者作为自己的奋斗目标，知耻者通过实践来缩短与理想目标的距离。儒家认为知耻就不会主动做恶事，就会改善自己的行为，知耻者不甘落后，通过在心中与自己的道德"偶像"作对比，激发出一股赶超他人的力量，直到拥有理想人格。孔子强调"过，则勿惮改。"② 有错就要改正，不能害怕改过，过错不改只会给自己带来耻辱，改错即是去恶扬善；另外，发现自己的不善或不足，甚至过错，如若不改，则永远停滞不前，"见贤思齐"将成为一句空话。

儒家的耻感思想体现出有耻感意识的人对于善、美好德行努力赶超，唯恐赶不上；对于那些邪恶的言行如同把手伸进热汤时的及时避开："见善如不及，见不善如探汤。"③ "见贤思齐"在孟子那里表现为要乐于汲取他人的优点，为我所用，其实等于增加了自己的优点，取人之长、补己之短，相当于与人一起行善，这是君子最高的德行。孟子

---

① 《礼记·中庸》。
② 《论语·学而》。
③ 《论语·季氏》。

曰："子路，人告之以有过，则喜。禹闻善言，则拜。大舜有大焉，善与人同，舍己从人，乐取于人以为善。自耕稼、陶、渔以至为帝，无非取于人者。取诸人以为善，是与人为善者也。故君子莫大乎与人为善。"① 在此，孟子列举了历史上的道德楷模是如何学习他人长处、美德的，不论是读书人子路还是帝王舜、禹都是不断地向他人虚心学习，把学习别人的优点作为一种快乐，不断地使自己的人格得以完善，能力得以增强。

综上所述，儒家耻感思想以仁、义为价值取向，揭示了耻感是德性的开端，是人区别于动物的根本标志之一，始终贯穿着自律的性质，凸显了通过内省和反求诸己等修养方法以及见贤思齐的实践途径来完善道德品格的特点，最终目的是远离耻辱。

3. 儒家耻德观的代表思想

儒家的主要代表人物有孔子、孟子、荀子等。孔子是儒家学派的开创者，他在搜集、总结先贤耻感思想的基础上，根据所处时代和社会的现状及要求，提出了自己的独创性耻感思想，内容广泛，涉及政治、经济等领域乃至人们日常生活的一言一行。孟子继承并发展了孔子的耻感思想，首次提出了耻是人性的根本标志之一，以及推行"仁政"的国家治理方略，强调"仁则荣，不仁则辱。"② 荀子把孔子和孟子等先秦儒家的耻感思想进行了总结和概括，作了系统化和条理化的梳理，并提出了自己的耻感思想，把耻跟义利直接联系起来，强调"先利后义""重利轻义""见利忘义"为耻。

第一，孔子的耻德思想。

孔子的耻德思想主要体现在《论语》当中，与耻感有关的内容非常广泛，主要从仁礼、义利、诚信等方面进行阐述，形成完整系统的耻感思想。孔子对耻的界定主要有肯定和否定两个方面：一是肯定方面的界定，明确定义"何为耻"。孔子以言行脱节为耻，他说："君子耻其言而过其行"③，伪善的面容，巧语花言，待人不恭或过分的恭维等不

---

① 《孟子·公孙丑上》。
② 同上。
③ 《论语·宪问》。

适度的恭敬行为都是可耻的；以表面上亲切友好而内心深藏怨恨为耻，他说："巧言、令色、足恭，左丘明耻之，丘亦耻之。匿怨而友其人，左丘明耻之，丘亦耻之。"① 二是否定方面的界定，明确阐述"何为不耻"。不以粗茶淡饭、生活简朴为耻，孔子说："士志于道，而耻恶衣恶食者，未足议也。"不因为有过错而羞耻，他说："君子之过，如日月之烛，过则勿惮改。"② 有过错不愿承认不肯改正，才是可耻的。总之，孔子以失"礼"为耻，以失信为耻，以重利轻义为耻，同时非常注重周礼的教化以及道德人格的修炼，对为官者而言，以不关心人民的生活和国家前途，不愿与广大人民同甘苦共患难为耻。

首先，礼是耻的基本尺度，"仁"为耻德的内核。孔子认为言行的纲领是"礼"，不说、不听非礼之言，不看、不践非礼之举，"非礼勿视，非礼勿听，非礼勿言，非礼勿动。"③ 思想、言行都以"礼"为标准、法度。礼是衡量人们是否会遭受耻辱的标准。符合"礼"的要求，就不会遭受耻辱；违背"礼"的规定，就会招致羞辱。其中的原因，即"礼之用，和为贵。先王之道，斯为美；小大由之。有所不行，知和而和，不以礼节之，亦不可行也。"④ "礼"是衡量言行是否恰当的尺度，也是对人们不当言行的一种约束；礼是先王治国的法宝。如果每个人都能用"礼"来要求自己、规范自己，和睦相处的局面就会呈现。反之，不符合"礼"的规范，就会事与愿违："恭而无礼则劳，慎而无礼则葸，勇而无礼则乱，直而无礼则绞。"⑤ 恭敬过度会烦劳，过于谨慎显得胆小怕事，勇敢过度显得鲁莽，不符合"礼"的恰当尺度则会伤人，破坏和谐的人际关系。

孔子主张"以德治国"，用"礼"统一人们的言行，使"礼"的观念深入人心，成为一种理念。对于违背这一"理念"的言行会使人们产生羞耻之心，从而达到约束人们的目的。子曰："道之以政，齐之

① 《论语·公冶长》。
② 《论语·学而》。
③ 《论语·颜渊》。
④ 《论语·学而》。
⑤ 《论语·泰伯》。

以刑，民免而无耻；道之以德，齐之以礼，有耻且格。"① 因此，在孔子看来，"礼"就是做事的法度、准绳。一切思想、欲望、言行都要符合"礼"的规定；处理君臣、父子、夫妻、兄弟、朋友等人伦关系都有相应的要求。为了使人人之间和谐美好，国家稳定繁荣，他极力倡导人们严格践行"礼"的具体规范，一切不符合"礼"的所作所为都是可耻的，都应该拒之。每个人都要有羞耻心，努力依照社会标准去行动。这里的社会标准体现于礼法之中，因为"信近于义，言可复也；恭近于礼，远耻辱也"②，守礼方为正途，人们只有在人际交往中遵循礼义原则，行为举止严格按照"礼"的要求去做才能远耻避辱。

　　孔子遵"礼"这种外在的行为规范，是为了实现人们内在的"仁"。在孔子的伦理思想体系中，"仁"是最高原则和核心，耻德也以"仁"为核心，他认为人只有具备"仁"才有追求荣誉的可能，对"仁"的修养是成名的基础："克己复礼为仁，一日克己复礼，天下归仁焉。"③ "君子去仁，恶乎成名"④，即君子没有"仁"心，就不能获得道德赞誉，而要想得到这种普遍的道德赞誉，就必须从道德上修养自己。仁在恭、宽、信、敏、惠五种优良品质中得以体现，而"恭"位居其首，恭敬的人对人性有理解、对社会有了悟、对制度有遵循，因而在任何时候、任何情况下都能做到"行己有耻"、进退有据，结果自然"恭则不侮"，"恭以远耻"。⑤ 具体来说，实施恭就必须"躬自厚而薄责于人，则远怨矣"。远辱避耻则必须严于律己，宽以待人。

　　其次，诚信是衡量耻的重要标准。"讲诚信"是孔子传教的一项重要内容，《论语·述而》记载："子以四教：文，行，忠，信。"孔子认为，诚信是做人的根本，人要言而有信、说到做到。因为如若不讲诚信，就无法在社会上立足和生存，"人而无信，不知其可也。"⑥ 言行不一，说到做不到，说空话、大话、假话，在孔子看来是可耻的，"古者

---

① 《论语·为政》。
② 《论语·学而》。
③ 《论语·颜渊》。
④ 《论语·里仁》。
⑤ 《礼记·表记》。
⑥ 《论语·为政》。

言之不出，耻躬之不逮也。"① 古人之所以不轻易地许诺，是因为他们以不能兑现自己的诺言为耻辱。理想人格的典范君子更应该讲信用、守承诺。"君子不重，则不威；学则不固。主忠信。"② 君子耻于说到做不到，"君子耻其言而过其行。"③ 因而，君子都是先做后说，重视实际行动，唯恐自己受辱。可见，孔子强调人要先做后再说，不要随便承诺，承诺了就要说到做到，所以君子"欲讷于言而敏于行""谨而信"。④

表里不一、口是心非也是不诚信的表现，同样是可耻的。做人要讲诚信，做人更不要表面一套，暗里一套，当面非常友善，背后却害人，这样的人是非常可耻的。"巧言乱德""巧言令色，鲜矣仁！"⑤ 花言巧语、伪善的容貌，却无仁爱之心，也是十分可耻的。显然，孔子主张人要诚实和正直，子曰："人之生也直，罔之生也幸而免。"⑥ 认为人要是言而无信，将无法立足于社会，只要言语忠诚老实，行为忠厚严肃，将能获得天下人的信任。《论语·卫灵公》云："子张问行。子曰：'言忠信，行笃敬，虽满貊之邦，行矣。言不忠信，行不笃敬，虽州里，行乎哉？'"诚信是人的一种美好品质，生活、工作当中的一些不诚信的表现应该引以为耻。

再次，以重利轻义为耻。孔子认为真正追求"道义"的人，不以贫穷为耻；相反，以衣食不如人而感到羞耻，且放弃追求心中的"道"和向善之意，这样的人不是君子，不能与他探讨远大理想抱负："士志于道，而耻恶衣恶食者，未足与议也。"⑦ 真正的君子看重的是"义"，是人格品德的修养，而不是"利"，只有小人才重利轻义，以"利"为重。"君子怀德，小人怀土；君子怀刑，小人怀惠。""君子喻于义，小人喻于利。"⑧ "君子上达，小人下达。"⑨ 这些充分说明孔子藐视重利

---

① 《论语·里仁》。
② 《论语·学而》。
③ 《论语·宪问》。
④ 《论语·里仁》。
⑤ 《论语·学而》。
⑥ 《论语·雍也》。
⑦ 《论语·里仁》。
⑧ 同上。
⑨ 《论语·宪问》。

之徒，以重利轻义或见利忘义为耻辱。同时，在他看来，官员只看到蝇头小利，胸中无道义、无长远之计，就没有大的作为。"子夏为莒父宰，问政。子曰：'无欲速，无见小利。欲速则不达；见小利则大事不成。'"① 孔子还认为，君子是为了追求"道"，因此贫穷并不可耻；相反，抛弃道义，一味地追求功名利禄则是可耻的。小人重利轻义，甚至见利忘义，对此他很鄙视。他赞赏学生颜回："贤哉，回也！一箪食，一瓢饮，在陋巷，人不堪其忧，回也不改其乐。贤哉，回也！"② 颜回为了探寻自己的理想、心中的"道义"，衣食起居极为简陋，但他并不以此为耻。孔子本人也是重义轻利的典范，他说："饭疏食饮水，曲肱而枕之，乐亦在其中矣。不义而富且贵，于我如浮云。"③ 另外，孔子还特别强调，人不论是求财去贫、从政做官，都要用正当的方法，否则是可耻的："富与贵，是人之所欲也；不以其道得之，不处也。贫与贱，是人之所恶也；不以其道得之，不去也。"④ 可见，在义与利之间，孔子秉持着重利轻义可耻的观点。

最后，知耻是从政者的基本道德要求。孔子认为有耻、知耻是读书人的基本要求，作为儒家推崇的理想人格基本层次的"士"必须有耻，方可"不辱君命"。当然知耻、廉耻更是为官合格的根本和保证，在孔子心目中官员应以何为耻？子曰："邦有道，谷；邦无道，谷，耻也。"⑤ 国家政治清明，为官者领取薪酬是无可厚非的；但若国家政治黑暗，人民生活困苦，官员依然领取薪酬则是可耻的。在国家政治黑暗之时，人民穷困潦倒，而官员自己却很富裕，飞黄腾达，这也是很耻辱的。为官者应该和全国人民共渡难关，要把自己的利益和国家的利益拴在一起。把个人的私利放在国家利益之前是为官者的耻辱，为官者应做到"先天下人之忧而忧，后天下人之乐而乐"。

第二，孟子的耻德思想。

孟子的耻德思想内容也比较丰富，他发展了孔子的耻感思想，不仅

---

① 《论语·子路》。
② 《论语·雍也》。
③ 《论语·述而》。
④ 《论语·里仁》。
⑤ 《论语·宪问》。

论述了耻与仁德、名利的关系，而且首次把"耻"提到了人性的高度，并提出为官不仁、求利舍义为耻的观点。

一是羞耻心是人的本性，耻感是立人之本。孟子在继承孔子耻感思想的基础上首次把"耻"提高到人性本体和德性根源的地位。孟子称，人区别于动物的地方在于人有"四心"：恻隐之心、羞恶之心、辞让之心、是非之心。"无恻隐之心，非人也；无羞恶之心，非人也；无辞让之心，非人也；无是非之心，非人也。"① 这"四心"是人性的标志。"恻隐之心，仁之端也；羞恶之心，义之端也；辞让之心，礼之端也；是非之心，智之端也。"② 这"四心"也是"仁义礼智"四种德性的开端和萌芽。其中"羞恶之心"即知"耻"心是道德合理性的基础和德性善的源头。

孟子认为耻感是判断人性的标准和德性的始源，如果没有羞耻之心，就失去了做人的资格，羞恶之心亦是"义"的萌芽、开端。有了羞耻之心，才知道哪些该做，哪些不该做，才会改恶从善，才能辨别是非和美丑。人若失去了"羞恶之心"，就意味着不能明辨是非、区分善恶，即是万恶的开始，跟动物将没有什么两样。从人性的维度看，孟子认为每个人天性中都有耻感、羞耻心："羞恶之心，人皆有之。"③ "羞耻心"是人普遍存在的道德情感，是人与生俱来的内在规定性。耻对于人的关系重大，人不可以无耻，耻是一个人最起码的道德品质，人只有有羞耻之心，才不会做有悖于人性的事情。"人不可以无耻，无耻之耻，无耻矣。"④ 没有羞耻心是一个人最大的耻辱。他还说："耻之于人大矣，为机变之巧者，无所用耻焉"。意思是知耻对于人的关系极其重大，那些投机取巧的人是不知羞耻二字的。同时，一个人若不以落后于他人感到羞耻，他就永远不会进步，"不耻不若人，何若人有？"⑤ 反之，有了羞耻之心，人才会力图改正那些羞耻之事，去除羞耻之言，努力赶超别人，得到大家的认可和好评。

---

① 《孟子·公孙丑上》。
② 同上。
③ 《孟子·告子上》。
④ 《孟子·尽心上》。
⑤ 同上。

在孟子看来，人们的羞耻心建立在人的本性基础上，与人的本性相一致，是内在于人性之中的。人之行事不能超然于本性，人的本性是仁义礼智信，"五心"为人的天赋，"非由外铄我也，吾固有之"。但由于后天影响，人可能丧失这"五心"，因此要不断接受教化，为违背人本性的言论行为感到羞耻。孟子从人性角度寻找耻辱的本体根据，将羞耻心提升到人的本性和德性根源这一重要地位，虽然有唯心主义和抽象人性论错误，但在扬善抑恶，加强人性修养方面具有积极作用。他确立了人只有知羞耻，才能形成健全人格、全面发展的认知论。

二是为官不仁是耻辱的根源。孔子首推仁德为人的最高道德境界。在此基础上，孟子主张治理国家要实行"仁政"，并且把"仁"与"不仁"作为区分荣辱的标准："仁则荣，不仁则辱；今恶辱而居不仁，是犹恶湿而居下也。"① 孟子的"仁"既指"仁德"又指"仁政"。君主要爱民，实行仁政，无仁爱之心之行则会招致耻辱。如果无意于仁政，终身都会担忧受辱，以至于含羞（辱）而死。孟子曰："苟不志于仁，终身忧辱，以陷于死亡。"② 孟子十分藐视那些只顾追求个人荣华富贵和享受奢侈糜烂生活的官员们，认为他们非但"不仁"还极为可耻，自己绝不肯为，他说："说大人，则藐之，勿视其巍巍然。堂高数仞，榱题数尺，我得志，弗为也。食前方丈，侍妾数百人，我得志，弗为也。般乐饮酒，驱骋田猎，后车千乘，我得志，弗为也。"③ 孟子道出了为官者的耻德修养指向应为：为民爱民，让人民大众过上幸福安康的日子。

三是求名利舍道义为耻。儒家提倡重义轻利，耻于重利轻义。孟子则更进一步，提出"舍生取义"的价值导向，"生亦我所欲也，义亦我所欲也；二者不可得兼，舍生而取义者也。"④ 在他看来生命诚可贵，道义价更高。为了追求"义"，生命都可以舍弃，当然物质利益在他眼里更是不值一提，孟子曰："万钟则不辩礼仪而受之。万钟于我何加焉？为宫室之美、妻妾之奉、所识穷乏者得我与？乡为身死而不受，今

---

① 《孟子·公孙丑上》。
② 《孟子·离娄上》。
③ 《孟子·尽心下》。
④ 《孟子·告子上》。

为宫室之美而为之；乡为身死而不受，今为妻妾之奉而为之；乡为身死而不受，今为所识穷乏者而为之，是亦不可以已乎？此之谓失其本心。"① 为了得到优厚的物质待遇、华丽的住宅、妻妾的侍奉以及穷人的感激而丧失自己的本性，失去道义，接受了不该接受的东西，是不义而可耻的。

为了追逐私利而放弃自己的志向、心中的信仰的人也是可耻的。孟子通过讲述齐景公田猎之事以及赵简子和王良的故事来表明自己不会为了名和利而放弃自己的志向和主张，哪怕是名震天下，利益诱惑巨大。

> 孟子曰："昔齐景公田，招虞人以旌，不至，将杀之。志士不忘在沟壑，勇士不忘丧其元。孔子奚取焉？取非其招不往也。如不待其招而往，何哉？且夫枉尺而直寻者，以利言也。如以利，则枉寻直尺而利，亦可为与？昔者赵简子使王良与嬖奚乘，终日而不获一禽。
>
> 嬖奚反命曰：'天下之贱工也。'或以告王良。良曰：'请复之。'强而后可，一朝而获十禽。嬖奚反命曰：'天下之良工也。'简子曰：'我使掌与女乘。'谓王良。良不可，曰：'吾为之范我驰驱，终日不获一；为之诡遇，一朝而获十。《诗》云："不失其驰，舍矢如破。"我不贯与小人乘，请辞。'御者且羞与射者比；比而得禽兽，虽若丘陵，弗为也。如枉道而从彼，何也？且子过矣：枉己者，未有能直人者也。"②

因此，孟子认为，那些为了个人私利而破坏规矩的人是卑鄙无耻的，是小人，不宜与之为伴，正人必先正己，人应具有浩然正气。

孟子主张名要符实，若名过其实，君子应引以为耻，他说："源泉混混，不舍昼夜，盈科而后进，放乎四海。有本者如是，是之取尔。苟为无本，七八月之闲雨集，沟浍皆盈；其涸也，可立而待也。故声闻过

---

① 《孟子·告子上》。
② 《孟子·滕文公下》。

情，君子耻之。"① 这里强调了"名"和"实"的统一性，名声不要像无本之水、七八月之雨，要符合实际。总之，孟子主张名利的获取要以不改变自己的志向和尊严为前提，利益的获得要符合规矩、符合道义，名声的追求要符合实情。

四是为官以官道不正和不能施展正义抱负为耻。孟子认为通过不正当渠道做官是耻辱，官员身系国家前途和命运，若是通过歪门邪道而获取这个位置，则令人厌恶可耻。他说："丈夫生而愿为之有室，女子生而愿为之有家；父母之心，人皆有之。不待父母之命、媒妁之言，钻穴隙相窥，逾墙相从，则父母国人皆贱之。古之人未尝不欲仕也，又恶不由其道。不由其道而往者，与钻穴隙之类也。"② 认为以不合礼仪的方式、不正当的手段获得官位是会被人轻视的，也是令人不齿的。同时，身为国家政治要员不能贯彻自己正义的理想抱负，也是一种耻辱。孟子有理想、有抱负，他希望通过在朝廷担任要职来一展宏图，实现自己推行仁政的雄心壮志，实现国泰民安。因为在他看来，那是一种荣耀；反之，则是一种耻辱："位卑而言高，罪也；立乎人之本朝，而道不行，耻也。"③

第三，荀子的耻德思想。

荀子在扬弃前人耻德思想的基础上第一次对耻辱观进行了系统、全面的论述。他不仅对"耻辱"进行了层次划分，还把耻辱范畴界定于与人的品德对应关系，提出品德恶劣即为"耻"。他还系统地论述了避免耻辱的途径和方法。

一是耻辱的层次划分。荀子把"辱"区分为"义辱"和"势辱"，"有义辱者，有势辱者。"④ "义辱"是一种内在的耻辱，由个人原因造成，表现为行为放荡、违反道义、扰乱伦理、骄横跋扈、唯利是图，"流淫、污僈、犯分、乱理、骄暴、贪利，是辱之由中出着也，夫是之谓义辱。"⑤ "势辱"是对身体的侮辱、折磨，为外力强加的，表现为被

① 《孟子·离娄下》。
② 《孟子·滕文公下》。
③ 《孟子·万章下》。
④ 《荀子·正论》。
⑤ 《荀子·荣辱》。

人责骂侮辱、揪住头发挨打、受杖刑被鞭打、被剔去膝盖骨、被五马分尸并抛之野外、被反绑吊起等人身摧残，"詈侮捽搏，捶笞、膑脚，斩、断、枯、磔，藉、靡、后缚，是辱由外至者也，夫是之谓势辱。"① 可见，"义辱"是道德主体本身的恶行造成的，是名义上的耻辱，精神层面的；而"势辱"是由外因导致的，自己难以操控，主要是肉体方面的。在荀子看来，君子可以有势辱，但不能有义辱，"君子可以有势辱，而不可以有义辱"。② 也就是说，君子宁可受刑而死，也不能因暴虐贪利而受到羞辱。但是，小人可以有势辱和义辱，"义辱势辱，唯小人然后兼有之"。③ 义辱出自主体自身的不良品质，势辱则源自外在的客观情势，不为主体自身的主观意志所决定。耻辱的这两端，其内涵有天壤之别。义辱具有道义本质和行为主体的道德选择特性，因而此种耻辱与"小人"无关。势辱与君子无涉，因为此种荣辱不取决于个体的主动道德选择，而取决于外在的客观情势，强调外在性和个体选择的受动性。可见，荀子划分君子和小人的根据侧重在道德领域。

二是耻辱的判定依据。以品德的好坏作为耻辱的判定基础。品德恶劣即"耻"，"荣辱之来，必象其德。"④ 败坏的道德必然招致耻辱。荀子把道德的好坏作为判别荣辱的标准。他还把耻与品德的关系进一步具体化："体倨固而心势诈，术顺、墨而精杂污，横行天下，虽达四方，人莫不贱。劳苦之事则偷儒转脱，饶乐之事则佞兑而不曲，辟讳而不愍，程役而不录，横行天下，虽达四方，人莫不弃。"⑤ 对于那些态度傲慢、心术险恶，精神驳杂污秽、享乐在前、吃苦在后的人，荀子是嗤之以鼻的，认为也同样会遭到人们的厌弃和鄙视。

以利义关系作为判定荣辱的标准。先利后义或见利忘义即耻，"荣辱之大分，安危利害之常体：先义而后利者荣，先利而后义者辱；荣者常通，辱者常穷；通者常制人，穷者常制于人，是荣辱之大分也。"⑥

① 《荀子·正论》。
② 同上。
③ 同上。
④ 《荀子·劝学》。
⑤ 《荀子·修身》。
⑥ 《荀子·荣辱》。

荀子把耻辱跟义利紧密联系在一起，认为先利后义即为耻辱。那些重利轻义的小人，或者说先利后义的小人最后要服从先义后利的君子，小人只是看到眼前的蝇头小利，而君子则顾全大局，从长远利益着想。如果有人以利害义，那么肯定有耻辱随之而来，《荀子·法行》云："故君子苟能无以利害义，则耻辱无由至矣。""见其可欲也，则必前后虑其可恶也者；见其可利也，则必前后虑其可害也者；而兼权之，熟计之，然后定其欲恶取舍。"① 利益是引诱一个人的诱饵，如果有人贪图这个诱饵，肯定会遭受耻辱。君子不为利所惑，就不会有耻辱；贪图私利而不顾道义者，就会遭受耻辱。因此，在利益面前，应前后思虑而权其轻重，任凭个人欲望泛滥，见财就取、见利忘义，就会陷入"动则必陷，为则必辱"的耻辱之境。

在对待义利关系上，荀子规劝人们要见利怀义，不要为利益所迷惑。他说："荣辱之大分，安危利害之常体：先义而后利者荣，先利而后义者辱；荣者常通，辱者常穷。通者常制人，穷者常制于人，是荣辱之大分也。"② 荀子继承孔子"义以为上"和孟子"孜孜以为义"的主张，在不否定人们对利益欲望的追求的基础上，更强调利欲追求应以道义追求为前置。荀子首创性地将荣辱观与义利观相结合，把握住了荣辱命题的利益关系本质，突出地反映了儒家分辨荣辱的道德价值取向。

三是避辱的方法和途径。耻感是一种痛苦的情感体验，为此，荀子探讨了几种避辱的途径，其一，"教化"使人改恶从善。荀子主张"性恶论"，他认为人的本性是恶的，是趋利的，必须要通过君子的引导、法度的约束，才会改恶为善，逐步符合礼仪秩序，达到社会安定的局面，"故必将有师法之化，礼仪之道，然后出于辞让，合于文理，而归于治。"③ 人的邪恶一定要通过后天师法的教育和礼仪的引导才可以使人的行为变得端正，也就达到了避辱的目的，"今人无师法则偏险而不正，无礼仪则悖乱而不治。"④ 若没有师法的教化和礼仪的引导，人的恶行就得不到纠正，遭受耻辱则在所难免。

---

① 《荀子·劝学》。
② 《荀子·荣辱》。
③ 《荀子·性恶》。
④ 同上。

其二，控制私欲，遵循道义。每个人都有欲望，包括善的欲望和恶的欲望，对于善的欲望要尽量满足，对于恶的欲望要尽力节制。荀子曰："虽为守门，欲不可去，性之具也。虽为天子，欲不可尽。欲虽不可尽，可以近尽也；欲虽不可去，求可节也。"① 强调在条件允许的情况下，只要符合道义，按照正确原则行事，就可以尽量满足自己的欲望；反之，如果条件不允许，就要节制欲望，"道者，进则近尽，退则节求，天下莫之若也。"② 人的行动往往受到欲望的支配，欲望的善与恶就决定了行动的道德性质，所以不同的人会对欲望加以权衡取舍，而道义才是正确的衡量标准。"道者，古今之正权也；离道而内自择，则不知祸福之所托。"③ 很显然，在荀子看来，不把道义作为行动的指南，就会遭受祸患和耻辱，而按照道义行事，就可以避免遭受耻辱。在荀子看来，如果像小人那样，用无耻手段求荣，不但难以达到目的，还可能适得其反；人们只有在实践中遵循礼义、磨炼品性，选择君子求荣避辱之道，才能达到求荣避辱的目的。

其三，善于内省。看到好的品行，一定要反思自己是否也有这样的好品行，若有，就要坚持下去；看到坏的品行，要提高警惕反省自己是否有这样的恶行，有则改之，无则加勉。"见善，修然必以自存也；见不善，愀然必以自省也。善在身，介然必以自好也；不善在身，菑然必以自恶也。"④ 只有不断地反省自己，改过迁善、扬长避短，才可以少受耻辱或免受耻辱。

总之，荀子在继承孔孟耻感思想的基础上对耻德进行了更深入更细致的分析，也主张人要培养美德避免耻辱，他把耻辱划分为"势辱"和"义辱"，强调君子不可以有"义辱"，只能有"势辱"，人们可以通过后天的教化、抑制欲望和内省等方法增加自己的善，以达到避辱的目的。荣辱不仅仅关乎个人道德修养，更是关涉个体生命的安危利害。因而，只有明辨荣辱、追求义荣、规避义辱才会有真正健全的人格，社会才能不断进步发展。

---

① 《荀子·正名》。
② 同上。
③ 同上。
④ 《荀子·修身》。

二　道家的耻德观

（一）贫穷不是耻辱，重利轻义才可耻

道家也同儒家一样不以贫穷为耻，认为人不能因自己贫穷而影响对"道义"的追求。比如，道家代表人物庄子虽然很贫穷，穿得很寒酸，但他并不以此为耻，仍然执着地追求心中的"道义"，《山木》记载："庄子衣大布，而补之，正絜系履，而过魏王。王曰：'何先生之惫邪？'庄子曰：'贫也，非惫也。士有道德，不能行，惫也；衣弊，履穿，贫也，非惫也。'"① 庄子在魏王面前，衣着褴褛，而他并不认为这是一种耻辱，因为他坚信贫穷并不会影响自己对远大志向的追求。

道家认为统治阶级不关心民众的利益是可耻的。那些只顾自己的奢侈豪华的腐朽生活，不关心广大民众死活的统治者是极为可耻的，类似于强盗。老子说："使我介然有知，行于大道，唯施是畏。大道甚夷，而民好径。朝甚除，田甚芜，仓甚虚。服文采，带利剑，厌饮食，财货有余。是谓盗夸，非道哉！"② 朝政腐败，农田荒芜，人们食不果腹，然而统治者却凭借武力和权威，搜刮榨取民财，依然过着穷奢极欲的生活。老子非常痛恨这种腐败的统治阶级，期望统治者和人民一道同甘苦、共患难，把人们的利益放在第一位。

道家以重利轻义为耻。老子认为适度的名利要求应给予支持，但是过分地追逐名利则会遭受耻辱，《老子·立戒》载："名与身孰亲？身与货孰多？得与亡孰病？甚爱必大费，多藏必厚亡。故知足不辱，知止不殆，可以长久。"老子指出一定的合理名利需求不是不允许，只是爱好名利要知道适可而止，要懂得分寸，不要过度，这样就不会因贪欲过度而遭遇危险，因而可以保持长久；否则，必然遭受耻辱。庄子表达了他对名利的态度："无耻者富，多信者显。夫名利之大者，几在无耻而信。故观之名，计之利，而信真是也。若弃名利，反之于心，则夫士之为行，抱其天乎！"③ 追求大名大利在庄子看来是无耻的行径，是以失

---

① 《庄子·山木》。
② 《道德经》。
③ 《庄子·杂篇·盗跖》。

去天然本性为代价的；只有抛弃名利，才可以保持自己的正当德行和本真。

（二）行仁义等礼法制度为可耻

道家一向主张消极遁世、顺其自然，希望人类社会回到"自然纯朴"的原始状态，那里没有战争，没有名利的争夺，所以他们认为儒家想通过后天开发和教育，使其成为人们的道德信仰，并使人们自觉遵守的礼法制度，以及期望以此来最终实现社会和谐的目的是虚幻的。认为儒家的仁义等礼仪法度扰乱了社会秩序，闭塞了人的本性、惑乱人心，是天下大乱的根源，应为可耻。"今世之仁人，蒿目而忧世之患；不仁之人，决性命之情而饕贵富。故意仁义其非人情乎！自三代以下者，天下何其嚣嚣也？"① "仁义"不合乎人的本性，是社会混乱的根源，"仁、义、礼、智"是社会动乱的根源，使原本秩序井然的理想社会动荡不安，"仁可为也，义可亏也，礼相伪也。故曰：'失道而后德，失德而后仁，失仁而后义，失义而后礼。'礼者，道之华而乱之首也。"② 强调"礼"是社会祸乱的开始和失序的原因。

庄子认为天下万物都有其自然本性，曲的东西用不着曲尺、直的东西用不着绳墨、圆的东西用不着圆规，一切顺其自然、顺其本性，那么"仁义又奚连连如胶漆纆索而游乎道德之间为哉，使天下惑也？"③ 在庄子看来，是仁义破坏了人的天性，仁义不是人的道德本性，是儒家强加于人的自然本性之上的。庄子在《集解》中说道："多信，犹多言也。无耻贪残则富，多言夸伐则显。""荣辱立然后睹所病，货财聚然后睹所争。"正因为人间有了道德礼义制度，聚敛了许多货财，人们才有了荣辱观念和无休止的争战。他尖锐地提出，儒、墨家提倡的仁、义、礼等使原本平等和谐的社会人为地划分为贵贱贤愚、荣辱仁智不同等级，其目的就是要维护贵族利益以获取更多财富。所谓圣人不过是一群贪求富贵荣华导致天下发生争斗不已的罪魁祸首，这种人不仅不应称为圣人，还应以他们为耻；礼义道德、孝悌忠信是人为制造人间不平和等

---

① 《庄子·外篇·骈拇》。
② 《庄子·知北游》。
③ 《庄子·外篇·骈拇》。

级、破坏人类和谐的根源，这才是真正的耻。

总之，道家认为儒墨两家的"智慧机巧"是极为可耻的，所实行的仁义礼法是道德衰落、人性沦丧、社会大乱的祸根。在《庄子》中，我们可以理深刻地理解和认识道家的思想：

> 昔者黄帝始以仁义撄人之心，尧、舜于是乎股无胈，胫无毛，以养天下之形，愁其五藏以为仁义，矜其血气以归法度。然犹有不胜也。夫施及三王而天下大骇矣。下有桀、跖，上有曾、史，而儒、墨毕起。于是乎喜怒相疑，愚知相欺，善否相非，诞信相讥，而天下衰矣；大德不同，而性命烂漫矣；天下好知，而百姓求竭矣。于是乎广斤锯制焉，绳墨杀焉，椎凿决焉。天下脊脊大乱，罪在撄人心。故贤者伏处大山嵁岩之下，而万乘之君忧栗乎庙堂之上。今世殊死者相枕也，桁杨者相推也，刑戮者相望也，而儒墨乃始离跂攘臂乎桎梏之间。意，甚矣哉！其无愧而不知耻也甚矣！①

庄子认为天下大乱，百姓受苦、尔虞我诈、互相残杀等不良的社会秩序都是儒家推行仁义礼法导致的，为儒家感到无比羞耻、无地自容。综上所述可知，道家认为欺骗，虚伪，不讲诚信是可耻的；君子志于道，不以贫穷为耻；在其位而不谋其政是一种耻辱。

（三）不争则可免予耻

道家主张清虚无为，保持人的本性，其耻德思想表现出超脱性。"知足不辱，知耻不殆，可以长久。"提倡人们在社会交往中不要与别人争荣辱高下。老子说："知其雄，守其雌；知其白，守其黑；知其荣，守其辱。"人应该知道满足不争，这样才不会招致耻辱，不仅不应争荣耀，而且还要甘于守住谦恭，因为宠辱由己不由人，《庄子·盗跖》中说："无耻者富，多信者显，夫名利之大者，几在无耻而信，故观之名，计之利，而信真是也。若弃名利，反之于心，则夫士之为行，抱其天乎！"表达了对弃绝名利、避免耻辱而顺其天性的看法。道家耻辱思想大致反映出了对世俗社会所采取的消极出世、无为的态度以及对

---

① 《庄子·外篇·在宥》。

名利的淡泊。

道家还提出回归自然，知荣守辱、不求利禄、摒荣弃辱的超脱之道。老子说："坚强者死之徒，柔弱者生之徒""天下莫柔弱于水，而攻坚强者莫之能胜"①。关键是要"见侮之为不辱"。如果你对别人的欺侮采取不理睬的态度就不会发生争斗。不与邪恶同流合污，就不会感觉到耻辱，也就不觉得厌恶。

三 墨家的耻德观

（一）强调不强大、不诚信则耻

墨者多来自社会下层，以"兴天下之利，除天下之害"为目标，他们有强烈的社会实践精神。墨家是唯一站在底层平民大众的立场，为人民百姓说话的流派，它的耻感思想与其他思想相一致，最终的目标都在于保卫国家利益。墨家重博爱，以攻为耻；尚贤、尚勤，以不赖其力为耻；尚同，普天同利，以利己害同为耻。它从功利角度看耻，对于耻的阐述都是通过"荣"来对比体现，而耻的界定标准是"强必荣，不强必辱"。墨家认为荣誉的获得要依靠洁身自好，"名不徒生，而誉不自长，功成名遂。名誉不可虚假，反之身者也""名不可简而成也，誉不可巧而立也，君子以身戴行也"②，从侧面指出了修身力行是远避耻辱的途径，而重名节荣耻是墨者的人格特征。

墨家认为欺骗、虚伪、不讲诚信是可耻的。"言不信者行不果，行不信者名必耗，务言而缓行，虽辩必不听。"③认为一个人说了不做，时间久了，大家就不会再相信他，名声受损；口是心非、言行不一，即使为自己巧辩也于事无补，应该为此感到羞耻。

（二）能忍受小的屈辱才可成就大业

儒墨两家都强调要想取得大的成就，实现远大抱负，必须要忍受小的屈辱，儒家说："小不忍，则乱大谋。"④"忍"是指忍受羞辱。墨子曰："昔者文公出走而正天下，桓公去国而霸诸侯，越王勾践遇吴王之

---

① 《道德经》。
② 《墨子·修身》。
③ 同上。
④ 《论语·卫灵公》。

丑，而尚摄中国之贤君。三子之能达名成功于天下也，皆于其国抑而大丑也。"① 在墨子看来，文公、桓公和越王勾践三人之所以威慑扬名于天下，就在于他们能够忍受一定的屈辱；忍辱的目的是积蓄力量，从长远利益着想，为了向更高的目标奋进。

（三）为官者不谋其政为耻

墨家认为不能胜任职位，依然领取俸禄的政府官员是可耻的。墨子指出官员要能胜任自己的职位，否则，就不要占据其位；不能胜任职位却依然领取薪酬俸禄是十分可耻的。他说："不胜其任而处其位，非此位之人也；不胜其爵而处其禄，非此禄之主也。"② 也就是说，做官首先要能胜任相应的职位，为人民造福、对君主负责、为国家的前途和命运考虑，这样才可以心安理得地领取俸禄。同时，墨家推崇淡泊名利，认为官员为了追求名利而不择手段，不惜一切代价是可耻的。

提出统治者善明辨是非，才能使国家强盛而避免受辱。墨家十分关注国家的前途和命运，认为统治者听进小人诏媚之言，必使国家遭殃，自取其辱。墨子断言：近朱者赤，近墨者黑，如果与坏人、恶人长期在一起，对恶人言听计从，那么此人肯定会招来耻辱。他在《墨子·所染》一篇中举例说：夏桀昏庸无道，暴戾贪婪，杀死贤臣龙逢，重用佞臣干辛，拒绝采纳忠臣的谏议，结果夏王朝很快崩溃。商汤乘机而攻，夏桀不战而退，逃往南巢之沙埠，并死于此地，为天下人所耻笑。殷纣王宠爱妲己，荒淫无道，任用善谀且好利的德费中主持政务，致使殷部族的贤臣都对纣王极为不满，在小人恶来被重用之后，诸侯们皆因恶来的诬陷而遭到纣王的严惩，于是纷纷离开纣王。结果牧野一战，天下欢呼，纣王的部队大败，自己赴火而死，并被周武王斩头示众，遭世人所耻笑。这两位君王的国亡身辱的下场，原因皆为滥用诏谀之臣。

墨子还举出一些诸侯国君与大夫的败亡而受耻之事，也是奸臣谗言所致。例如，春秋时期的晋国大夫范吉射、中行寅，吴王夫差，晋国智伯，春秋时期的中山尚以及战国时期的宋康王都因听信奸臣谗言而身死

---

① 《墨子·亲士》。
② 同上。

受辱，其缘由为不知道治理国家的要领："不知要者，所染不当也。"①
一国君主要纳贤臣，因为"染于苍则苍，染于黄则黄"，② 一个人的思
想言行很容易受到身边人的影响，交往的人若是小人，迟早自己会做恶
事，遭受耻辱；作为国君则难以逃脱国破家亡、身死名辱的悲惨命运。

四 法家的耻德观

法家也同儒家一样十分重视"耻"的效用。早期法家主张德法并
用，以法为基础，重视耻感作用，并把耻提高到了国家安危、民族存亡
的伦理地位，商鞅利用人们遭受刑罚时的耻辱心理而制定国家刑法以维
护社会治安；此外，早期法家确定了"耻"的界定标准，先于儒家把
"耻"提到国家、民族兴衰存亡的高度，认为"耻"的核心是"不从
枉"，即不做不符合道德的事，知耻、远耻便可"邪事不生"，就不会
伦理失序，道德失范。晚期法家基本上是"务法不务德"，不仅对耻的
论述很少，且不直接论述，更多的是将耻作为一种为政治服务手段，而
不是用来开展道德教化。

（一）法家以用奸臣、失信为耻

法家认为国君在治理国家时要重用贤臣，强调听信谗言、滥用奸臣
会被人所耻笑。韩非子认为治理国家要人尽其才，各得其所，要任用贤
能之人来兴利除害，否则也是会被人耻笑的，他说："夫良马固车，使
藏获御之，则为人笑。王良御之，而日取千里。车马非异也，或至乎千
里，或为人笑，则巧拙相去远矣。今以国位为车，以势为马，以号令为
辔，以刑罚为鞭，使尧、舜御之，则天下治，桀、纣御之，则天下乱，
则贤不肖相去远矣。夫欲追速致远，不知任王良，欲进利除害，不知任
贤能，此则不知类之患也。夫尧、舜，亦治民之王良也。"③ 要求君主
要像伯乐那样善于发现人才，使用人才。若不能人尽其才，物尽其用是
可耻的。因此，用人时应该鼓励、奖赏廉耻之心，要刑罚严明，有法可
依，才能使君主免受侮辱。

---

① 《墨子·所染》。
② 同上。
③ 《韩非子·难势》。

法家认为欺骗、虚伪、不讲诚信是可耻的。韩非子提出治国之道是君主要隐藏自己的智慧和心迹，用验证比较的方法检验臣子的言行是否一致，活动是否合法，违法者一律严惩。君主要"知其言以往，勿变勿更，以参合阅焉。"① 通过考察对比去验证臣子言行是否一致，"言已应，则执其契，事已增，则操其符。符契之所合，赏罚之所生也。"② 君主赏罚的依据不是语言上的许诺，而是看做事的效果，对比言行是否矛盾。可见，韩非子极为重视"诚信""言行一致"这种美德，而且把它上升为治国的高度。

（二）以"民恶羞辱"之心来执行"法治"

法家的"法治"是依据人们厌恶刑罚带给自己的羞辱心理而提出的。法家的早期代表人物管仲和商鞅为"法治"治国方略做出了基础性的贡献。管仲早于儒家认识到"耻"是民族安危的最后防线，并且把"耻"提到了"国之四维"之一的高度，把它与国家生死存亡的命运紧密联系在一起。"何谓四维？一曰礼，二曰义，三曰廉，四曰耻。礼不逾节，义不自进，廉不蔽恶，耻不从枉。故不愈节，则上位安；不自进，则民不巧诈；不蔽恶，则行自全；不从枉，则邪事不生。"③ "耻"既是底线，也是国家民族安危的最后防线，若丢失了"耻"，礼就会逾节，义就会自进，廉就会蔽恶，国家则"灭不可复错也"。"夫刑者，所以禁邪也，而赏者，所以助禁也。羞辱劳苦者，民之所恶也；显荣佚乐者，民之所务也。故圣人之为治也，刑人无国位，戮人无官任。刑人有列，则君子下其为；衣锦食肉，则小人冀其利。君子下其位，则羞功；小人冀其利，则伐奸。故刑戮者，所以止奸也；而官爵者，所以劝功也。"④ 商鞅利用人们厌恶刑罚所带来的耻辱之心理以"刑者所以禁邪"。法家治国方略强调"法治"，由此认为阻止法律实施的人应该感到耻辱（因为自己缺乏德才）。

法家集大成者韩非主张"依法治国""赏罚分明"，但也非常重视伦理德目"耻"。韩非子认为德智双全的人以与无德无才之辈为伍而感

---

① 《韩非子·主道》。
② 同上。
③ 《管子·四维》。
④ 《商君书·算地》。

到羞耻，有辱自己的高贵身份。他认为推行法治的人都是德才兼备之人，而且推行非常艰难，因为"智者决策于愚人，贤士程行于不肖，则贤智之士羞而人主之论悖矣。"① 推行法治之人认为他们的智慧和品德由君主身边无才无德之人来评判是一件羞耻之事。一国的重臣最大的罪过就是欺骗君主，蒙蔽君主，使国家遭殃，而廉洁、智慧之人耻与此类人一起欺骗君主。"智士者远见而畏于死亡，必不从重人矣；贤士者修廉而羞于奸臣欺君主，必不从重臣矣。"②

此外，法家强调用重刑治理国家，"以刑去刑"，耻辱刑就是运用人们的知耻心对国家进行管理的有效手段，其目的正在于希望激活罪犯的耻辱感，使其感受到耻辱罪恶进而对自身行为感到懊悔、自责并寻求宽恕、愿意赎回和补偿；同时，对其他人也起到警示作用。耻辱刑正是法家把伦理道德与法律制度有机结合的产物，体现了把"礼"与"刑"融为一体，"以法辅德""以德彰法"，以期实现"制礼以崇敬，立刑以明威"的治国理念。在重面子、倡德治的中国古代社会，这一刑罚有利于从心理上预防和控制犯罪。耻辱刑借助于外部的力量使受刑之人"自省"，直接作用于罪犯的主观世界，以达到教化目的，也体现了法家特有的耻观，即法家重视耻感思想，充分利用耻感给人们造成的心理痛苦和羞辱来激发人的道德自律，善于利用人的耻感效用实行"法治"，达到约束人的不良行为的目的。

第二节 西方文化中的耻

一 亚里士多德的羞耻理论

第一，亚里士多德在对"羞耻"与"善恶"关系考察基础之上，从存在本体论维度揭示羞耻本质。亚里士多德在其《修辞术》著作中开宗明义地将其羞耻明确界定为"一种与坏事相关的痛苦或不安，这些坏事发生在现在、过去或将来，显然会带来不好的名声"。由此可

① 《韩非子·孤愤》。
② 同上。

见，在亚里士多德的研究范畴中，羞耻首先基于对事物好坏、善恶的伦理判断。在《尼各马可伦理学》一书中他对善恶作了极为充分的论述，在他看来，一切技术、一切规划以及一切实践和抉择，都以某种善为目标，善就是人在一定条件下所追求的目的。一方面，亚里士多德继承了柏拉图先验的、独断的对于善的理解；另一方面，亚里士多德认为善也是具体的，其在生活中形式化表达为有利于至善达成的人类活动。"恶"则是与"善"相对的一个概念，在追求至善的过程中，人们做得不好、有碍至善目标的实现便会产生恶。羞耻是由恶引发的，它以否定恶的形式肯定善。基于此，亚里士多德认为羞耻感并不在老年人和德性完满的人身上存在，因为上了年纪的人和德性完满的人都具有较为成熟的理性，他们不会被感情左右而做出引起羞耻的事情，耻感便无从谈起。

由此可见，羞耻感必须以做羞耻的事为前提，以善恶及其相应的感受为规定。亚里士多德在《修辞术》中列举了和耻感有关的五种行为，分别是懦弱、不检点、吝啬、卑贱和谀媚。羞耻以善为规定，羞耻的产生是因善在心中对恶产生的恐惧。

第二，提出羞耻形式与内容具有多样性。"羞耻"从德性的维度可分为作为善的德性的羞耻，即作为德性的羞耻和作为感情的羞耻。当羞耻作为适度的情感时，过度形式是羞怯，但这种羞怯与道德意义上的羞耻无关。亚里士多德认为，公正是一切德性的总汇，对于政治权力和经济利益和荣誉的公正分配，应根据各人对构成城邦各要素的贡献大小而定。他强调，在理想社会之中，公正原则是大度的人受称赞获得荣誉，获得最大份额的财富，这在现实生活中可能一时无法实现，这就要求人们羞耻自律，不受外在的无谓的羞辱影响，因为那是不公正的。

耻与荣从内容上可以分为义耻、义荣与势耻、势荣。亚里士多德认为，一个真正意义上道德完善的人对于普通人微不足道的荣誉，他会不屑一顾，因为他所配得的远不止于此，相对应的对于耻辱他同样不屑一顾，因为耻辱对于它是不公正的。但羞耻无论是作为德性还是作为情感，其内在的具体内容都是建立在"善"的基础之上。羞耻感的形成固然有一个面对他人、与他人关系的问题，但其形成的核心并不是他人的存在，亦不是向他人呈现自我，而是自我呈现，是自我在灵魂中的善、精神、信念、原则面前的呈现，以及基于这种呈现的自我评价。羞耻感的形成不仅是根据社会现实提出的要求，还是尽可能好地自我的呈现。

第三，对羞耻感的定性和影响羞耻感的变量因素分析。在羞耻感的定性方面而言，羞耻作为一种情感本身虽没有善恶之分，但它可以是恰当、合适的，也可是不恰当、不合适的。恰当的、合适的情感可以看作一种德性。作为情感的耻，其具体的内容是有善恶之分的，当耻建立在对善的向往和对恶的否定之上时，它便具有了善的品质，作为德性的耻感，成为人内在的自觉向善避恶的品质。

从影响羞耻感的变量因素方面而言。羞耻感的存在及其强烈程度会受到社会情境中具体变量的影响。首先，耻感与知情者的重要程度、亲密程度相关。一方面，可耻之事为人所知后必然引起舆论关注；另一方面，行为者在熟人面前和陌生人面前会为不同的事情感到羞耻，在熟人面前，人们只会因为真正不符合伦理道德和公平正义的可耻之事而感到羞耻，而在陌生人面前，会因为不符合法规或风俗习惯的事情而感到羞耻。另外，耻感程度与可耻行为的曝光程度有关。

第四，认为羞耻作为一种德性具有条件性。只有知羞耻才能使人灵魂安宁、人格完善，才能获得幸福生活。亚里士多德对羞耻与德性之间的关系做了比较清晰的区分，在他看来，感情、能力与品质是灵魂的三种状态，德性属于品质。"羞耻不能算是一种德性。因为，它似乎是一种感情而不是一种品质。至少是，它一般被定义为对耻辱的恐惧。它实际上类似于对危险的恐惧。因为，人们在感到耻辱时就脸红，在感到恐惧时就脸色苍白。这两者在一定程度上都表现为身体的某些变化。这种身体上的变化似乎是感情的特点，而不是品质的特点。"[1] 德性与羞耻的联系在于，具有适度品质的人会有羞耻之心，而一个有羞耻之心的人会受人称赞。但是，这并不表明，行动者做了坏事之后会感到羞耻是有德性的表现。"羞耻是坏人的特点，是有能力做可耻的事情的人所特有的。说由于一个人在做了坏事之后会感到羞耻，我们就应当说他是有德

---

① ［古希腊］亚里士多德：《尼各马可伦理学》，廖申白译，商务印书馆 2004 年版，第124 页。

性的，这是荒唐的。因为，那个引起羞耻的行为必定也是出于意愿的行为，而一个有德性的人是不会出于意愿而做坏事情的。"①

根据亚里士多德关于"合乎德性的行动"与"出于德性的行动"的区分，人们因羞耻而行动只是"合乎德性的行动"，这并不能表明行动者就具有了那种相应的德性。"合乎德性的行为并不因为它们具有某种性质就是，譬如说，公正的或节制的。除了具有某种性质，一个人还必须是出于某种状态的。首先，他必须知道那种行为。其次，他必须是经过选择而那样做，并且是因那行为自身故而选择它的。最后，他必须是出于一种确定了的、稳定的品质而那样选择的。"② 因此，行动者因羞耻而节制时，虽然具有了节制的性质，但未必是出于节制的状态，因此，这种节制不是德性意义上的节制。在亚里士多德看来，伴随着活动的快乐与痛苦是品质的表征，"仅当一个人节制快乐并且以这样作为快乐，他才是节制的。相反，如果他以这样作为痛苦，他就是放纵的。同样，仅当一个人快乐地，至少是没有痛苦地面对可怕的事物，他才是勇敢的。相反，如果他这样做带着痛苦，他就是怯懦的。"③ 显然，行动者因羞耻而节制时，更多的是痛苦而不是快乐，这就使行动者的节制不是出于德性的节制。

二　亚当·斯密的羞耻思想

17 世纪西方学者对人性的理解基本分为两大类。以英国哲学家霍布斯为首的一派认为，人类社会的自然状态太混乱残酷，需要订立社会合约（合同）来建立和维持社会正常秩序。另一派以英国贵族为首的思想家对人性的看法则相对温和乐观。他们认为，人生来就能区分善与恶，均有追善逐恶的倾向，而且美德和私心同在，不是非此即彼的关系。亚当·斯密的老师富兰西斯·哈迟森就属于这一派，因此斯密本人也深受影响。

1759 年亚当·斯密出版第一本著作《道德情操论》。《道德情操

---

① ［古希腊］亚里士多德：《尼各马可伦理学》，廖申白译，商务印书馆 2004 年版，第 125 页。

② 同上书，第 41—43 页。

③ 同上书，第 39 页。

论》展示了斯密对人性的理解，也展现了斯密善恶理论基础之上的个人的耻观。休谟在《人性论》中从道德心理学的角度进行研究，提出善与恶的心理观念和道德品质，都是后天的，因此个人会因为自身的思想或行为不符合正义原则而感到羞耻。亚当·斯密在《道德情操论》中发展并延续此理论，在该书中他认为，人生来就是社会动物，具有社会属性。人既有私心杂念也崇尚美德，人只要能够抑恶扬善，尽量抑制私心，尽量发挥善良，就能造就完美人格，"如果一个人知恩不图报，那么这个人就是忘恩负义之人，这是极其可耻的事。在融入问题的理论中，要遵守良心原则，时刻听从心的召唤，做弃荣尚耻的事。"① 他还认为，人生来就会追求幸福，生来就想提高自己的生活水准。因为人生来就是社会动物，有社会属性。

亚当·斯密将人的本性中的同情情感视作道德的基础，认为道德是人的本性，是善恶、荣辱、是非的判断。通过耻感我们能进一步发现良心在道德行为中的作用机理，不仅是对善的肯定性自觉，亦是对善的否定性自觉，是对耻感的恐惧及避免。"善恶"更需要理性判断，君子由于后天的修养，会克制自己的本能，并满足于高级快乐。

亚当·斯密认可人存在的自利心，但是谴责完全损人利己的行为。他说，这样的恶行给人带来的是"内心的耻辱，是永远铭刻在自己心灵上的不可磨灭的污点"。斯密将"公正的旁观者"视为"积极道义"的体现，并称他就是"理性、道义、良心、心中的那个居民、内心的那个人、判断我们行为的伟大的法官和仲裁人"。他的存在使自我发挥一种更强大的力量，并使自我的行动有更有力的动机——每当我们将要采取的行动会影响到他人幸福时，是"公正的旁观者"，提醒我们正确看待自己与他人的同等地位，并且发出告诫——如果人们可耻和盲目地看重自己，就会成为大家愤恨、憎恶和咒骂的对象。只有从"公共旁观者"那里我们才知道自己以及与己有关的事确实是微不足道的，而且只有借助于"公正的旁观者"的眼力才能纠正自爱之心出于本性对现实的曲解，并且是他向我们指出慷慨行为的合宜性和不义行为的丑恶；指出为了他人较大的利益而放弃自己最大的利益的合宜性。

---

① ［英］亚当·斯密：《道德情操论》，蒋自强等译，商务印书馆 1988 年版，第 46 页。

贯穿亚当·斯密《道德情操论》中一个主要的思想是：人都有想象的能力。通过想象，我们能够换位思考，想人之所想，急人之所急，从而有同情、悲悯之心。这种同情心是自发的、天生的，不是出于任何自私自利的动机。我们在同情别人的同时，也渴望被同情，这是相互的。我们也可以想象自己是局外人，而且可以从一个公正的局外人（impartial spectator）的角度来看待问题。休谟在 1751 年发表的《道德原则研究》中也把同情心视为道德之源。另外，曼德维尔在《蜜蜂寓言》（1714）中提出：个人自私自利的恶德最终却增进了公共的福祉；他触犯了众怒，一个大陪审团甚至裁定这是一部"可耻的、不名誉的作品"。斯密在某种程度上受到曼德维尔的启发，他也承认《蜜蜂寓言》在有的方面阐述了事实，但是他批判曼德维尔将美德说成是对人的欺诈和哄骗，抹杀了罪恶与美德之间的区别："非常容易欺骗那些不老练的人。"① 这种道德学说十分有害，"它起码唆使……罪恶者表现得更加厚颜无耻，并且抱着过去闻所未闻的肆无忌惮的态度公开承认它那动机的腐坏。"② 会使人们的耻感减弱甚至消失。

斯密对人们的消费观有客观认识。人们羡慕追求金钱权力和虚荣，相互攀比、喜怒无常、永不满足、无休无止，但正是这种无止境的欲望使人们东奔西走、忙忙碌碌、片刻不宁。斯密对此也给予一个正面解释：忙碌就是在工作，就是在生产；人们通过不停地工作，不停地生产来满足自身的欲望。在竞争的市场上，一个人追求自身利益并不是什么坏事，并不是恶的行为；相反，他这样做的时候给社会带来的好处比他直接去追求社会利益时还要大要好。这比没有私心、没有利益、没有需求，人们完全不工作、不生产要好得多。所以自私自利的思想和行为不应该被看作是令人鄙视的可耻思想和行为。虽然斯密认为享乐主义是正当的，但他所指的幸福感是在一个和谐的、风平浪静的世界里，人们宠辱不惊，安静地享受生活。正是基于这样祥和的社会，斯密总结道，追求财富的道路和追求美德的道路在大多数情况下，对大多数人来说是一致的。

---

① ［英］亚当·斯密：《道德情操论》，蒋自强等译，商务印书馆 1988 年版，第 406 页。
② 同上书，第 413 页。

三 约翰·罗尔斯的羞耻观

罗尔斯在《正义论》中将"羞耻"分为自然的羞耻和道德的羞耻。关于自然的羞耻，他说"这种羞耻不是或至少不直接是由于某种不可分析之善的损失或缺乏而产生的，而是从由于我们没有或不能运用一定的美德（优点）而引起的对我们自尊的伤害中产生的。"① 罗尔斯还强调，基本善的缺乏会引起悔恨而不是羞耻。一个人会因外貌不佳或反应迟钝而羞耻，但这些都不是自愿造成的，因此不应加以责备。

而对于道德的羞耻，罗尔斯认为，"当一个人把他的生活计划所需要并内在鼓励的那些德性估价成他的人格优点（美德）的时候，他就可能会面临道德的羞耻"。② 占有人格优点并在自己的行为中表现出来，是个人获得所在团体重视、尊敬的条件之一。因此，表现和暴露人格中缺乏这些行为和品质，甚至是意识和回忆这些行为和品质都可能引起羞耻。总之，罗尔斯认为，道德的羞耻基于我们与他者的关系而发生："（当一个人感到羞耻的时候）他发现在其伙伴那里已经失去了价值。只有依赖这些伙伴，他才能确信其价值意识。他忧虑，唯恐他们拒绝他，并且发现他是可鄙的，是嘲笑的对象。在他的行为中，他流露（betray）出对他所珍视的和渴望成就的道德卓越的缺乏。"③ 一个人应该以所属共同体恶的标准来强化自我耻感，如果在感到羞耻的时候不以为耻，那么他就要承担着被其所属共同体拒斥的风险。

羞耻是一种道德感觉和反应。从心理学来说，羞耻是个体以为自己在人格、能力、外貌等方面的缺陷，或者在思想与行为方面和社会常态不一致而产生的一种痛苦的情绪体验，而且健康的羞耻感是个体心理发展的自然结果，是人适应社会生活、改善自己的一种重要方式。所以说，羞耻是每个人所必需的，每个人都拥有羞耻心的话，那么正义的作用就能发挥得淋漓尽致了。根据罗尔斯在道德层面进行的解释，至少拥有羞耻心的人会在心中树立一些正义的标准。他们有一条明显的道德底

---

① ［美］约翰·罗尔斯：《正义论》，何怀宏、廖申白译，中国社会科学出版社 1988 年版，第 446 页。

② 同上书，第 447 页。

③ Rawls, J. A., *Theory of Justice.* New York：Oxford University Press，1973，pp. 445 – 446.

线，能够有效控制着他们不触及法律的雷池。有了羞耻之心，我们做了错事会感到惭愧；有了羞耻之心，我们会为自己的不当行为感到难为情；有了羞耻之心，我们在辜负了别人的期望的时候会觉得很内疚；有了羞耻之心，人才会节制自己的行为，不做庸俗卑贱的事，才会有尊严地生活。

羞耻是人体理性思想的反射。羞耻感时刻提醒人们，可耻的言行将会使人失去自尊。因此，行动者如果有羞耻心、知耻感，就能鞭策自己追求更完美的道德形象和保护自尊价值。"决定因何而羞耻是我们生活的谋划。因此，感到羞耻同我们的渴望相关，同我们努力完成的目标和希望联系的人群相关。"①

第三节 现代伦理中的耻

一 耻德的现代功能

（一）健康人格塑造的起点

培养现代人完善健康的人格素质，关系着社会的良性发展。美国思想家爱默生称："品格高于才智——一个伟大的灵魂将会强健生存及思想。"曾任中华民国大总统的徐世昌说过："凡建立功业者，从立品为始基。从来有学问而能担当大事业者，无不先从品行上立定脚跟。"庄子称："时势为天子，未必贵也；穷为匹夫，未必贱也。贵贱之分，在于行之美恶。"品行是否高尚是一个人高低贵贱的分水岭，而不是由人的社会地位高低来决定的。由此可见，培养健全人格、提高人格修炼和道德素养显得尤为重要。健全的人格不是天然形成的，而需要通过培育和引导。新的历史条件下，耻感意识作为传统道德的基础性规范和必然性要求，是人的德性和人格形成的前提，耻德应成为人们日常行为规范与道德实践的准则，成为人们确立自身理想人格的有效阶梯，这在很大程度上关系到中国特色社会主义建设的道德发展方向。耻德培养和内化对于塑造现代人的健康人格形成具有重要意义。

---

① Rawls, J. A., *Theory of Justice.* New York：Oxford University Press，1973，p. 444.

如何培养耻感意识？

首先，要以知耻推进崇高理想树立。理想是世界观、人生观、价值观的集中体现，是战胜困难的力量源泉，是严峻考验面前的精神支柱，在人的精神世界中处于最高层次。只有明确何为耻，有所为有所不为，才会使自己的思想道德、行为不突破最低的道德底线，从而树立起崇高远大的理想，才会有正确的幸福观、苦乐观、荣辱观、生死观，才能从各方面严格要求自己，并耻于平庸和碌碌无为，不断奋发向上。

其次，要树立正确的社会主义荣辱观。近年来，随着社会转型期带来的一些问题，我们对耻感意识的培养有所忽视，导致了一部分人内心深处耻感意识淡化以至消失，社会道德出现了某种程度的滑坡和倒退。因此，应以社会主义核心价值观为基础，塑造公民理想道德人格。社会主义核心价值观，集历史性、时代性、群众性、可行性于一体，具有强大的吸引力与震撼力。对公民道德人格的构建与培养，具有极为重要的指导意义与实践价值，社会主义核心价值观应作为我国公民道德建设的新标杆，它不仅体现了中华民族的传统美德，也体现了社会主义的时代精神，理应成为新时期道德人格构建的新标准。

再次，耻德的培养以引导、激励为主。耻感意识应着眼于人的主体性，强调道德主体的主动性、积极性。明善方能知耻，知耻才会自律。但是，我们要注意的是，要求人们明白在生活中究竟什么样的行为是光荣的，什么样的行为是可耻的，应重在引导、激励，而非强制灌输，强制灌输往往只能培育出虚伪或虚假人格。耻感意识的培养，要从现实道德生活的具体语境出发，通过平等、广泛、多方面的对话、交流，以激发人们对现存道德规范及现存价值体系的认同、理解与思考，并在此基础上，引导人们作出正确选择。

最后，建立道德人格的信仰标准和内容。其一，文化因素背景下道德人格的建设，有赖于依靠"耻感文化"来发展人的良心。在市场经济大潮冲击下，确实出现了道德标准的模糊甚至颠倒的现象。因此，我们要构建合理的有助于树立良好社会风气的道德、评价标准。在此，要推进的是大众道德，大众道德可以理解为普通人的道德、社会大多数成员的道德。我们不能把道德的评价标准定位太高，仅强调大公无私的高尚道德，忽视社会成员对个人正当利益的必要追求，而应从推行社会成员的日常能普遍遵守的耻德开始，然后向更高层次道德迈进。其二，拓展道德人格本质内容。不仅把"耻感"作为个人道德信仰确立的环节，而且重视其在国家与社会道德信仰确立中的作用。把耻德与立人联系在一起、把耻德培养与国家的兴衰存亡联系在一起。

（二）社会主义核心价值观的推进器

耻德的培养和形成，对于人们树立科学的社会主义核心价值观具有重要的现实意义。

第一，耻德作为中华传统美德，是培育和弘扬社会主义核心价值观的有益思想来源。培育和弘扬社会主义核心价值观必须立足于中华优秀传统文化，习近平总书记强调，"把培育和弘扬社会主义核心价值观作为凝魂聚气、强基固本的基础工程，继承和发扬中华优秀传统文化和传统美德，广泛开展社会主义核心价值观宣传教育，积极引导人们讲道德、尊道德、守道德，追求高尚的道德理想，不断夯实中国特色社会主义的思想道德基础。"① 通过教育引导、舆论宣传、文化熏陶、实践养成、信念锤炼，培养人们的耻感意识、健全知耻行为准则，使人们在日常工作生活能时刻自省、慎独并遵循耻德标准，以此推进社会主义道德建设，推进社会主义核心价值观在各个领域、各个群体中的深化和践行。

第二，耻德的固本求进、激浊扬清功效，为社会主义核心价值观的推进提供了保障。社会主义核心价值观的提出对进一步促进国家主流价值观的形成、凝聚全国人民的思想共识产生巨大的作用。当前，我国已进入全面建成小康社会的决定性阶段，近年来，我国经济体制深刻变革，社会结构深刻变动，利益格局深刻调整，生活方式深刻变化，给人们的价值观念和思想活动带来了巨大的冲击。在当今价值观多样化、文化多元化的社会转型期，人们在生活方式、思想观念、价值追求、道德标准乃至美学趣味、时空观念上呈现多样化、复杂化，各种价值观念和社会思潮异彩纷呈。在这种思想多样、价值多元的条件下，社会上也还会存在一些给人们的价值观带来冲击的负面影响。因此，应注重加强推进耻德培养，教导人们知耻谨行、知耻善行，牢牢把握道德建设的基

---

① 2014 年 2 月 25 日：新华网。

点，抨击无耻之行，褒奖好人好事，将会使社会主义核心价值观推进具有道德方面的稳固保障，在全社会形成价值共识和道德共鸣，营造良好的社会道德风气。

第三，耻德是社会主义价值观自信的奠基石。培育和弘扬社会主义核心价值观，必须坚持文以载道、以文化人，引领社会思潮，不断增进人民思想认同、价值认同、情感认同，坚定道路自信、理论自信、制度自信以及文化自信。

文化自信从根本上而言，就是价值观自信。在我国，价值观自信即社会主义核心价值观自信。习近平总书记于 2016 年 5 月在哲学社会科学工作座谈会上的讲话中指出："我们说要坚定中国特色社会主义道路自信、理论自信、制度自信，说到底是要坚定文化自信。文化自信是更基本、更深沉、更持久的力量。"① 人们只有对自己的价值观充满自信，在情感上认同、在心理上接受，才能在实践中更加笃定地践行社会主义核心价值观。耻德是社会评判是非曲直的重要价值标准，充分发挥耻德应有的社会功能和独特作用，使人们对知耻之德产生仰慕心理，对耻辱之行产生排斥心理，并在此基础上产生对我们国家、民族的价值观的自信，是实现社会主义核心价值观的前提和关键，有利于社会主义核心价值观的深入人心。

二 耻德的运用原则

（一）传承与创新相结合

习近平总书记指出："要加强对中华优秀传统文化的挖掘和阐发，使中华民族最基本的文化基因与当代文化相适应、与现代社会相协调，把跨越时空、超越国界、富有永恒魅力、具有当代价值的文化精神弘扬起来。要推动中华文明创造性转化、创新性发展，激活其生命力，让中华文明同各国人民创造的多彩文明一道，为人类提供正确精神指引。"耻德的教育实践中，我们既要反对文化复古主义，反对历史虚无主义，也要反对全盘西化。既反对资产阶级、封建主义的腐朽文化，又要坚持

---

① 习近平：《在哲学社会科学工作座谈会上的讲话》，人民网，http：//politics. people. com. cn/n1/2016/0518/c1024 - 28361421 - 3. html。

继承和弘扬中华优秀传统文化与学习国外优秀文化成果相结合，在建设中国特色社会主义的伟大实践中，把带有中华民族精神印记的基本价值理念赋予鲜活的时代内容，对传统耻德进行科学分析，取其精华去其糟粕。

首先，传统优秀耻德内容需要传承和创新。对个人修身来说，知耻是做人准则和是非标准。孔子提倡君子以天下为己任，但他强调一个人要齐家治国平天下，就必须从修身做起，即"修己以安人，修己以安天下"①，而修己的重要内容之一就是知耻。中国人历来崇尚群体生活、群体评价，在浓厚的群体意识氛围中，中国人重视自尊、在乎名誉，视别人的侮辱和讥笑为羞耻，时常用他人的评价来规范和矫正自己的言行，强烈的群体意识使"人言"变得"可畏"，也使羞耻感的作用更加彰显。因此，更为注重个人的修养，并认为知耻就有德、无耻就无德。在党的十九大报告中强调：构建人类命运共同体，建设持久和平、普遍安全、共同繁荣、开放包容、清洁美丽的世界。新时期，我们对于世界整体意识更为强调和重视，因此，耻德培育对于身为世界共同体一员的现代人而言其作用更为彰显。

对国家和民族来说，中华民族自始至终将知耻放在一个十分重要的地位，进行深刻的思考与关注。中国古代的治国方略是"以礼治国"，可称其为"以德治国"，而德治的起点就是培育民众的耻感意识。经过长期的熏陶，从而塑造了明廉耻、知礼义的可贵民族性格，形成了特有的耻德思想，成为中华民族振兴的重要精神力量。在国家民族荣辱意识的激发下，历代仁人志士"舍小我，取大我"，焕发出强烈的为国家、为民族献身的精神。中华民族的爱国志士总是把国家和民族的生死存亡与"士"的耻感联系在一起，使"耻感"不仅成为修身，而且成为治国平天下的道德内容。

其次，传统耻感教育的成功方法需要继承并加以传播。良好的教育方法常常能够收到事半功倍的效果，能够不断地为不同时代的人们所使用。中国传统文化中耻感教育方法的一些思想与观点，只要我们运用得当，也是完全可以为当代思想政治教育服务的。如我国古代哲人注重内

---

① 《论语·宪问》。

省、慎独、反求诸己等以耻感为基础的个人自身修养方式，能增强人们对社会不良诱因的免疫能力；强调防微杜渐、知耻不为、改过迁善、见贤思齐的教育方法，强调刑律与知耻教育相结合，使耻德成为精神意义上的刑律，其与法律刑制一起担当着社会秩序的管理工作，其所起到的社会约束作用有时甚至还会超过刑律与法制。

（二）道德底线与美德伦理的共建

道德底线即"底线伦理"，它是相对于"理想人格"而提出的伦理概念。"底线"是一种比喻，它是相对于道德的层次性而言的，指的是善的最低层次。底线伦理中的"伦理"不是指人生的最高理想，而只是下面的基础，但这种基础又极其重要，拥有相对于价值理想的优先性；另外，它是人们行为最起码、最低程度的界限。因此，底线伦理是指每一个社会成员必须自觉遵守的最低程度的道德要求和道德规范，是相对于人生理想和价值目标而言的。

美德伦理，在伦理学范畴中，它是对应于"理想人格"的伦理概念。通常是指作为道德行为主体的个人在与其独特的社会身份和"人伦位格"直接相关的道德行为领域或方面所达成的道德卓越或者优异的道德成就。"美德伦理"与个体的道德人格和道德目的有根本性的内在价值关联，同时也与个体所处的特殊伦理共同体及其文化传统和道德谱系有历史的实质性文化关联。

对耻德的现代运用，应坚持底线道德教育与君子人格的共同培养。底线伦理坚持的是对人道德的最低要求，而知耻、有耻、耻感或羞耻之心就是人之为人的底线，是人对自己之为人的自觉，也是社会最低的道德界限。也就是说，一个人知耻，有耻就会明分善恶、荣辱，自觉地不想做、不去做假丑恶之事，即所谓"耻不从枉"。相对而言，美德伦理目的在于塑造高尚的君子人格、圣人之道，即追求理想人格的实现。"君子"来源于儒家思想中的理想人格，它荟萃了中华民族的优良品质。君子人格，从个人来看，它可以构成一个人的高尚的道德情操；从整个社会来看，它形成了有别于其他国家民族的炎黄子孙独有的民族特质。历史上那些为祖国、为人民、为真理而忘我奋斗、杀身成仁、舍生取义的志士仁人，无一不是美德的坚定奉行者。因此，"君子"人格道德形象塑造，在传统文化道德涵养的传承中能树立良好榜样，并能对优化社会道德环境发挥重要作用。

但是，应该注意的是，我们在耻德运用中，要做到底线伦理和美德伦理二者并行。因为，如果只注重耻德底线培育，就会使社会在追求道德高标准中失去动力，容易陷入消极状态；而片面追求美德伦理道德高标准，提出不分层次的过高过急要求，就会脱离社会发展的实际和人们接受能力，在相当程度上导致美德处于"空转"状态，而无法实现社会整体道德的逐步提升和更高目标的实现。

第三章　耻与仁

　　"仁"是儒家学说的核心思想，是儒家思想的最高道德追求。"仁者爱人"的思想内蕴着对人性的终极关怀，从古至今，"仁"以其特有的道德感召力和道德向心力，在国家、社会发展进程中发挥其所具有的价值普遍适用性作用。"仁"涵盖了小到个人理想人格的培养，大到治国平天下的理想社会行为。今天，在社会主义核心价值观中的个人层面道德目标"爱国、敬业、诚信、友善"，就是将"仁"作为个人层面的重要道德要求和时代话语体现。

　　儒家"仁"的思想里带有一种朴素的平等、博爱、民主、自由的因素，不管是对于个人修养、人际交往或是治国理政，都有其独特的功效。当前，我国正朝着建设社会主义现代化强国不断奋进，在此进程中，仁德思想依然以它特有的道德力量，焕发其应有的道德光彩。

　　耻与仁之间具有密不可分的联系，二者同属于中华传统伦理道德体系中的重要道德条目。如果说，耻的发生是由一种内在否定性情感激发，仁则恰恰相反，它是由一种肯定性的情感引导生成。耻是道德的最根本要求，仁则指向道德的高境界高层次。

　　本章主要探讨仁的伦理内涵、道德意蕴、本质属性，以及从传统文化体系中梳理四大传统伦理学派各具特色的耻仁观，探讨耻与仁内在与外在关联，审视与提炼"耻"与"仁"思想中的积极因素，让耻德与仁德在实现中华民族的伟大复兴、中华民族两个一百年"中国梦"的伟大征程中发挥应有的价值，并付诸中国特色社会主义社会现代化的建设中。

第一节　仁的伦理内涵与历史溯源

"仁"是中国古代一种含义广泛的道德范畴，是中国儒家道德规范体系的核心。仁，位列"五常"之首，是儒家最高的道德原则与道德理想。"仁"是中华民族优秀的传统美德，也是中国传统文化中最重要的哲学观念和伦理规范之一。

一　仁的伦理解读

"仁"字最早见于甲骨文，"仁"在这时还不是一种观念，而是一种风俗，另一种说法是表示具有这种风俗的民族，即东夷民族；同时"仁"字是后起的字，"仁"的几个原形字在"仁"字产生之前就已存在。这些原形字大都是上下左右的双人结构，比如夶、仈等，"仁"字是在吸收了这些原形字的共同特征之后集约而成的，其中的关键因素是使用了重文符号"二"①。

《现代汉语词典》中对"仁"的基本释义包括抽象概括和实体所指：①抽象概念和意识领域所指："仁"是一种道德范畴，指人与人相互友爱、互助、同情，如仁义、仁爱等；中国古代一种含义极广的道德观念，其核心指人与人相互亲爱；有德者之称；有仁德的人；完美的道德；仁政；事物中有恩于万物生育者。②实体所指释义有二：一是指果核的最内部分或其他硬壳中可以吃的部分；二是指姓氏。从词典中的释义可以看出，仁的概念不仅涵盖广泛，而且含义丰富。

其实，"仁"作为一个概念在我国出现得很早，"仁"观念的产生源于"相人偶"，即"相人耦"的礼仪，这种礼仪最早是来自原始社会的东夷部落，"相人偶"，表示相亲相敬之意。《山海经·海内西经》称东夷首领羿为"仁羿"，历代以来都有读"夷"的音训。因此，仁作为一种道德观念，其起源最早可以追溯到原始公社时期，它表达的是氏族成员的一种平等的道德准则和互相尊重的亲爱之情。②

---

① 于省吾：《甲骨文字诂林》第1册，中华书局1999年版。
② 傅永聚：《中华伦理范畴丛书》第1函，中国社会科学出版社2006年版，第9页。

考察"仁"字的初始意义，最常见的是引用许慎《说文解字·人部》的说法："仁，亲也，从人二。"将"仁"字作为会意字，理解其意义的关键是字的结构中右半边的"二"字。段玉裁《说文解字注》对这个"二"字的解释是："独则无耦，耦则相亲，故其字从人二。"这一解释乃是建立在郑玄"相人偶"一说的基础上的，郑玄在《中庸》中的"仁者人也"一句之下注曰："人也，读如相人偶之人，以人意相存问之言。"以"相人偶"注"仁者人也"，因此，"相人偶"就具有"以人意相存问"之意。同时，许慎在《说文·人部》中还将"仁"解释为"仁，亲也"，即人与人之间的亲爱之情。因此，从词义上来看，"仁"是一种关乎个人与他人的范畴，是指人们相处能做到融洽和谐。

在孔子以前，人们一直用"仁"来表示一种德行，并已成为一个公认的道德原则。《诗经·郑风·叔于田》曰："洵美且仁。"《尚书·金滕》："予仁若考。"《左传·僖公三十三年》："出门如宾至如归，承事如祭，仁之则也。"《国语·晋语一》："为仁者，爱亲之谓仁。为国者，利国之谓仁。"《周礼·地官·大司徒》中已有"知、仁、圣、义、忠、和"的所谓"六德"之说。但在这些有关仁的说法中，仁只是一个与其他道德词汇并立的一般概念。春秋时期，仁往往与忠、义、信、敏、孝、爱等并列，被看成是人的德性之一。

但是，在孔子以前，仁并未受到特别的重视，只有到了孔子这里，仁才被从其他德性中超拔出来，并被赋予更新更丰富的内涵。与前人不同，孔子将仁确立为自己道德体系中的最高范畴，在孝、悌、忠、恕、敬、礼、知、勇、恭、宽、信、敏、惠等所构成的概念系统中居于中心地位。而后，在儒学思想体系中，"仁"成为最重要的伦理核心概念，成为儒家道德体系的支柱。自孔子开创仁学以来，仁便有广狭之分。狭义来看，"仁"的核心内容是"爱人"，这种爱可分为三大层次，它始于亲人、扩及路人而施及自然万物，所谓"亲亲而仁民，仁民而爱物"[1]。广义来看，"仁"不仅是全德之称——为各种道德的总纲，更是

---

[1] 《孟子·尽心上》。

一切道德的根源，故有"仁含百善，能仁则万善在其中"① 之语，而且指示着一种连孔夫子亦自谦"若圣与仁，则吾岂敢"② 的至高精神境界。

在《论语》中记载，当孔子回答学生"仁"是什么时，孔子的解释是"仁"即为"克己复礼为仁""为仁之方""克伐怨欲不行焉，可以为仁矣""可以为难矣，仁则吾不知也"。在这里，孔子告诉了弟子们如何去实现仁的道德修养，如何做到仁的方法。孔子之后，孟子强调"仁之实，事亲是也"。"仁民而爱物"，践行了推己及人的慈爱心怀，这时"仁"就成了人类社会生活中的最高道德准则。所以，仁的伦理解读可以概括为是规范人际关系的道德准则，其基本出发点就是尊重他人、承认别人，与人相处融洽，为人为己、爱人爱己。

《论语》一书中，"仁"字出现百余次，在不同场合不同时间，针对着不同的主体对象。孔子所阐述的"仁"的含义不尽相同，但"爱人"是孔子赋予仁的基本内涵。孔子以"爱人"释"仁"，指出"爱人"或践行"仁"的方法便是推己及人，比如《论语·颜渊》中记载："樊迟问仁。子曰：'爱人'。"那么，如何做到"爱人"呢？孔子认为，应该要做到"己欲立而立人，己欲达而达人"，从反向角度来说，就是"己所不欲，勿施于人"。而"爱人"中的"人"字，不特指某一阶层的人，而是指一切人——与动物界相对的整个人类，它不分地位的高低，不论财富的多寡，亦不管容貌的美丑。因此，"仁"概念的提出，充分体现了古代的人道主义精神，具有了普遍性的价值。

亦因如此，"爱人"这一内涵为后人所继承，其后历代儒学家对"仁"内涵的扩充均源于此。不论是汉代董仲舒的"仁之法在爱人，不在爱我"③。还是唐朝韩愈的"博爱之谓仁"④，抑或宋代张载的"民胞物与"思想均在此框架内进行。甚至在中西文化大碰撞、大变革的近代，谭嗣同、康有为、梁启超、孙中山等仍然继承和发挥了仁爱精神。但他们对"仁"德中所内含的差等之爱进行了改造，试图将"博爱"

---

① 《北溪字义·仁义礼智信》。
② 《论语·述而》。
③ 《春秋繁露·仁义法》。
④ 《韩昌黎·原道》。

与"仁"相连，赋予了"仁"以近代资产阶级思想启蒙的崭新内容，使仁学与时代精神同进步。如谭嗣同以"通"释仁，主张"中外通""上下通""男女内外通"及"人我通"，以打破中外、等级、男女及自我的界限，实现国家、贵贱、男女及人与人之间的真正的平等。这些思想虽然内含某些消极因素，但总体而言，"仁"或"仁爱"一直以来都是中华民族重要的价值原则。

今天我们解读"仁"，也要注意到它本身有多种表现形式——在伦理上侧重于博爱、慈惠、厚道、宽恕；在感情上侧重于恻隐、不忍、同情；在价值上侧重于关怀、宽容、和谐、和平；在行为上侧重于互助、共生、扶弱、爱护生命等。

总之，春秋时期的礼崩乐坏、世衰道微，为孔子"仁"的思想得到认同提供了现实基础。仁，是孔子和孟子等在继承和发展尧、舜、禹、汤、文、武、周公等人的亲亲、爱亲、爱人、仁民、敬德保民、忠厚等仁爱思想的基础上，为了处理好人与人之间的社会伦理关系而概括提升的一个具有普遍意义的道德范畴和价值取向的标准。在历代儒家不断地浇灌和培育之下，仁从最初的萌芽历经两千多年的时空穿越，走向成熟——儒家文化及以儒家文化为主干的中国传统仁德文化。因此，发现"仁"并且把礼乐文化植根于"仁"的基础上，这是儒家对中国文化伟大的贡献。借助于"仁"的延续，中国传统文化顺利地实现了历史演进；借助于"仁"为纽带，孔子之前数千年和孔子之后数千年的中华传统文化得以沟通连接、传承发展。

二　仁的历史演进

西周时，周公提出了著名的"敬德保民"的思想，认为"天惟时求民主"[1]，"民之所欲，天必从之"[2]，这可以看作"仁"观念的萌芽。西周时期的周文王与周武王并没有明确提出过"仁"的思想，但是在他们政治治理中却无时无刻不在践行着仁德思想，"文王克明德慎罚，

---

[1] 《尚书·多方》。
[2] 《左传·泰誓》。

不敢侮鳏寡、庸庸、祇祇、威威、显民，用肇造我区夏"①。"惟其王疾敬德，王其德之用，祈天永命。"② "惟我周王，灵承于旅，克堪用德，惟典神天，天惟式教我用休，简畀殷命，伊尔多方。"③ 在这里，"德"的思想体现的是对"仁"的政治上的应用。周文王、武王在他们的政治生涯中从始至终地践行着"敬德""明德"的理念。

孔子的仁学思想就是从这一时期的"德"思想演变而来的，"如有周公之才之美，使骄且吝，其余不足观也已"④，此后，经过不断发展，"仁"被视为与宗法血缘意识相联系的个体自然人的优秀品质，春秋时的"仁"成为与个体自然人的美好外观形象相对应的美好内在素养。在孔子之前，"仁"的伦理思想提出，是与氏族宗族血缘关系息息相关的，《国语·晋语》上有"爱亲之谓仁"，《国语·周语下》有"言仁必及人""爱人能仁"。经过儒家孔子及其后人的加工和提升，"仁"升华为君子应当必备的美好品质和美好社会的最高境界。

汉儒的仁说思想，以仁者爱人为出发点，而更重视仁的政治实践意义；强调仁是对他人的爱，突出了他者的重要性。以恻隐不忍论仁，确认仁的内在情感是恻隐，而不仅仅把仁作为德行。汉儒在仁的观念指引下肯定、容纳了兼爱、泛爱、博爱作为仁的表达，以仁包容了所有中国文化对"爱"的表达，使仁爱包容了以往各家所提出的普世之爱。同时，与汉儒的宇宙论相联系，仁被视作天或天心、天意，仁被作为气的一种形态，使仁深深介入儒家的宇宙论建构，具有了形而上的意义。汉代儒学的仁学主要出现在董仲舒的《春秋繁露》一书中。董仲舒将仁定义为天心，他曾说过："霸王之道，皆本于仁。仁，天心。故次以天心。爱人之大者，莫大于思患而预防之。"⑤ 认为仁的内涵就是爱人没有害他人之心，仅仅自爱不叫仁，只有将爱心奉献给别人才能称为仁。董仲舒仁学思想的另一成就，是在批判功利主义的表述中建立了仁的基本道德立场，这就是："仁人者，正其道不谋其利，修其理不急其功，

---

① 《尚书·康诰》。
② 《尚书·召诰》。
③ 《尚书·多方》。
④ 《论语·泰伯》。
⑤ 《春秋繁露·俞序》。

致无为而习俗大化，可谓仁圣矣。"这两句话《汉书》本传作"正其谊不谋其利，明其道不计其功"，这种崇仁黜霸和反功利主义的思想在历史上发生了深远的影响。朱熹进一步提出了以"博爱"论仁：

> 政有三端：父子不亲，则致其爱慈；大臣不和，则敬顺其礼；百姓不安，则力其孝弟。孝弟者，所以安百姓也，力者，勉行之，身以化之。天地之数，不能独以寒暑成岁，必有春夏秋冬；圣人之道，不能独以威势成政，必有教化。故曰：先之以博爱，教以仁也；难得者，君子不贵，教以义也；虽天子必有尊也，教以孝也；必有先也，教以弟也。此威势之不足独恃，而教化之功不大乎！①

朱熹在这里以"博爱"论仁，继承发展了先秦儒学之说，后来韩愈继续发展此义，使博爱论仁说产生了更加广泛的影响。汉代儒学仁说的这些内容，在后来的仁学发展中发生了深刻的影响，奠定了成熟的仁体论的重要基础。

唐宋之际，中国社会发生的变化对伦理思想形成了新的挑战：一方面是学术上，佛老本体思想、心性学说的成功阐扬与传播对此时儒学的发展形成了巨大挑战，儒学如何超越前者则成了时代的重要学术课题；另一方面是如何加强中央集权以安内又攘外则成了儒学重建过程中的政治课题：一是夷夏、正统之辨，二是加强塑造客观精神，以求得社会有效统合。因而，"一般人类的心理要素"作为"仁"的主要内涵逐渐让位于形而上的"仁"。

唐代韩愈著《原道》，提出了"夫所谓先王之教者，何也？博爱之谓仁，行而宜之谓义"的命题，将仁定义为博爱，继承并发挥了孟子"亲亲而仁民，仁民而爱物"的仁义道德。韩愈用"博爱"界定仁，倡导践行惠政，对北宋时期涌现出的一批着重阐发"仁"学的学者，如范仲淹、李觏、王安石、周敦颐、张载、程颢与程颐等各具特色的"仁"思想的形成都产生了直接的影响。比如，北宋张载的"民，吾同

---

① 《春秋繁露·传》。

胞；物，吾与也"，程颢的"仁者以天地万物为一体"，以及朱熹的"理一分殊"等。从宋儒对"仁"的主要释义上看，"生"可以确立"仁"的实在性基础，因为"生"是任何事物存在的前提，无"生"则一切皆"无"；而"天理"之"仁"则是可以造就宇宙、心性与道德之统合，实现社会整合之统一的精神力量。

近代以来，向西方寻找真理的中国思想家对仁也很推崇，并保留了仁的文化意蕴，使仁成为天地万物的本原和主宰，赋予其哲学的内涵，康有为宣称："不忍人之心，仁也，电也，以太也，人人皆有之……为万化之海，为一切根源。"[1] 把世界上的一切都归于仁，认为缺少了仁，世界和人类社会都将不存在。在谭嗣同看来，仁是宇宙观中最基本的范畴："仁从二从人，相偶之义也。'元'从二从儿，'儿'古人字，是亦'仁'也。无许说通元为'无'，是'无'亦从二从人，亦仁也。"[2] 说明了仁是万物之始。孙中山先生在康有为、谭嗣同论仁的思想基础之上，变仁爱为博爱，提倡天下为公。

从以上论述，我们可以看出，仁在不同历史阶段意蕴的变迁，从孔子到孙中山，两千多年间"仁"的思想经历了各种阐释，仁不仅没有被历史的长河湮没，反而越来越深入人心，它扎根于中华民族文化的丰厚土壤中，成为深刻影响中华民族文化的伦理精神。

三　中华传统学派对仁的诠释

春秋战国时期是中国社会大变动的时代，贵族制度崩溃，新型官僚体制萌芽生长，各个伦理学派相继涌现，出现了"百家争鸣"的空前文化盛况。儒家、道家、墨家、法家四大学派分别从不同的角度对"仁"进行内涵和性质探讨。

（一）儒家对仁的诠释

以孔子、孟子、荀子为代表的先秦儒家针对社会环境的大变动，以仁为核心构建理想社会模式的终极关怀，在探讨自然、社会、历史、人生过程中，创建了仁学理论。孔子把"仁"作为最高的道德原则、道

---

[1]　康有为：《孟子微》卷一《总论》，中华书局1987年版，第9页。
[2]　谭嗣同：《仁学》，华夏出版社2002年版，第1页。

德标准和道德境界，他第一个把整体的道德规范集于一体，形成了以"仁"为核心包括孝、弟（悌）、忠、恕、礼、知、勇、恭、宽、信、敏、惠等内容的伦理思想结构。其中孝悌是仁的基础，是仁学思想体系的基本支柱。儒家甚至提出要为"仁"的实现而献身，即"杀身以成仁"的观点，对后世产生很大的影响。

但是，儒家对仁的界定不是唯一的，在不同的时间、地点和场合，针对不同的对象，对仁有不同的诠释。首先，"仁"是一种人际关系伦理的规定，"仁"为"爱人"。《论语·颜渊》载："樊迟问仁，子曰：'爱人。'"孟子说："亲亲，仁也。"儒家的仁，本质上是人际关系之学，关注人在社会上的位置，怎样与他人相处，做到"仁者爱人"。由家庭的仁爱产生家庭和谐，扩大到社会的仁爱产生社会和谐。其次，"仁"是一种理想人格的追求。孔子说"智者乐水，仁者乐山""刚毅木讷近仁"，强调为人敦厚老实，自由庄重。优良的道德品质是体现个人在社会生活中的良好修为，每个人应该把仁作为理想人格的追求。

由此可见，孔子思想体系中的"仁"的最初含义是指人与人的一种亲善关系，即仁者爱人。而后孔子把仁作为人生追求的最高理想，提出"志士仁人，无求生以害仁，有杀身以成仁"[1]。这是孔子对人类文明和道德情操的一大贡献。孔子把仁看得很高，但并不玄远空虚，他认为每个人只要主观努力，达到仁并不难，说"能近取譬，可谓仁之方也已""吾欲仁，斯仁至矣"[2]。孔子对仁的内容，还作过这样的说明："能行五者于天下，为仁矣"，五者为"恭、宽、信、敏、惠"。孔子对于什么是不仁也作过解释，说"巧言令色，鲜于仁"。孔子关于仁的思想包含着对劳动者的宽厚态度，他在解释仁时说："宽则得众""惠则足以使人"。这种爱惜劳动者的态度，是孔子仁学中的进步因素。

同时，孔子还认为，要达到"仁"就必须遵循礼，说"不知礼，无以立"。对于仁，要求为"造次必于是，颠沛必于是""无终食之间违仁"。[3] 为了达到理想的目的，就必须约束自己的言行，"一日克己复

---

① 《论语·卫灵公》。
② 《论语·雍也》。
③ 《论语·里仁》。

礼，天下归仁焉"。① 孔子提倡实现和达到"仁"的标准是"克己"的基础上的"复礼"，他认为离开仁就谈不上礼。因为，"仁"是人自身内有的品德"爱生于性"，"礼"则是规范人的行为的外在的礼仪制度，它的作用是调节人与人之间的关系使之和谐相处，"礼之用，和为贵"。个人行为越符合立法规范就越接近仁，人们遵守礼仪制度必须是自愿自觉的，才符合"仁"的要求。孔子以仁修心、以礼约束，就是要实现"天下归仁"的目的。

孟子发挥了孔子的思想，把仁同义联系起来，把仁义视为道德行为的最高准则。孟子的仁，指人心，即人皆有之的"恻隐之心"、仁爱之心；孟子的义，指正路，即"义，人之正路也。"孟子想通过仁义的说教约束君王和百姓，以达到"亲亲而仁民，仁民而爱物"的理想。孟子还把"仁"系统地分为"亲""仁""爱"三种含义和三个层次，"君子之于物也，爱之而弗仁；于民也，仁之而弗亲。亲亲而仁民，仁民而爱物。"② "仁"的实现需要经过"亲亲""仁民""爱物"等有序的三个环节。一般来说，仁就是"爱人"。也就是说，仁是人们内在自然心理活动的人与人相趋相近、相助相依的倾向，它是人与人之间互动存在的亲和力。但是，当人们在这种倾向之间相互接触和相互交往发生社会关系时，由于自我与他人的关系含义不同，联系的内涵不同，相互之间的距离有远近，"爱人"体现在具体的他人身上也就有了不同的意义。

孟子的"亲亲而仁民，仁民而爱物"就是对这一现象的解释描述，也可以说是对"仁者爱人"的详细具体化。他把"仁"在不同对象身上的不同表现或不同内容和规定按照一定顺序排列起来。形成以"我"为中心，向四周传播、扩展的过程。如果说，孔子的"仁学"充分地讨论了"仁"与"人"的关系，那么孟子就进一步论述了"仁"与"天"的关系，他说："尽其心者，知其性也；知其性，则知天矣""恻隐之心，仁也"③ 等。

---

① 《论语·颜渊》。
② 《孟子·尽心上》。
③ 《孟子·告子上》。

汉代董仲舒进一步推进孔孟的思想，明确地把仁和义区分为对己和对人两个方面，说："以人安人，以义正我。人之法，在爱人，不在爱我""义之法，在正我，不在正人。"① 董仲舒比前人更加清楚地论述了孔孟关于仁和智的关系。他说："仁而不智，则爱而不别也；智而不仁，则知而不为也。"认为如果没有远见卓识，爱人就是盲目的，甚至会造成伤害人的结果；如果没有仁爱之心，则即使有先见之明，也不会去拯济别人。在董仲舒看来，仁与智必须并重。这种思想比前人又前进了一步。子贡认为只有圣人才能做到仁且智，而董仲舒的仁且智，仁智并重则是对一般人而言的，他把仁和智结合在一起，这是对仁的新的发展。而宋代程颢把仁同天地万物混为一体。

总之，儒家"仁"的学说是建立在道德形而上学之上的，儒家的"仁学"理论虽不能解决当今社会存在的"人与人之间关系"的全部问题，也具有维护封建阶级统治地位的落后特性，但它作为一种建立在道德形而上学之上的"律己"的道德要求，作为调节人际关系的准则，对于国家之间的交往、人们之间的和谐相处无疑具有一定的积极意义。

（二）道家对仁的诠释

道家与儒家、墨家提倡仁义理智不同，他们从无为而治的思想出发，主张抛弃仁义，"大道废，安有仁义？智能出，安有大伪？六亲不和，安有孝慈？国家昏乱，安有忠臣？"② "故失道而后德，失德而后仁，失仁而后义，失义而后礼。夫礼者，忠信之薄也，而乱之首也。"③

道家对仁的定义是自然朴实的人性是最美好的，"天地不仁，以万物为刍狗，圣人不仁，以百姓为刍狗"④，仁义礼智不仅不是美好的东西，相反只能败坏道德、伤害人性，因此道家主张抛弃"仁义礼智"中这些"人为"的因素，任其自然，保持淳朴的人性。

道家所追求的"仁"是超越世俗的，不是通过倡导或者通过标榜来获得的，而是一种发自内心的、本性的自然流露，没有受到社会污染，要做到绝圣弃智、绝仁弃义。道家在对仁义问题的思考过程中，推

① 《春秋繁露·仁义法》。
② 《老子》十八章，第10页。
③ 《老子》三十八章，第21页。
④ 《老子·列子》。

崇的是"尊道贵德"的道德伦理原则，这也是老子道德思想的基本原则。道家在政治上主张无为而治，伦理上推崇谦虚善下、知止知足。道家学者虽然极力反对仁义道德，但是他们也极力追求"大仁"的理想境界，他们所谓的"大仁"就是"大道不称，大辩不言，大仁不仁，大廉不嗛，大勇不忮。道昭而不道，言辩而不及，仁常而不成，廉清而不信，勇忮而不成"。①

（三）墨家对仁的诠释

墨家对于"仁"也是非常重视的。《墨子》对"仁"有明确的定义："仁，体爱也"，也就是说，墨子认为"仁"就是"爱人"。墨子提倡兼爱——"兼相爱，交相利"，墨家以"兼爱"为宗旨的和谐思想是"尚义和谐"，是以"义"规范社会秩序的平等和谐，具有公平正义的思想价值。

墨家讲"爱"，儒家讲"仁"，虽然二者都崇尚仁与爱，且"仁"与"爱"在其根本上都是一致的，但他们对"仁""爱"的理解有别。儒家的爱是"别爱"，由"亲亲而仁民，仁民而爱物"，都是由己及人、由近及远，全在"推爱"。儒家"泛爱众"主要论其爱之广度、仁是有差等的。儒家的"仁"以自己为起点，而渐渐扩大，依近远之程度而有厚薄差别。虽然爱是墨儒两个学派共同的伦理原则和行为追求，但与儒家仁爱思想比较，墨家的"爱"不是"差等之爱"，而是"兼爱"，是不分人我、不分年龄、不分阶层、不分关系远近的"仁"，墨家更强调爱的平等性，仁爱指普遍平等的爱，即不分血缘的亲疏和等级的贵贱而给予无差别的爱，对一切人一律同等爱之助之。对此，《孟子·滕文公上》中有记载墨者夷之主张"爱无差等"，即爱不分差别和等级。与此相应，墨家极力反对和抨击儒家的"爱有差等"的伦理思想。儒家与墨家所讲的仁、爱具有理论意蕴和价值旨趣的区别，在思想内涵、价值取向、存在方式和践行等方面展示出种种差异和对立，体现了道德理想主义与现实功利主义、维护宗法制度与提倡兼爱平等的不同。

此外，墨家的"仁"主要在于倡导推行"仁人""仁爱""仁政"。墨子严厉地批评了统治者骄奢淫逸的生活方式，主张"节用""节葬"

---

① 《庄子·齐物论》。

"非乐"，希望统治者可以效仿古代的"圣王"的节俭生活方式。"仁人之事者，必务求兴天下之利，除天下之害。"① 提倡仁人有"仁"，就在于他能够追求兴旺天下的利益的同时，除去天下的祸害。

（四）法家对仁的诠释

法家认为人都有"好利恶害"或者"就利避害"的本性。管仲曾说过，商人日夜兼程，赶千里路也不觉得远，是因为利益在前边吸引他。打鱼的人不怕危险，逆流而航行，百里之远也不在意，也是追求打鱼的利益。商鞅认为，人生性有趋利避害的本性，因此人民可以依此来管理。因而，法家将"好利恶害"的人性与国家富强结合起来，用赏赐、刑罚来管理人民。法家坚持人的道德水平与社会的物质基础有直接且紧密的联系，利乃是人们的行为的唯一动因，这既是社会事实，也是社会应该倡导的原则。当社会的物质财富富裕到足以满足人们的物质需求时，人们就会行仁义、讲道德。法家认为在当时的春秋战国时期，中国社会正处于"民众而物寡"的社会状态，仁义道德应退而居之。因此，韩非子提出"务力而不务德"，否则国家将面临贫穷落后甚至是亡国的危机。从这样的义利观、人性观出发，法家认为儒家所谓的"爱人之心""仁爱之心"实际上是"伤民"，而儒家那套繁杂的仁义礼节不但于民无益且有害。

因此，法家代表韩非子对"仁"提出了批判，认为仁不适用于社会。韩非子在《韩非子·难一》篇中对自己所推崇与赞赏的"仁义"具有明确的界定："夫仁义者，忧天下之害，趋一国之患，不避卑辱谓之仁义；仁义者，不失人臣之礼，不败君臣之位者也。"在韩非子看来，所谓的仁义，是指忧虑天下的祸患，奔赴国家的危难，不顾及卑贱的地位和屈辱的待遇；也是指不失去做臣子的礼义，不颠倒君主的次序。韩非子认为君子推行仁义会带来祸患；并提倡"忧天下之害，趋一国之患"之"仁"，认为这种"仁义"是建立在法治基础之上的，是维护国家大义的。

---

① 方勇译注《墨子》，中华书局 2011 年版。

四　仁的当代解读

在现代社会，对做到"仁"的主要要求是人们要由己及人、克己为人，存"仁"心、行"仁"事。

仁是当今社会和谐之道。"仁"的思想经历两千多年的发展壮大，主要用于协调规范人类社会整体与国家、民族、阶级、集团和个人之间的关系，形成了公平与自由、人类的解放、社会进步、大公无私等内容；也可用于协调规范集团与集团之间及内部、个人之间关系的形成，如集体主义、廉洁奉公、敬业精神、奉献意识等；可用于协调规范个人相互关系，表现为正直、善良、诚实、守信、互敬互爱等，从而使全体人民各尽其能、各得其所、和谐相处。所以，对现代人来说，能够有利于社会进步，解决矛盾纠纷，协调各方利益的行为都可以称为是仁的行为。

仁是个人立身之本。儒家"直"的伦理思想，就是为人正直、诚信、无欺。"诚者有道：不明乎善，不诚乎身矣。诚者，天之道也；诚之者，人之道也。"① 诚实守信是每一个公民做人处世的根本道德。孔子云："人而无信，不知其可也。"② 经过几千年的道德实践，诚信作为一种道德已成为中华民族的传统美德，成为公民与公民之间相安共处、互爱互助的基础，深深地积淀在人们的意识里。人们常说"诚则灵"，这说明诚信道德是处理人际关系的精神纽带。在现实生活中，那些诚恳老实、言而有信者，就被视为仁者。

当今社会，一方面是科学技术日新月异，互联网与自媒体快速发展，人工智能技术在部分领域得以运用，让更多的人感受到了文明的进步带来的便利；另一方面也带来了一些令人担忧的社会问题，比如少数人欲望极度膨胀，充满着一夜暴富的梦想，出现了部分人一味地倡导发扬个性、忽略共性的问题，同时还不能兼顾到群体性，使个人发展与群体之间出现矛盾。运用儒家的仁学思想，就是教导人们如何处理好个人与群体之间的矛盾，就是要在发扬个性的同时能够照顾共性并兼顾到群

---

① 《孟子·离娄上》。
② 《论语·为政》。

体性。新时期"仁者爱人"应当赋予新的内容，那就是，仁者如果真的做到爱人，就该不仅仅是爱人，而应该同样也爱人的"类"即芸芸众生，同样也爱人所处的自然环境。只有这种博大的爱，才能实现真正的爱人，才是真正的"仁"。可以说"仁"在现代的阐释和对人们的要求是应具有包容天地的道德襟怀。

总之，仁作为中华民族传统美德的核心内容，源远流长，影响深远，在历史上对塑造国民性格、培育中华文化、促进社会发展发挥了十分重要的作用。今天，我们应站在时代发展和人类文明进步的高度，科学审视作为中华民族传统美德的仁，赋予其新的时代内涵。

仁在新时代的主题和核心思想应为"仁爱良善"。今天我们讲"仁"，应以社会和谐、共同发展为目标，大力提倡人们对他人、对社会、对自然的爱，大力提倡人们的平等相待、友好相处、团结互助，大力提倡人道主义和慈善精神。主要内涵应包括仁爱宽容、平等人道、和谐合作等方面。

一是仁爱宽容。传统的仁道精神将宇宙看作一个整体，主张善待其中的一切存在，包含着人对于同类生命的同情和关怀。仁爱宽容，是对人、对物怀有仁爱之心，在家庭关系、社会关系中彼此友爱、相互关怀，将他人、世界与自己利益紧密联系在一起，并做到严己宽人、心怀宽广、待人宽厚，不苛求于人。二是平等人道。传统仁德承认人与人在生命价值上是平等的，同时又有重视民意民生和重视人民的内容。赋予仁以平等人道的时代内涵，对和谐人我关系具有重要意义。平等人道主张人与人之间的平等，强调以人为本，注重人文关怀，提倡人人多为社会、为别人奉献爱心的慈善精神和博爱精神，提倡建立人与人之间团结友爱、互相扶持、互相体谅的平等互助关系。三是和谐合作。传统仁德强调，对不同意见和不同群体利益应予以承认和宽容，和而不同、和平共处、共生共赢，包含了和谐合作的积极价值观念，和谐合作是指人与人之间友爱互助、合作发展，增强整体意识、全球意识，以实现人与人的和谐、人与社会的和谐、人与自然的和谐乃至国与国之间的和谐等价值目标。

第二节　耻与仁的内在关联

一　耻为仁的道德基础

耻德是实现仁德的保证。仁的实现依靠道德主体的自律和他律。但是，仁作为规范社会行为的准则，其实现最终只能落实到主体的自觉自愿上。耻作为羞愧、内疚、负罪等的心理情感体验。无论是自律还是他律，如果要发挥作用，都需要耻德在主体内心的生成和树立，再自觉约束自己去实现仁、做到仁。耻德则是一个国家、一个民族、一个人立国立身的底线。一个无羞耻感的民族、一个没有羞耻之心的人不会有仁德的自觉与自律，正如《孟子·公孙丑》云："仁则荣，不仁则辱，今恶辱而居不仁，是犹恶湿而居下也。"也就是说行仁义的话就会荣耀，不行仁义就是一种耻辱。人们都讨厌耻辱，但如今讨厌耻辱却又不行仁、不仁义，这就好像讨厌潮湿却居住在比较低洼的地方一样，让人难受。这形象地比喻了耻与仁之间不可分割的联系。由此我们可以说，任何民族、任何人如果不择手段、毫不知耻、不顾仁义地去追逐自身的欲望和利益，不仅会让自己感到品格低下，还会给自己带来无尽的耻辱，更遑论做到"仁"。

耻是仁的最根本道德基础。首先，对于执政者而言，耻德是能运用仁政的根本。孟子说："诸侯之宝三：土地，人民，政事。宝珠玉者，殃必及身。"[1] 意思是说，君主如有大过，臣下则谏之，如谏而不听可以易其位。至于暴君，臣民可以起来诛灭之。对于不实行仁政的君主，人民是可以将他推翻并杀害的，因为这种行为是可耻的，即无仁爱之心不实行仁政是可耻的。

其次，对于个人而言，耻德到仁德的形成是一个由低到高的过程。《论语·学而》曰："君子务本，本立而道生。孝弟也者，其为仁之本与！"人首先要从根本上做起，根本树立了，"道"就会出现，人也就会有仁德。从这个意义上说，耻德作为各项美德的根本因素，知耻、有

---

① 《孟子·尽心下》。

耻才能做到"仁"。道家典籍《老子》中也提到道德仁义的亲密关系："故失道而后失德，失德而后失仁，失仁而后失义，失义而后失礼。"意思是说，当道失传之后，人们就重视宣扬德，当德失传之后人们就重视宣扬仁，之后就是义，最后就是礼。虽然老子是在抨击宣扬礼的弊端，但是老子的"道"实际上也包含有人应具有人之为人初元的耻德，从一个侧面说明了耻为仁的根本。人们必须先知耻才会行仁、知耻而后才能达仁。

二　仁是耻的高层次展现

（一）知耻的目的在于实现"仁"

耻德思想培养的最终目的是达到仁。耻德思想侧重培养的是人们的道德底线意识和自制力。底线是人性的起点，通俗而言为有良心、良知，不做损人利己、伤天害理之事。当我们每一个人都真正地知耻、觉耻、以耻为耻，就守住了道德底线，也就有了约束自我的"红线"。仁德思想侧重于培养人们的君子品质，要求达到的是理想境界的标准。当我们每一个人都真正地有仁心、达仁爱，就是一个道德高层次之士。从知耻、有耻到有仁爱、守仁义，是一个从低到高的道德涵养过程。因此，开展知耻、羞耻感培养的目的，在于达到友爱、和善的理想人格和理想社会。

在中华传统伦理思想中，以儒家为代表，对知耻而达仁的关系进行了较为详细的论述。儒家经典《中庸》讲："知、仁、勇三者，天下之达德也，所以行之者，一也。或生而知之，或学而知之，或困而知之，及其知之，一也；或安而行之，或利而行之，或勉强而行之，及其成功，一也。……知斯三者，则知所以修身；知所以修身，则知所以治人；知所以治人，则知所以治天下国家矣。"[①] 智、仁、勇，这三者是天下人都要使用的德行。这三种德行实行起来有一个共同的原则（即"诚"）。蕴含了知耻然后付诸行动，由"知"过渡到"行"，再由"知"而升华为"仁"的深刻含义。

孔子也提出弥补人们缺失的道德的方法，他把人的真善美的理想情

---

① 《中庸》第二十章。

感追求从复杂的情感体系中分离，以耻为道德修养的起点，同时又以仁为道德修养的目的。孔子说："吾非斯人之徒与而谁与？"① 人与人相处遵循"知耻""守礼""好学""行仁"这些具体可行的道德条目。在具体进行培养"耻"的德性时将之再细分为端正知耻态度、注意自己的言行，同时还要心系国家天下、行己有耻等这些更为具体的内容。与此同时，还为"耻"德性之养成在思维的方法、价值取向方面提供了有效并且富有建设性意义的建议。同时他也提出，耻德的养成可以通过慎独、内省、克己、力行等途径来实现。所有的这些耻德的养成有具体的道路可循，从而为人们找到了一条可以完善德行，乃至使整个人类和谐的"求仁"的道路。

（二）耻与仁不可分离

耻是以否定性的规定，要求人们排斥内心产生的不善想法；仁则是以肯定性的存在，引导人们高尚的德性追求。两者的表达方式不同、表现样态有别，但是二者价值指向都在于提升人的道德品质和维护人伦秩序。

仁是耻之本源，耻为仁之表征，仁与耻不可分离是仁学观的基本趋向。仁与耻是儒家学说最基本、最原始的一对范畴，仁与耻的关系也是儒学最基本、最原始的关系。这一关系具有双重意义，从纵向上讲，仁耻关系是承续与创造的统一；从横向上讲，仁耻关系是内在原则与外在表现形式的统一，作为儒家的道德体系组成部分，仁是常道，是绝对的，耻是变道，是相对的。仁是根生原则，是内在原则、价值之源，是至高德性；耻是建构原则，是外在规约，是制度化、行为化道德的表征，人的仁德生成以先有耻德来铺垫和推进。根据仁耻关系，不断调整和完善耻德规范，使之更加符合仁德发展的需要，是推进社会道德建设的重要依据。

在中华传统伦理道德中，对耻与仁不可分离性也有颇多论述。譬如，孟子在耻与仁关系上，强调不仁者为耻，在孟子看来，知耻就是有"羞恶之心"，懂得什么该做，什么不该做——"羞恶之心，义也"②。

---

① 《论语·微子》。
② 《孟子·告子上》。

他还进一步强调，是否知耻，有无羞恶之心，是区分人禽的一个标志，"无羞恶之心，非人也"①，所以"耻之于人大矣"②。周敦颐也说："必有耻，则可教。"③ 深刻地揭示了耻是其他德性养成、开展道德教育的前提。有了羞耻心，人就会因作恶引发的羞耻感而生愧悔之心，从而及时改正。有了羞耻心，人就会有向善的追求，因而自觉接受教化、提高道德修养，成为一个仁爱之士。

第三节　中国传统文化中的耻仁观

一　儒家的耻仁观

"仁"与"耻"都是儒家十分重要的道德概念，在儒家看来，"仁"首先是各种道德习性养成的起点，也是各种道德习性养成的目标，所以，人们必须以仁作为自己行为的准则，如果不仁，那么耻辱就会接踵而至。耻，繁体写作"恥"，《六书总要》这样解释耻："恥，从心耳会意。取闻过自愧之义。凡人心惭，则耳热面赤，是其验也。"④是一种自然流露出内心自愧的情感。

孟子说羞耻之心人皆有之。这种羞耻之心是出于对仁的渴望和追求，当做出的行为违背这种直觉时，羞耻的感觉会自然而发，随感而应，便会产生耻。当孔子的弟子宰我觉得守孝三年浪费时间时，孔子问他自己是否安心。宰我很疑惑，为什么要问是否安心呢？其实孔子是在问他守孝不到三年不觉得惭愧吗，但宰我却是觉得一年之后就可以吃香的喝辣的，对父母竟然没有自然亲爱之情，孔子意在引导宰我的羞耻之心唤醒他对仁的直觉。儒家认为，与生而俱来的善美的直觉产生冲突之后自然而发的耻感，也是人所固有，因此，耻是仁产生的起点，也是最重要的道德基础。

---

① 《孟子·公孙丑上》。
② 《孟子·尽心上》。
③ 《通书·幸》。
④ 吴元满：《六书总要》，齐鲁书社1997年版，第43页。

二 道家的耻仁观

道家学派以"清虚"为本,主张无为而治,但他们对于耻与仁文化也给予了充分的重视。老子的《道德经》说:"知足不辱,知止不殆,可以长久",意思是人们如果能知道满足,就不会因为需求过度而蒙受耻辱;知道适可而止,就不会因贪求过分而遭遇危险,因而也就可保长久。人们在社会生活的交往过程中不要与别人争荣辱高下。在《庄子·盗跖》中,庄子说:"无耻者富,多信者显,夫名利之大者,几在无耻而信故观之名,计之利,而信真是也。若弃名利,反之于心,则夫士之为行,抱其天乎!"简而言之,就是一个人想要保持淳朴的人性,就要知道满足,不蒙耻,才能达到超越世俗的"仁"状态。表达了庄子对弃绝名利而顺其天性的看法,人们应返回大自然中去,摒弃礼法与仁义,他要求人们不要去争斗,不要贪求名利和地位,返归自然,这才是真正的自然之道。

道家超脱耻辱的思想反映了道家学派对世俗社会所采取的无为的态度,对名利的超越则是道德境界高尚的表现。道家这种"知荣守耻"的观点使其相信只有当人们摒弃荣耻赏罚,社会才能安定和谐,才能真正实现"无为而治"。

三 墨家的耻仁观

墨家强调不强则耻。墨者多来自社会下层,他们以"兴天下之利,除天下之害"为目标,具有强烈的社会实践情神,敢于吃苦耐劳、严于律己,把维护公理与道义看作义不容辞的责任。墨家耻德观点,主要是重博爱,以攻为耻;尚贤尚勤,以不赖其力为耻;尚同,普天同利,以利己害同为耻。它从功利角度看耻,对于耻的阐述都是通过与"荣"的对比体现,而耻的界定标准是"强必荣,不强必辱"[1]。只有在强的状态下才能除去天下祸害,得到荣耀,弱小则会招致耻辱。

兼爱是墨家学派的主要思想观点,非攻、节用、节葬、非乐等主张,都由此派生出来。墨家提倡"兼相爱",即无差别地爱社会上一切

---

[1] 《墨子·非命下》。

人，"兼相爱"的实质其实也就是"仁"，这种思想起源于下层劳动者之间真诚相爱的一种朴素的道德观念，墨子希望把这种仁爱推广到整个社会，成为一种普遍的人道规范和价值原则，反映了善待劳动者的美好的社会理想追求。所以在对待耻与仁的关系上，墨家的认识是做到"爱无差等，推爱求仁"。不能做到"兼相爱"，应视为一种"耻"，主张求仁避耻。

四 法家的耻仁观

倡导以法治国的法家也强调耻与仁的重要作用。管子提出："礼义廉耻，国之四维。""国有四维，一维绝则倾，二维绝则危，三维绝则覆，四维绝则灭。倾可正也，危可安也，覆可起也，灭不可复错也。何谓四维？一曰礼，二曰义，三曰廉，四曰耻。礼不逾节，义不自进，廉不蔽恶，耻不从枉。故不逾节，则上位安；不自进，则民无巧诈；不蔽恶，则行自全；不从枉，则邪事不生。"[①] 在立国、治国的四项基本道德原则中，"耻"位居其一。在国之四维中，如果"礼""义""廉"绝，则国家就会灭亡，耻是国家的最后底线，如果这个底线守不住，则国灭不复存在。由此可见，耻的意识在法家的道德体系中，亦有很高的位置，被抬高到了国家安危、民族存亡的地位。

法家韩非子推翻了儒家"仁"的理论基础，儒家学派主张用仁义教导人，而韩非子看来就像是用"使子必智而寿"[②] 和"使若千秋万岁"[③] 这样的话去讨好和欺骗民众一样，所以英明的君主不应该相信这些动听却不真实的谎言，不应该谈论仁义道德方面的事情，而应该实行严刑重罚，才能使自己的国家变得强大，才能实现"天下莫之能侵也"。韩非子坚信实力才是国家生存的硬道理，君主推行仁义来治国则会带来祸患，所以"故有道之主，远仁义，去智能，服之以法。是以誉广而名威，民治而国安，知民用之法也"[④]。法家反对传统意义上的仁义，但这并不意味着君主的统治要走向仁义的另一端——鼓励残暴的

---

① 《管子·牧民》。
② 《韩非子·显学》。
③ 同上。
④ 《韩非子》。

统治。治理国家必须以法为依据，做到赏罚分明，才是维持国家安定与
兴旺的保障。

第四节　耻与仁的现代运用

一　知耻明仁，提高个人修养

耻感文化的生理学基础在于人的物质个体对外界的生物反应；它的
心理学基础在于人们对自己行为的责任感；它的社会基础在于人们对社
会行为规范所达成的共识——"耻，羞也""耻，辱也""耻者，止
也。"知"止"曰知耻，"止"之于"耳"曰耻，"耳"者，象征人言
即社会舆论。中国人之所以特别强调礼、义、廉、耻，是由于古人早已
认识到人的内省和自律对控制人的行为有巨大的作用，也认识到无耻之
徒为一己私利而不惜、不怕损害社会的利益，是违背了人们共同认可的
社会公德和普遍规范的行为。所以，在社会主义建设的征程中，发掘人
的羞耻之心，从根本上使人达到道德上的完善，尤其值得大力宣传和
弘扬。

耻德培养，要立足于人的个体修养。一是运用它强调个人的修身，
要求通过内省、慎独、反求诸己，通过正己而达到正人。二是运用知耻
能激发人的奋斗精神的特质，"行己有耻"，它使人为实现自己的人生
理想和道德实践而积极进取，不屈不挠，进而形成奋发有为的民族精
神。三是运用它有益于培养崇尚操守，褒扬气节的属性。由于耻感文化
能使人从内心控制自己的行为，因而有利于培养崇尚操守、不媚时俗的
道德品格以及廉洁正直、守志不辱的人生品行，在这种价值追求的基础
上有益于形成个人的气节观。四是运用耻感文化提醒人们改过迁善、见
贤思齐，追求"至善"的崇高境界。"知耻则有所不为"，在中国的历
史长河中，凡是缺乏道德、丧失廉耻之人都会遭到全社会的谴责，无
德、无耻之徒都会被钉在历史的耻辱柱上。孔子言："知耻近乎勇。"
而知耻之所以已经接近勇敢，主要关键在于"知"，而是否知耻的尺度
又是从社会经验和社会礼仪当中来判断的。把耻和勇放在同一道德水平
上，其意在于明确，要人清楚地感到耻辱，勇于认错知耻而改过迁善，

将耻化为为善的经验和动力，也是提高人的道德修养的一种方法。五是运用耻感文化基础上的社会道德评价机制。"以何为耻"与整个社会的价值体系和价值观念有密切联系，培养正确的耻德标准，有利于铸就个人行为防线意识，培养正确的道德观。

"仁"德在当今人们的道德修养中也具有强大的生命力与现代价值，我们可以从中挖掘出适合社会主义道德建设的有益资源。其一，运用"仁者爱人"，可具体转化为"爱人民，为人民"精神内涵，提倡尊重人、关心人、热爱集体、热心公益、扶危济困的为人民服务思想和集体主义精神，为人们提供一个切实而高远的人生追求和价值理想。其二，实施"仁"德所内含的"忠恕之道"，可成为有效调节自我与他人关系的一项道德方法。通过推己及人的方法，由己之心去理解、感受他人之心，由己之欲去理解、推知他人之欲，最终将己之爱推向对他人的爱，《礼记·礼运篇》云："故人不独亲其亲，不独子其子。使老有所终，壮有所用，幼有所长，鳏寡孤独废疾者皆有所养。"《孟子·梁惠王上》说："老吾老，以及人之老；幼吾幼，以及人之幼。"实现对他人友爱、与他人和谐相处，弱势群体得以关爱照顾，社会实现和平繁荣。其三，实现"仁者爱人"的利他意识具体转换到行动上。仁者对他人的同情关切以及爱护奉献均是出于"爱"的情感，"助人为乐"，这是一种较为纯粹的利他意识。而这种同情关切之心，转换到实践上则表现为对他人切实的帮助与支持。我国自古便有"君子成人之美""博施济众"的优良传统，与"助人为乐"有异曲同工之处。其四，将"仁爱"推广，终及自然万物，而达到"爱物"的层次。具体可转换为爱护公物、保护环境等道德规范，对社会共同劳动成果的珍惜与爱护、对生态环境的保护等。总之，在仁德培养和践行中，提升个人道德修养水平，提高社会道德风尚，是每一个人应有的道德自觉和应尽的社会责任。

二 耻仁并行，培育良序社会

良善社会、良序社会是很多思想家一直以来追求的理想社会状态。《论语·公冶长》中，孔子刻画的美好社会状态是友爱、诚信的社会：

"老者安之，朋友信之，少者怀之。"① 老子追求："居善地，心善渊，与善仁，言善信，政善治，事善能，动善时。夫唯不争，故无尤。"② 以不争名利为善的社会。西方思想家亚当·斯密是现代社会良序经济生活的探索者，他认为良序经济社会是正义与美德的完美结合，是一种良性的经济伦理生活状态。西方学者约翰·罗尔斯在论证良序社会理论时，提出良序社会是由公共正义观调节的社会。③ 在罗尔斯设计的良序社会里，至少包含公平正义、普遍信任、友善、宽容仁慈等的社会价值理念。因此，营造充满仁爱的环境、社会成员能遵守耻德的底线道德是良善社会实现的重要因素。

第一，树立何为耻与何为仁的社会规范和制度。符合时代要求的道德标准，是社会进步发展的有效保障，在社会主义初级阶段，应倡导建设"爱国守法、明礼诚信、团结友善、勤俭自强、敬业奉献"的基本道德规范，把弘扬民族精神和时代精神贯穿于国民教育全过程，贯穿于精神文明建设全过程，体现在社会公德、职业道德、家庭美德建设各个环节中。在法律方面，也应建立适当的法律制度，惩罚耻行，使可耻行为得以震慑和遏制；奖励仁举，使社会行善之风盛行。在制度建设方面，各行各业可根据行业特点，建立道德评价机制。

第二，培养从政者正确耻仁观。可以说，从政者是国家、社会美德的导向者。执政者的美好德行能影响和推动社会的向善性。孔子说："为政以德，譬如北辰，居其所而众星共之。"④ 也就是说，如果统治者用仁政德治来治理国家，就会像北斗星受到其他星的拱卫一样，受到人民的拥护和爱戴。在社会主义社会建设进程中，对于从政者自身而言，要求必须具有良好的道德修养。知耻而"慎独"、勤政廉洁、严于律己、遵纪守法。明仁而推行仁政、充满人文关怀、倡导团结友爱。从政者具有正确的耻仁观，将会在社会中起到模范作用，引领社会良好道德风向。对于管理民众，从政者则要注重加强民众知耻意识和观念教育，人们能明辨是非善恶美丑，就会自觉做到有所为有所不为。孔子说

---

① 《论语·公冶长》。
② 《道德经》。
③ ［美］约翰·罗尔斯：《正义论》（修订版），中国社会科学出版社 2009 年版。
④ 《论语·为政篇》。

"道之以政，齐之以刑，民免而无耻；道之以德，齐之以礼，有耻且格。"用政令来治理百姓，用刑罚来整顿他们，老百姓只求能免予犯罪受惩罚，表面上假装恭敬，实际上却没有廉耻之心；用道德引导百姓，用礼制去教化，百姓不仅会有羞耻之心，而且有归服之心。"免而无耻"只考虑到人的外在行为及其结果，而不能触及人的心灵世界；"有耻且格"则能够达到道德所要求的身心同一、内外均诚的理想境界。

第三，以正确的耻仁观作为社会价值导向的标尺。社会风气是社会文明程度的重要标志，是社会价值导向的集中体现。社会风气直接反映了人们的思想观念和行为方式，是社会关系外在的表现形式。良好的社会风气可以陶冶、滋养人们的道德情操，涵养人们积极向上的精神状态，对社会的健康发展有积极的促进作用。社会的发展进步，也会为良好社会风气的树立和形成提供坚实的物质和精神基础，进而把社会风气提升到更高层次。而不良的观念和行为一旦形成风气，就会腐蚀社会的健康机体。因此，树立良好社会风气的关键，在于分清是非、善恶、美丑的界限，在于旗帜鲜明地坚持社会主义先进思想，倡导社会主义基本道德规范，大力弘扬助人为乐、无私奉献的公民道德，以社会主义耻仁观来规范和约束每个人的言行。在道德领域，旗帜鲜明地坚持和提倡"仁"，反对和抵制"耻"之言行。

三　耻仁结合，推进道德养成

第一，耻与仁相结合，有利于提高人们的道德意识和道德责任感。随着世界经济全球化的逐步深入，人民生活水平不断提高，但与此同时，西方国家借助经济强势提出了"政治全球化"和"文化全球化"，各种外来文化蜂拥而至，一方面它使我国民族意识走向国际化和现代化，但另一方面随着西方文化的"侵入"，各种社会问题层出不穷，使一部分人的精神境界、精神生活、思想道德发生了新的变化，出现了一些人情冷漠、道德滑坡、人际关系紧张、矛盾增多现象。在对物质利益的追逐中，有少数人缺失了应有的羞耻感，禁不住金钱与利益的诱惑，善恶不分、荣辱颠倒，以耻为荣、以贪为荣，羞耻观念淡薄。面对新形势新问题，培养人们分辨良莠的能力，是一个亟待解决的问题。

时代需要传统文化的传扬，需要树立人人知耻的社会风尚，来抵挡各种诱惑。充分发掘仁在现代社会的人文价值，将耻与仁的文化内核融入日常生活和德育工作中，不仅有助于道德教育和培养的实效性的提高，而且对于中华民族优秀传统文化的继承和弘扬同样有重大意义。习近平总书记说："中华优秀传统文化中很多思想理念和道德规范，不论过去还是现在，都有其永不褪色的价值。"① 要求我们"以古人之规矩，开自己之生面"，因此，在新的时代，传承和弘扬中华优秀传统文化，实现中华文化的创造性转化和创新性发展、对于中华民族传统文化中耻与仁文化的传承和弘扬是我们的历史责任。汲取中华民族传统文化中耻与仁的合理成分，有助于为人们作出趋荣避耻的价值选择，明确知耻明仁的价值标准，从而树立正确的荣辱观，加快推进和实现社会主义核心价值观。

第二，耻与仁相结合有利于道德践行精神的培养。道德践行精神，就是将学到的道德知识和自身的道德情感在生活中转化为道德行为，并且在行为过程中加深对道德情感的体验和道德知识的巩固。朱熹说："善在哪里，自家却在行他。行之久，则与自家为一；为一，则得之在我。未能行，善自善，我自我。"② 这句话的意思是说，自己不具备善时，善是外在于我的德性，通过文字或者其他的途径了解了什么是善，然后将善付诸行动，才能使善内化为自己的内在品德。对道德的理解如果只停留在书面，而不去转化为道德行为的话，就不能说人们已经掌握了某种德性，有时甚至人民对某种德性只有文字性的理解，在实践中根本就不知道该去怎样做。所以，观察人是否真正体悟到了某种品质时，仅仅从他本身做事的情感和动机来看是远远不够的，必须要看其实际的行为表现。

要求人们将自己的道德知识付诸实践，根本目的在于希望这样的道德实践能够使耻仁之德性成为人们的内在精神需求，能为人们立身处世提供有效的处理事务的方法。对道德进行实践还可以成为一种促使人不断向上，积极追求进取的力量。对自己掌握的德性在实践中实施并且加以证明，践行好的德性能够使人无愧于心，有时还能给予别人帮助和快

---

① 2014 年 10 月 15 日，习近平在文艺座谈会上的讲话，人民网。
② 《朱子语类·第十三卷》。

乐，这样的道德实践能够使人得到道德实践过后的充实感、满足感、自豪感。有没有具备良好的德性，在道德实践中一验便知。孔子说过，要知道一个人是否具有某种良好德性要"听其言而观其行"。比起只在嘴上说说的道德，最终能使人一看便知，能使人动容的是道德的行动。所以，道德教育的最终目标和根本任务是要让人们在"耻""仁"思想的引导下，将自己的道德知识真正投入行动实践当中去，弘扬真善美，在真实的环境中体验自己的道德情感，并将其深化。

第三，耻与仁的结合有助于强化中华民族凝聚力。孔子以"仁"为核心的思想体系提倡"仁者爱人"，从亲情之爱推广至广泛的社会关系中，建立人与人相处交往之间的相亲相爱的和谐人际关系。这种以"仁"为起点的人际关系理论，注重调节社会中各种人际关系，有利于维护国家的统一和中华民族的团结，强化中华民族的凝聚力。中国传统文化的仁德思想为世人树立了"圣人"和"君子"的理想人格，具有高尚的道德品质，以弘道于天下为己任，表现出强烈的社会历史责任感和崇高的忧国忧民意识，在他们身上，凝聚了一代又一代的炎黄子孙为国家的统一、民族的尊严和人民的安康不懈努力的民族精神。因此，借鉴优秀传统文化中耻仁观的积极成分，运用于社会主义精神文明建设当中，是大力发展社会主义新文化、弘扬和培育中华民族精神，实现中华民族的伟大复兴的有力推进器。

第四章　耻与义

中华民族在五千年的历史长河中，孕育了具有跨时代稳定内核的民族精神，它们超越了历史的局限，随着时代的发展而发展，经过现代转换，不断汲取人类文明的进步成果，其内涵也在不断丰富和发展，为社会主义精神文明建设提供了坚实的道德支撑和思想文化底蕴。

义作为中华民族传统美德的核心内容，源远流长，影响深远，在历史上对塑造中国国民性格、培育中华文化、促进社会发展发挥了十分重要的作用。"义"是人们立身处世的根本，"舍生取义""大义凛然""见义勇为"……这些至今都是中国人崇尚的优秀道德的代名词。无论岁月如何变迁，"义"都应当成为中华民族传统美德和时代精神的精髓而得以传承和培育，从而提高中华民族的向心力和凝聚力。今天，我们应大力弘扬和汲取其中有益于社会主义建设的成分，以更好地促进我国社会主义事业的建设和发展。

当今时代，中国传统的价值观受到了不同方向与程度的挑战，人们开始意识到民族的才是世界的，使传统文化复归成为现代研究的一大热点问题，再次对传统"耻""义"的中华传统美德进行了较为深入的研究。党的十九大报告中指出"培育和践行社会主义核心价值观，要深入挖掘中华优秀传统文化蕴含的思想观念、人文精神、道德规范"，强调了中华优秀传统文化是社会主义核心价值观的源头，以及践行社会主义核心价值观必须弘扬中华优秀传统文化的时代要求。

本章立足于"义"为中华民族的重要传统道德规范，对"耻"与"义"之间的内在和外在关联进行探讨，论证耻为义之发端，达义是耻育的重要目的。提出在当今社会主义建设的伟大征程中，我们更应深入挖掘中华传统文化的宝贵资源，在"耻"与"义"的现代融合运用中，以知耻明义之德来培育个体真善美的品质；育耻德促进求荣、推进义行；耻义结合推进社会主义核心价值观的培育和践行。

第一节　义的伦理内涵与历史发展

一　义的伦理解读

"义"的词义和含义解释，"义"的本意就是适宜，具体来说就是威仪、情谊、美善、公平、正义、适宜。从一些汉语词典来看，具体有以下多种解释：

《辞海》释义为：仪的古字，威仪。① 《康熙字典》引用《说文解字》注：臣铉等曰，与善同意，故从羊。《中文大辞典》中的"义"字，有七种解释，其一，己之威仪也。其二，正也，仗正道也，《容斋随笔》："义师、义战是也。"其三，人路也。《法言修身》："义，路也。"其四，利也。《墨子经上》："义，利也。"其五，与众共之曰义。《容斋随笔》："义仓、义田、义社是也。"其六，至行过人曰义。《容斋随笔》："义侠、义士、义夫是也。"其七，外也，假有其名而非真者曰义。《容斋随笔》："自外入而非正者曰义，义父、义儿、义鬓是也。"②

《现代汉语词典》中的"义"字，有六种解释，其一，公正合宜的道理、正义；其二，合乎正义或公益的；其三，情谊；其四，因抚养或拜认而成为亲属的；其五，人工制造的（人体的部分）；其六；姓。③《新华字典》中的"义"字，有四种解释，其一，公正合理的道理和举动；其二，感情的联系；其三，意思，人对事物认识到的内容；其四，指认作亲属的，人工制造的（人体的部分）。④ 从《现代汉语词典》的解释分析来看，"义"主要是指公正、适宜、善良等意思。

在古文中，义，作"義"，从字体结构来看，古字由"羊"和

---

① 《辞海》，上海辞书出版社 1979 年版，第 742 页。
② 《中文大辞典》，中国文化研究所印行 1982 年版，第 1696 页。
③ 《现代汉语词典》，商务印书馆 2005 年版，第 1612 页。
④ 《新华字典》，商务印书馆 1998 年版，第 578 页。

"我"构成，汉代许慎著《说文解字》云："义，已之威仪也。从我羊。"从"我"来看，"我"字从戈，表示兵器，用于战争，意味着牺牲。

《说文解字》中对义的解释"从我羊"来看，在中国古代，羊为六畜之首，是吉祥的灵兽，并用于祭祀。《礼记·曲礼下》曰"凡祭宗庙之礼……羊曰柔毛。"认为祭祀要用羊，并且信奉羊是神灵和祖先沟通的媒介，具有公正、明察的能力。《说文解字》云："羊，祥也。"《尔雅·释诂》注云："祥，善也。"在此，义与善同意。由此看来，在中华伦理道德中的"义"，原始含义是指人们通过善良的言行，以自我牺牲的精神，作出公正适宜之事。而后，"义"概念的界定经过不断发展，具有更丰富的解释，比如，《中庸》云："义者，宜也。"《吕氏春秋·孝行》云："义者宜此者也。"《国语》云："义，广德也。"东汉刘熙著《释名》曰："義，宜也。裁制事物，使各宜也。"将义解释为公正公平、合适、适度。

"义"的含义经过了漫长的历史演变。商周、春秋时期是"义"概念的产生和发展时期，在此期间，"义"的基本意义已经形成。"义"包含有两个解释：其一是"当"或"正"，意为正当；其二是"宜"，意为适宜、恰当。"义尔邦君，越尔多士，尹氏、御事，绥予曰：'无毖于恤，不可不成乃宁考图功。'"[1] 这个"义"是"应当"之义，即应当为人民而忧劳。"文王曰咨，咨女殷商。天不湎尔以酒，不义从式。"[2] 诗中周文王感慨殷纣王昏庸无道，"不义从式"，这里的"义"也是"应当"的意思，殷纣王不应当"从式"，使自己成为亡国之君。"其在祖甲，不义惟王，旧为小人……"[3] 这里"不义"即是"不宜"，即不合适、不恰当之意。

春秋时期，各家对"义"都有相关论述，"义"的概念和内涵得以丰富和发展，以儒、墨、道、法家为例，儒家、墨家和法家倾向于重"义"，而道家则轻"义"。儒家重"义"，以"义"为上，认为"义"

---

① 《尚书·大诰》。
② 《诗经·荡》。
③ 《尚书·无逸》。

是人们在日常生活中应该遵循的原则，也是理想人格君子所应具备的重要品格。

汉、宋时期，对"义"的界定又经过了两次重大转变。第一次重大转变是在汉代完成的。在汉代，"义"概念随着崇尚儒术独尊而得以提升地位，成为汉代统治者治理国家的基本指导原则。前期有陆贾主张以仁义治国、贾谊主张以仁义守天下，为汉代确立以仁义为治理国家的基本指导原则做出了重要的理论贡献。此时基本完成了"义"概念的第一次重大转变，儒家思想成为当时的国家的主流意识形态，"义"概念也随之成为治理国家的规范——三纲五常之一。"义"概念的第二次重大转变是在两宋时期完成的，两宋时代发展和兴起了理学，理学是儒家在佛道两家影响之下产生的对儒学的复兴，这也使"义"概念发生转变，地位得到了进一步的提升，上升为具有本体意义的宇宙必然法则。

清代以来，"义"的解释又经过了反思、调整和复归阶段。清代思想家们对"义"概念进行了反思，当时社会发生动荡，思想体系受到冲击；而继承元明时期的理学发展，又使天理完全被否定了其人伦道德的意义，使当时的思想家对儒学尤其是宋明理学进行了反思与调整，而"义"概念作为其中一个重要的部分同样经历了重新解读和反思、调整，他们将"义"与功利相结合，强调了"义"的道德规范性，并强调学习与后天主观能动性对"义"所产生的作用。

二　义的历史演变

"义"主要起源于古代的祭礼活动。以"羊"祭祀神灵的活动起源于母系氏族公社时期，当时的祭祀品是归集体所有的。在私有制出现以前，氏族公社成员的祭祀活动是集体共同进行的，牺牲品自然少不了羊。当父系氏族公社末期私有制出现以后，当然是以私有的"我羊"祭祀神灵，比较富裕的氏族成员开始用自己的牛、羊等私有财产祭礼神灵。而私有制出现也正是我国文字开始萌芽的时期。以"我羊"祭祀神灵，也便成了"义"字产生之根源。因此，"义"的引申义中，还保留有祭祀之义。比如，《中庸》有："义，宜也。""宜"也有多种含义，其中就有祭祀之义。

"义"真正成为伦理范畴，是经过了夏商周三代、直至孔子才得以形成。春秋时期儒家思想的出现，"义"也逐步发展为人们的行为准则，要求社会上的每一个人都要服从，做应该做的事，使言行符合道德规范，"义"成为儒家伦理体系核心规范。而这种道德规范是以君臣、父子、夫妻等关系为中心的。一是"义"和"忠"同义，专指君臣关系，即臣忠于君之义。《论语·微子》记载："不仕无义。长幼之节，不可废也。君臣之义，如之何其废之·欲洁其身而乱大伦，君子之仕也，行其义也"。《孟子·梁惠王上》记载："未有义而后其君者也。"二是"义"指父子关系。如《礼记·郊特牲》记载："父子亲然后义生。"三是"义"专指夫妻关系，《礼记·婚义》记载："男女有别，而后夫妇有义。"四是"义"专指兄弟关系。如《孟子·离娄下》记载有孟子的一句话："义之实，从兄是也。"《礼记·丧服四制》云："贵贵、尊尊，义之大者也。"荀子也提出："贵贵、尊尊、贤贤、老老、长长，义之伦也。"他还说，人虽都有"好利"之天性，但人的本质特征就在于能过群居生活，而人类群居生活的根源就在于人类有等级之"分"，"分"之所以能行，在于有"义"："夫义者，内节于人，而外节于万物者也。上安于主，而下调于民者也。内外上下节者，义之情也。"① "故尚贤使能、等贵贱、分亲疏、序长幼，此先王之道也。"② "故仁者，仁此者也；义者，义此者也。"③ 因此，儒家的"义"主要是指社会的上下等级关系，但主要是指以下敬上。"敬长，义也。"④ 违背"义"的行为，都应该受到谴责。

总之，"义"原本是指古祭祀活动的制度化，在阶级社会出现以后，"义"发展成为由统治阶级制定的，并且为全体人民无条件共同遵守的道德行为准则。后来，"义"的含义又发展成为阶级社会道德规范体系的核心，用于维护君臣、父子、夫妇、兄弟、朋友等各种人际关系。"义"主要还用于维护社会等级制度，而等级制度又决定着人们对社会财富的占有数量，所以"义"同时也成为维护社会经济关系的重

---

① 《荀子·强国》。
② 《荀子·性恶》。
③ 《礼记·中庸》。
④ 《孟子·尽心上》。

要规范。

三　义的主要特性

义涵盖了正义、仁爱、诚信、责任、和谐等伦理特征，以下择其要论述"义"的三大特征。

（一）恪守道义

从以上对义的概念最初诠释中得出，义从我从羊，羊为六畜之首，用于祭祀，是神明与先祖沟通的媒介，有公平之说。要求主体行义要合乎公正、适宜之事，概括来说就是守道义、讲正义。而正义则一直以来是人类孜孜不倦追求的价值目标，古人对公平和正义也同样有向往和追求，比如，"大道之行也天下为公"。①用大道来治理天下，社会才会有公正。

儒家伦理思想中，"行义"属于工具理性，"达道"则是价值理性，两者是手段与目的的关系。但是，"道"与"义"结合构成了儒家道义为上的道德理想主义特质，一方面，儒家重道、尚道，致力于道德理想的追求；另一方面，儒家贵义、尚义，主张"义以为上""先义后利""以义驭利"的重义思想，表达了儒家推崇的道义至上的价值追求。道家讲按照自然规律行事即按道行事，无为即正义。墨家讲"义行"（按义行事）"义政"（以义治国、规范社会秩序）。不论他们是贵义还是尚道，无不表达了对道德理想的重视、对精神价值的追求。

人处世要恪守道义，是中华传统美德之一。古人先贤都将义作为个人道德的行为准则，要求人们行之于义，要"义以为上""义以为质"。所谓"人皆有所不为，达于其所为，义也"②。人都有不应当做的事情，但只要做了应当做的事情，这就是正义。同时，在处理人际关系和利益分配时，提倡重义轻利。要求主体见利思义，非义不取，用"义"与"非义"之举辨别攫取财富的行为是否合乎正义。若攫取财富是非义手段，财富于我，便如浮云，坚决不取不义之财。"正利而为谓之事，正

---

① 《礼记·礼运》。
② 《孟子·尽上心》。

义而为谓之行。"① 在国家治理层面，"行义以正，事业以成"。② 即事业需要德行和道义来支撑才会成功。君主行义正己，还要"其使民也义"③，只有这样，国家的正义才可实现。运用在军事管理层面上，也要求按"义"行事。比如，国与国之间的战争中，一国若想讨伐他国，出师要有名，"名"必须有理可据，此名为正义之名。若非正义之战，亦为失道者寡助，与道义诉求相违背。

（二）责任自觉

"义"强调的是主体对他人和社会应当承担的一种道德义务，实则是一种社会责任。责任是按照个人和社会的合理化要求做当做、当为之事。在中国古代话语体系中，"义"既指人的行为正当性、合理性，又指适宜性的义举、义行。义行是指依义而行，是合宜的行为，它既可以理解为正义行为，也可以理解为负责任的行为。《左传》《史记》《淮南子》《后汉书》都有义行之说，都蕴含着责任、义务的含义。

义行同样体现了人的责任行为。孟子说过，"人皆有所不忍，达之于其所忍，仁也；人皆有所不为，达之于其所为，义也。"每个人都有不情愿做的事情，因为社会责任，内心的自觉性督促自己完成所不愿完成的事情，这就是义的责任表现。荀子指出："正利而为谓之事，正义而为谓之行。"④ 其意思是，"正"是出于利的目的而去做，叫作事务；符合义的标准而去做，叫作行为。显然，荀子此处所说的行为是按照义务的规定履行责任的正当化的合理行为。为了遵循内心的意愿，实现自身的价值，"达义"有时还会要求牺牲自我。

《吕氏春秋》云，"凡治国令其民行义也，乱国令其民争为不义也。"凡治国安邦，目的是社会和谐，治国令其民行义，是君主分内之事。《素书》中说："守职而不废，处义而不回，见嫌而不苟免，见利而不苟得。"在其位须谋其政，无论是君主行义还是使民行义，关乎的是国家安危，都是每个人所不可推卸的责任。《管子》中有一段是对"义"特征较为完整的概述，即"义有七体"：

① 《荀子·正名》。
② 《荀子·赋》。
③ 《论语·公冶长》。
④ 《荀子·正名》。

义有七体。七体者何？曰：孝悌慈惠，以养亲戚；恭敬忠信，以事君上；中正比宜，以行礼节；整齐撙诎，以辟刑僇；纤啬省用，以备饥馑；敦蒙纯固，以备祸乱；和协辑睦，以备寇戎。凡此七者，义之体也。①

管仲把"义"解释为"义有七体"即事物的七个部分。何谓"七体者"？即孝悌慈惠、恭敬忠信、中正比宜、整齐撙诎、纤啬省用、敦蒙纯固、和协辑睦。管仲认为义不可不行也。各阶层的人都应行义，作为晚辈，要用孝悌慈惠来奉养长辈，用恭敬忠信来侍奉君主，用公正友爱来推行礼节，避免犯罪需端正克制，厉行节约以备饥荒，用敦厚朴实来戒备祸乱，用和睦协调来防止敌寇，这七个方面，都是义的实体。"夫民必知义然后中正，中正然后和调，和调乃能处安，处安然后动威，动威乃可以战胜而守固，故曰义不可不行也。"② 人民知义然后才能做到公正，而后才能实现和谐，和谐才能安定生活，安定生活做事才有威严，有威严才能在战争中取得胜利，进而加固防守。因而，义不可不行，是每个人需要自觉遵从的责任。

（三）诚信守诺

信义是"义"的重要内涵之一。《说文解字》曰："诚，信也""信，诚也"。"信"即诚信。义，谓之道义。可见，信义包含了诚信与道义。《春秋左传》有云："君能制命为义，臣能承命为信。信载义而行之为利。"君主制定天命为道义，大臣遵守天命为诚信，故臣子的信用必须承载君主的道义，立身处世才能对国家有利。

行义即为可信。《论语》说："君子义以为质，礼以行之，孙以出之，信以成之。"③ 君子为人处世以"义"为尺，君子行义，就是以礼待人，态度谦逊，言而有信。"信近于义，言可复也。"④ "言而无信，不知其可。"⑤ 即是说人的承诺要符合于道义，只有符合于道义的承诺

---

① 《管子·五辅》。
② 同上。
③ 《论语·卫灵公》。
④ 《论语·学而》。
⑤ 《论语·为政》。

才可以兑现。"故君子者,信矣,而亦欲人之信己也";"言无常信,行无常贞,惟利所在,无所不倾,若是则可谓小人矣。"① 与人交往,说话不守信用,处世无定性,眼里只有利益,这便是所谓的小人。

信与义相互包容。"信"不仅要求人们说话诚实可靠,切忌大话、空话、假话,而且要求做事也要诚实可靠。而"信"的基本内涵也是信守诺言、言行一致、诚实不欺。中国自古以来就是"礼仪之邦著称于世,礼仪之人皆讲诚信""礼以行义,信以守礼"②,"与国人交,止于信。"③ 认为人与人交往,要诚实守信,"民无信不立。"④ 人与人之间信任是社会发展的基石,若无信任,社会这座大厦将土崩瓦解。孟子说"诚者,天之道也;思诚者,人之道也"⑤。诚信是社会发展的需要,追求诚信是做人为生之道。在"义"与"信"关系中,荀子认为"凡为天下之要,义为本,而信次之"⑥。二者之间是主次本末的关系,虽有高低优劣的差别,却不是"道"和"非道"的差别:"道也者,何也?礼义、辞让、忠信是也。"⑦ 荀子的《强国》将"礼义"与"忠信"都纳入"道"的范畴之中,二者是相互联接的。《中庸》明确指出:"诚为人生之最高境界,人道之第一原则。"古人认为诚信属于天道,是做人最基本的道德要求,言而有信,义无反顾地遵守,因而做人诚信是天经地义的事。这就告诫我们,做人要言行一致,一言既出驷马难追。人是一切社会关系的总和,人与人之间的交往需要诚信才能坦诚相待,言而有信、行而有义,反之背信弃义、不讲诚信,则被社会孤立,因而信守承诺是我们义不容辞的责任。

四 义的时代解读

传统文化中的"义"有等级性质,如晚辈对长辈要用"孝义"来奉养;臣子对君主需要尽"忠义"来精忠报国;对自己要以"礼义"

---

① 《荀子·荣辱》。
② 《左传·僖公二十八年》。
③ 《论语·卫灵公》。
④ 《论语·颜渊》。
⑤ 《孟子·离娄上》。
⑥ 《荀子·强国》。
⑦ 同上。

来修身正我，这样的"义"具有浓厚的封建等级色彩，我们应辩证对待。

在西方传统思想史上，"正义"观念与中国的"义"有相通之处。自古以来，正义一直是西方人所追求的价值目标。古希腊哲学家柏拉图对"正义"问题的研究颇有建树，他在西方哲学史上第一次系统地论述了正义问题，他的代表作《理想国》把正义问题作为探讨核心。柏拉图在追寻国家的正义过程中，认为国家的正义就是城邦中的不同的职业者，各司其职、各守其序、各得其所。这与中国古代之"义"有相同之处，他认为城邦中的职业者做应做之事，即是适宜得当之事。再者，柏拉图的正义是源自主体的道德自律，与中国古代的义源于人的内心，是人区别于禽兽的特质的界定有相同之处。此外，柏拉图的正义同样也体现等级的差别：第一等级为统治者即哲学王，管理国家政务；第二等级为军人，战时保卫国家，平时辅助统治者处理政务；第三等级为劳动者，从事财富创造和劳作。柏拉图要求每个人都要各司其职，不能逆而行之。因此，对"义"的理解和辨析，中西方的传统文化都有积极因素，但是也有维护阶级等级差序的弊端。

今天，我们应站在时代发展和人类文明进步的高度，科学审视和扬弃中华民族传统的"义"文化和思想，赋予其新的时代内涵。在新时期，"义"作为判断是非善恶的基本价值规范，仍是人们立身处世的重要思想来源。

今天我们重新诠释"义"，应取其精华、去其糟粕，要大力提倡做人的正直公道，提倡维护社会公平和正义，提倡对全社会共同利益和国家利益的高度负责。"义"的核心思想应强调"正义奉公"，主要内涵应包括持正重义、利群济困、奉公爱国等。一是持正重义。持正重义，就是为人正直刚强，坚持真理和正义，为推进社会正义和人类进步不计个人利害得失。这突出地反映了传统义德的价值精华。二是利群济困。义的重要内涵之一是维护公正，追求公正。利群是指在处理社会整体利益与个人利益关系上，以社会整体利益为本位，先公后私；济困主要是指人们应尽力救助各类困难群体。利群济困，提倡人们对社会资源的合理分配与积极支持，主动帮助困难群体和落后地区，追求共同富裕。强调利群济困，对于维护社会公正，缓和社会矛盾具有重要的现实价值。

三是奉公爱国。义的最高价值体现为对社会和国家高度的责任意识。奉公爱国是义德在国家和社会层面的扩展，是推崇维护和发展社会公共利益、集体利益，有利于培养和强化对社会主义祖国和中华民族忠诚的国家意识和民族意识。

第二节　中华传统文化中的耻义观

在中国历史上，儒、道、墨、法四家学派自身的学说主张不同，因而，义文化在不同的流派中有不同的解读和诠释。儒、道、墨、法四家学派以自己持有的义文化为基础，形成了各学派独特的耻义观。

一　儒家的耻义观

（一）儒家的义文化

"义"是儒家在认识和处理人与自然、自我与他人、个体与群体乃至民族国家之间的生命价值和利益冲突时，基于"仁爱"基础上的思想指导原则和行为选择标准。孔子将"义"作为人的道德标准，在孔子看来"君子义以为上"。孟子更将"义"作为判别是非的标准、统治者施政的价值尺度、个人修身立命的重要原则。

从儒家学派的"五常"——仁、义、礼、智、信中可以看出，"义"在儒家思想体系中一直占据重要的位置。孔子虽然并未对义文化做出相应的解释，但事实上，孔子一直崇尚以"义"作为君子为人处世的道德规范准则。"君子有勇而无义为乱，小人有勇而无义为盗。"①如若做事不管是否合乎义，虽有勇气，但对于君子或小人来说都是无益的。孔子把是否行义作为划分君子与小人的标准。义是君子重要的品德，"君子义以为上。"② 把行义作为人生的最高价值追求，"富与贵，是人之所欲也""富而可求也，虽执鞭之士，吾亦为之"③，"富与贵是人之所欲也，不以其道得之，不处也。贫与贱是人之所恶也，不以其道

---

① 《论语·阳货》。
② 《论语·卫灵公》。
③ 《论语·述而》。

得之，不去也"①，孔子认为追求物质利益、追求富贵，是人类共同的本性，但满足这种欲望的手段要合乎"义"，以封建道德为前提，不超过自己的政治地位，不能用不正当手段取得富贵。"不义而富且贵，于我如浮云。"② 孔子说，人生在世，谁都想拥有荣华富贵，这是人的本性。倘若这荣华富贵合乎道义，定会去追求它，合乎道义要求的财物，为获得它，即使是给他人做驱赶马车这种卑微的工作又何妨？但倘若这荣华富贵违背道义，荣华富贵与我不过就是过眼浮云而已。孔子认为通过不义的手段获取财富，非品德高尚的君子所为，他提倡君子"义然后取，人不厌其取"③。如果人们一味地追求个人利益，抛弃道义，思想上失去约束力，必然引起天下大乱，破坏现有的统治秩序，危及新的统治政权的基础。同时，对百姓适当的税收也要符合"义"，如果加重民众的赋税负担，就是违反义的行为。

"君子之于天下也，无适也，无莫也，义之与比"④。以"义"为上的君子，立足于天下，处世、待人、接物要不分薄厚亲疏，只是按照"义"的规范去做。"君子有勇而无义为乱，小人有勇而无义为盗。"⑤ "君子义以为质，礼以行之，孙以出之，信以成之。君子哉！"⑥ 在孔子看来，"义"是判断一个人是否为君子的重要标准。可见，孔子所述的"行义"言论，将"义"其作为判断君子是否品德高尚的价值标准，同时也作为君子待人接物的道德规范准则。

孟子进一步阐述了"义"。孟子认为，"义者，心之制，事之宜也。"他著名的"生"与"义"关系论与孔子的"行义"言论有一致的共识。"生，亦我所欲也；义，亦我所欲也。二者不可得兼，舍生而取义者也。"⑦ 正义与生命两者固然重要，一旦正义与生命发生冲突时，为了坚持正义，可以义无反顾地放弃生命。行义之人重义轻利："非其

---

① 《论语·里仁》。
② 《论语·述而》。
③ 《论语·宪问》。
④ 《论语·里仁》。
⑤ 《论语·阳货》。
⑥ 《论语·卫灵公》。
⑦ 《孟子·告子上》。

有而取之，非义也。"① 强行占有不属于自己的东西是不道义的，在孟子看来，义还是人之所以为人的根本。孟子曰："无恻隐之心，非人也；无羞恶之心，非人也；无辞让之心，非人也；无是非之心，非人也。恻隐之心，仁之端也；羞恶之心，义之端也；辞让之心，礼之端也；是非之心，智之端也。"② 人何以为人？皆因有恻隐之心、羞耻之心、辞让之心、是非之心，此四之心为仁、义、礼、智四德之端。孟子提出，羞耻之心源于人的内心，是人性存在的根本，而羞耻之心又是"义"的发端，因此"义"是人之所以为人的根本。③ 孟子还将"义"形象地比喻成正直之路、大道之路，"夫义，路也；礼，门也。惟君子能由是路，出入是门也。"④ 孟子由义及仁，将仁与义这两个概念关联、通贯，发展了仁义观。仁是目的，那么义就是指引着人们达到目的的正确道路，两者相互联系、依存，是本来就存在于人的内心和天性之中的东西："仁，人之安宅也；义，人之正路也，旷安宅而弗居，舍正路而不由，哀哉！"⑤ 又曰："居恶在？仁是也。路恶在？义是也。"⑥ 而君子也应以"义"的规范为标准，不做有违"羞耻之心"的事情。

　　儒家另一位重要代表人物荀子，将义不仅视为人处世的行为准则，更是作为规范万物运行的秩序。《荀子·强国》云："夫义者，内节于人，而外节于万物者也。"荀子还将"义"运用于治国理政，认为"盛世重义，乱世重利"⑦。他主张"故用国者，义立能够而王，信立而霸，权谋立而亡。三者明主之所谨择也，仁人之所务白也。挈国以呼礼义而无以害之，行一不义，杀一无罪而得天下仁者不为也"⑧。意思是能够成为王者，因其重义，用信誉称霸诸侯，玩弄权术阴谋，国家就会灭亡。因此，国不以利为利，而以义为利。英明的君主应把义作为自身的人生信条，行事之准则，以义取信于民，才能国泰民安。此外，荀子将

① 《孟子·尽心上》。
② 《孟子·公孙丑上》。
③ 《孟子·告子上》。
④ 《孟子·万章下》。
⑤ 《孟子·离娄上》。
⑥ 同上。
⑦ 《荀子·大略篇》。
⑧ 《荀子·王霸》。

人们日常生活中的行为划分为三个等级。"入孝出悌，人之小行也。上顺下笃，人之中行也。从道不从君，从义不从父，人之大行也。"① 第一级是人们在家庭生活中需要遵守的最基础的处世原则，即"入孝出悌"，要孝顺父母和家中长辈，要兄友弟恭。第二级是人们在人际交往、上下级关系中需要遵循的处世原则，即"上顺下笃"。第三级是人们日常生活实践行为中需要遵循的最高原则，即"道义"，如果第一、二等级的行为与"道义"有冲突，那么人们就必须依照最高原则"道义"而舍弃第一、二等级处事行为。

（二）儒家耻义观的主要内容

知耻与行义是提高人的道德品质修养的必要路径。一直以来，孔子都崇尚以"义"作为君子为人处世的道德规范准则，他把是否行义作为区分君子和小人的价值标准。史上有这样记载：子贡问孔子："何如斯可谓之士矣？"② 子曰："行己有耻。"《礼记·中庸》曰"知耻近乎勇也，知耻为君子，必终必孝，不知耻为小人，必不仁不闲"。孔子认为，知耻之人才会行己有耻，知耻同样也是区分君子与小人的一个重要标志，耻与不耻也成了君子立身行事的基本准则。

义衍生于人的羞恶之心。儒家认为，义的萌芽，是来自人的本性中的羞耻心、知耻感。其中孟子是重要的代表，孟子认为，"无羞恶之心，非人也。"羞恶之心为人生而固有的，故羞恶之心是人区别于禽兽的重要标志。人有羞恶之心，因此便有行为的道德识别能力，而"羞恶之心，义之端也"③。羞恶之心是义的始端，羞恶之心为人之所特有，是人能施行义的开始。

知义才能避辱。儒家认为，在利益面前，要学会见利思义，只有选择道义后考虑利益才能避开耻辱。荀子称"荣辱之大分，安危利害之常体；先义而后利者荣，先利而后义者辱；荣者常通，辱者常穷；通者常制人，穷者常制于人；是荣辱之大分也"④。他认为，先选择道义而后考虑利益的就会得到光荣，先选择利益而后考虑道义的就会受到耻

①　《荀子·子道》。
②　《论语·子路》。
③　《孟子·公孙丑上》。
④　《荀子·正论》。

辱；光荣的人常常通达，耻辱的人却时常穷困潦倒；通达的人常常可以统治人，是为人上人，而穷困的人只能被前者所统治。

二　道家的耻义观

（一）道家的义文化

道家并未对义作出明确的界定，却对儒家提出的仁义引发的社会弊端做出批判。在道家看来，仁义是一个贬义词。庄子认为他们所处的时代，是一个大道分崩离析的时代，是一个动乱不堪的时代，是一个混乱无序的时代，在那样一个时代背景下，才出现了仁义，仁义是那个时代的产物，是世风日下、民风不古的导火索。在道德经中，老子明确提出"大道废，有仁义。智慧出，有大伪。六亲不和，有孝慈，国家昏乱，有忠臣"①。道家认为，所谓的行仁义者，多数只是立个仁义的牌坊混淆视听、乱人心之事的伪君子、小人之类。仁义是一切祸端的开始，它的危害性很大，它是给人们带来的身心疲惫、人际纷争、社会的不安定、国家的衰落的根源。

因此，道家学派崇尚的是道法自然，人与自然和谐相处，提倡无为而治。认为人们在日常生活实践中应该效法自然、无为便是"有为"，但是现实生活中人们的一切行为都是有目的的，这个目的大多是追求名利等的欲望和行为，这些有目的的行为中又以仁义为典型。人们在现实生活中追逐仁义，大多数都是"挂羊头卖狗肉"，借着仁义的名头实则是为了自己谋求名利。儒墨贵义，但道家认为仁义的出现不过是道德堕落的结果，这与道家提倡质朴的无为而治背道而驰。"骈拇枝指，出乎性哉，而侈于德。附赘县疣，出乎形哉，而侈于性。多方乎仁义，而用之者，列于五脏哉，而非道德之正。是故骈于足者，连无用之肉也；枝于手者，树无用之指也；多方骈枝于五藏之情者，淫僻于仁义之行，而多方于聪明之用也。"② 在道家看来，仁义无异于骈枝（指多余的树枝），既不美观，又无实用之处，就应适当修剪，保持枝干的良好生

---

① 朱谦之：《老子校释》第十八章，中华书局1984年版。
② 《庄子·骈拇》。

长。于是庄子提出"通乎道，合乎德，退仁义，宾礼乐"①，道家的态度是明确的——仁义出、盛世衰，因此要想天下太平、社会稳定，必须褪去仁义，返璞归真，重塑礼乐，反对过多的有为而治。

综上所述，道家对"义"概念的探讨和论述多是从反对儒家仁义思想的角度来切入，并对"义"进行了结合社会事实的批判，他们的批判和反思为我们理解"义"提供了另一个视角，对于传统义文化和义的思想发展和完善也有一定的贡献。

（二）道家耻义观的主要内容

道家学派以无为、出世的态度看待耻与义。《庄子》中称"昔者黄帝始以仁义樱人之心，务舜于是乎股无胈，胫无毛，以养天下之形；愁其五脏以为仁义……而天下衰矣。今世殊死者相枕也，桁杨者相推也，刑戮者相望也，而儒、墨乃始离攘臂乎桎梏之间。意！甚矣哉！其无愧而不知耻也甚矣！吾未知圣知之不为桁杨椄槢也，仁义之不为桎梏、凿枘也，焉知曾、史之不为桀、跖嚆矢也！故曰：'绝圣弃知而天下大治。'"②"三皇五帝之治天下，名曰治之，而乱莫甚焉。三皇之知，上悖日月之明，下陵山川之精，中堕四时之施。其知惛于顿蚘之尾，鲜规之兽，莫得安其性命之情者，而犹自以为圣人，不可耻乎，其无耻也。"③"多信，犹多言也。无耻贪残则富，多言夸伐则显。"④"荣辱立然后睹所病，货财聚然后睹所争。"⑤ 对"义"（主要指仁义）的提出和实行，表明了否定的态度。

道家认为，儒家提出的义是有等级区分的，义将原本和谐有爱的社会中的人分为三六九等，让人们对荣辱有意识之分，为的是维护统治者自身的利益。统治者的利益之争，带来了国与国之间的杀戮战争，战场中的人民则成为牺牲品，人与人之间互相杀戮，血流成河，尸骨成堆，客死他乡，又有多少人可以荣归故里！这样的统治者是可耻之徒。正是因为仁义的提出，造成世道衰落，社会动荡不安，人民生无保障，才是

---

① 《庄子·外篇·天道》。
② 《庄子·在宥》。
③ 《庄子·天运》。
④ 《史记·集解》。
⑤ 《庄子·则阳》。

真正让人觉得可耻。因此，道家认为仁义出、荣辱立，世道衰、可耻也。因而只有绝仁弃义，才能弃耻。"知其荣，守其辱，为天下谷。为天下谷，常德乃足，复归于朴。"① 与其他学派不同，荣与耻在道家看来不外乎是与名利、财富无异，是修饰华丽身份的象征，虚荣浮夸而无用，皆是身外之物。因而，道家提倡人回归自然，才合乎天道，提倡"弃义弃耻"，以保太平盛世。

三 墨家的耻义观

（一）墨家的义文化

"义"在墨家学派中具有重要的地位。墨家的核心思想"兼爱"，即人们要无差别地爱人。"天下兼相爱则治，交相恶则乱。"② 墨子认为，天下之乱，皆因爱人有差别，因而我们要"兼相爱，交相利"，反对"交相恶"。"兼即仁矣，义矣。"③ 在墨子看来，凡属于"兼相爱，交相利"的原则，皆称为义。

墨子认为"万事莫贵于义"④。义无上尊贵，没有一切事物比正义更可贵的了。行事要以义为准则，若"手足口鼻耳从事于义，必为圣人"⑤。反之，"不义不富，不义不贵，不义不亲，不义不近。"⑥ 换句话说，不义之人何来的富贵、信任、亲近之人。在墨家学派中"义"与"利"是紧密联系的。《墨经》曰："义，利也。"墨家认为"义，利；不义，害"，⑦ 只有实行正义、合乎道德之事，才能获得利益。在此基础上，墨子推行"义""利"相兼。墨子主张"贵义兴利"，大发"兴天下之利"，即"有力者疾以助人，有财者勉以分人，有道者劝以教人……"⑧ 墨家的"义"思想实际是以"义"来帮助百姓谋福利为

---

① 《老子》第二十八章。
② 《墨子·兼爱上》。
③ 《墨子·兼爱下》。
④ 《墨子·贵义》。
⑤ 同上。
⑥ 《墨子·尚贤上》。
⑦ 《墨子·大取》。
⑧ 《墨子·尚贤下》。

道德标准，"义，志以天下为芬。"① 行义之人以天下为己任，即有能力者帮助需要帮助的人，有财富者分享于他人，有文化者授业教习与他人等，以利他人为义，才是真正实现道义。同时，墨家贵义，把义作为治理国家的良策。"且夫义者，政也。""天下有义则生，无义则死。有义则富，无义则贫。有义则治，无义则乱。"② 统治者以义治国，贤臣举义，百姓兼相爱，社会才能稳定有序，国家才能富裕昌盛。

墨家贵义，但并不与儒家一样将义利摆在对立的位置，反而是将义与人们、与天下的实际利益结合起来，强调义利合一。"万事莫贵于义"③ "义可以利人，故曰：义，天下之良宝也。"④ 在墨子看来，与义相结合的利，是群体利益、公众利益，而非个人私利。《墨子·天志中》提出天志是义的核心的观点，"天为贵、天为知"，所以出自天的义也是天下最为重要、尊贵的，有义则天下大治，无义则天下大乱。故而，墨子在《尚贤》篇中提出义是人们日常生活实践中的行为准则，"不义不富，不义不贵，不义不亲，不义不近"，人们只有将行义作为自己必需的行为才能使天下大治。在墨子眼中，义已经不只是一种社会伦常中的准则，更是统治者用来治理国家的最高准则，具体可成为统治者选拔天下有识之士的标准。

（二）墨家耻义观的主要内容

墨家以功利之心看待耻与义，认为趋义可避耻辱。《墨子·兼爱下》称："兼即仁矣，义矣。"墨子贵"义"，把义作为治理国家的良策，认为只有行义才能带来国家的强大。同时，《墨子·非命下》谈道："强必荣，不强必辱。"⑤ 国家强大就可以使臣民感到光荣；反之，国家弱小臣民会感到耻辱。那么，如何使国家富裕强大或非贫困，让人人都避免耻辱？墨子提倡"兼相爱，交相利"，主张人们互相帮助，共谋福利，反对互相争夺。

"天下有义则生，无义则死。有义则富，无义则贫。有义则治，无

---

① 《墨子·经说上》。
② 《墨子·天志上》。
③ 《墨子·贵义》。
④ 《墨子·耕柱》。
⑤ 《墨子·非命下》。

义则乱。"① 君主治国理政需有"义",对君主而言就是义政爱民,爱民就是使民富裕。"天下贫,则从事乎富之;人民寡,则从事乎众之;众而乱,则从事乎治之"②,这就告诉我们,如若天下百姓贫困不堪,君主就要使之富裕;疆土区域内,人口数量少,则要发展生育政策增加人口数量;社会治安混乱,就要保持社会稳定和谐。君主义政有利于国富,国富为强,带来的是荣,国弱为辱,带来的是耻,趋义则可避辱。

墨家认为,"义"指的是是非善恶标准和行为准则。"义"乃维持秩序的规范,秩序之维持有赖"义"之统一,也就是统一的行为准则、统一的是非标准,这样就可以向善避耻。墨家提倡"尚同一义",即统一是非善恶标准和行为准则,以"上"(即上天)之善恶是非为善恶是非之标准。"察天子之所以治天下者,何故之以也?曰:唯以其能一同天下之义,是以天下治。"③ 很显然,这里的"一同天下之义"即统一天下的是非善恶标准,"义"无疑乃是非善恶标准之意,但是,墨子要求下民、下级要以上级的是非善恶为是非善恶,普天之下最终只能有唯一的是非善恶标准——就是天子的是非善恶标准,而天子的是非善恶标准则来自上天。"天下既已治,天子又总天下之义,以尚同于天。"④ 而作为是非善恶标准的"义",是人应遵循的行为准则,这样行为就能控制在一个范围内,人们也自会有尺度标准、有耻感而不会逾越规矩。

四 法家的耻义观

(一)法家的义文化

法家重法,推行君主至上,法家对"义"的诠释是与法治相结合的。战国时期,商鞅在变法中视"义"为"六虱"之一。"六虱:曰礼、乐;曰诗、书;曰修善、曰孝弟;曰诚信、曰贞廉;曰仁、义;曰非兵、曰羞战。""国贫而务战,毒输于敌,无六虱,必强。国富而不战,偷生于内,有六虱,必弱"⑤。在商鞅看来,"六虱"对治国无用,

---

① 《墨子·天志上》。
② 《墨子·节用下》。
③ 《墨子·尚同》。
④ 同上。
⑤ 《商君书·靳令》。

国有六虱必弱，应该全部消灭。因此，"圣王者不贵义而贵法，法必明，令必行，则已矣。"① 圣明的君主只需要重视法度，无须理会仁义，凡是无利于维护君主利益的一切东西皆可抛弃。

韩非子认为，"义者，谓其宜也，宜而为之。"② 认为义即是适宜，义是适宜而行之。他在《韩非子·解老》一书中指出行义的内容，"义者，君臣上下之事，父子贵贱之差也，知交朋友之接也，亲疏内外之分也。臣事君宜，下怀上宜，子事父宜，贱敬贵宜，知交朋友之相助也宜，亲者内而疏者外宜。"③ 这段史料集中体现了韩非子对于"义"概念的认识。从内容来看，韩非子将义所涉及的日常生活实践的人群分为四类，一是君臣上下，二是父子贵贱，三是朋友，四是亲疏。在这四类人群中，人们对待君上、父贵、知交朋友、亲疏内外时都应该得宜、适度。臣对君行义、子对父行义、贱对贵行义，他提出并无两两相行义，义是不对等的。"所谓直者，义必公正，公心不偏党也。"④ "明法制，去私恩，夫令必行，禁必止，人主之公义也。"⑤ 由此，韩非子认为，义就是"宜而为之"。在此基础上，韩非子将"义"分为"人主之公利"和"人臣之私义"⑥。韩非子视法家之义为公义，认为在日常生活实践中，人们应该去除自己的私心去行公义，但他与儒墨两家所说的去私取义有所不同的是，法家的公义与儒墨的私义相对立，其所说的公义是指统治者的利益，并认为儒墨两家所说的义都只是"人臣之私义"，是应该被摒弃的。要维护君主的利益，必须行公义弃私义。

法家另一个代表人物管仲则认为"义者，谓各处其宜也"⑦。管仲的义，是按身份不同各行其是。《管子·五辅》篇谈到"义"之七体，将义做了不同层次的划分，他还把义推向国家层面，作为治国之纲领。

（二）法家耻义观的主要内容

法家将耻与义提升到关乎国家安危的高度。管仲"国有四维"之

---

① 《商君书·画策》。
② 《韩非子·解老》。
③ 同上。
④ 同上。
⑤ 《韩非子·饰邪》。
⑥ 同上。
⑦ 《管子·心术上》。

说，将"义"和"耻"并列为治理国家的最重要的规范。主张"义不自进"，行为符合公义，成就必须得到外部认可，不自己抬高自己；"耻不从枉"，即君子知耻，不与道德低下的人同流合污，也不做不符合道德规范的事。以"礼义廉耻"作为治国之纲领、为大厦之根基，根基无则大厦倾。同理，治国理政若不张扬礼义廉耻，国家就会灭亡。在管仲看来，耻与义有同等的重要性。

法家认为，人的趋荣避辱本性是制定法度、实现"义"的前提。法家对人的基本生活需要是持肯定态度的，把"民之有欲有恶"① 看成人的客观事实。"有欲有恶"就是"人情者，有好恶"②，这是人性的表现之一，"人〔生〕而有好恶，故民可治也。"③ 在这个意义上，统治者自然必须慎重对待人性情的"好恶"，结合人性情"好恶"来实施爵赏和刑罚。具体而言，就是完善"立所欲"的机制，提升"义"的力度来整治社会。但就"所欲"而言，人性中包含多方面的内容，"民之情莫不欲生而恶死，莫不欲利而恶害"④，贪生怕死就是其中之一，这是人的自然需要。在动态的层面上，"欲利而恶害"就是趋利避害，"欲利""避害"是人的常情，没有什么能够阻止人性的自然驱动。因此，"设利以致之，明爱以亲之"。为了保证民众利益得到具体的落实，使民众具备起码安定的社会环境，法家注重在动态的层面，推崇以利、爱共同运用来进行具体的调节，法家用"爱"就包含"义"，即保证国家制度规则的稳定实现。"圣人之治民，度于本，不从其欲，期于利民而已。故其与之刑，非所以恶民，爱之本也……故法者，王之本也；刑者，爱之自也。"⑤ 启动"明爱以亲之"的实践，营造民众安定氛围，也是实现"利者所以得民也"⑥ 的保证，因此，法家用"爱"目的也在于"义"的实现。

---

① 《商君书·说民》。
② 《韩非子·八经》。
③ 《商君书·错法》。
④ 《管子·形势解》。
⑤ 《韩非子·心度》。
⑥ 《韩非子·诡使》。

第三节　耻与义的内在关系

一　耻为义之发端

（一）义的规范作用以耻感为基础

"耻"与"义"具有内在联系，二者不可分割。从字形上看，耻为羞耻，羞，古体中"羞""馐"通用，《说文解字》曰："羞，进献也，从羊，所进也；从丑，丑亦声。"羞本义为进献，从"羊"字旁，羊即是所进献的贡品。义，古体字为義，也是从羊，从我。两者皆从羊，可见耻文化和义文化具有内在同一性。

在中国传统文化中，常常将"耻"与"义"合用。孟子在谈到"四心"与"四端"时指出"羞恶之心，义之端也"①。表明羞耻之心乃义之发端也。当一个人的思想和行为与社会道德所要求的内容相背离时，就会感到羞耻，"无羞恶之心，非人也"②，人一旦有羞耻心，内心就会产生一定的评判标准，而"义"就是评价标准。"人能充无穿逾之心，而义不可胜用也。人能充无受尔汝之实，无所往而不为义也。"③提出如果人能坚定不唯利是图的念头，那样"义"就会用之不尽。如果人们心里充满着自尊自爱的念头，那么无论到哪里，都不会离开"义"字。说明一个人有耻感、有羞耻心才会守"义"。顾炎武认为"人之不廉，而至于悖礼犯义，其原皆生于无耻"④，人会违反"义"，皆因无耻。"民无廉耻，不可治也，非修礼义，廉耻不立。"⑤可以说，有耻则义，无耻则不义。《礼记》言："夫义者所以济志也，诸德之发也。"

因此，从某种意义来说，义是一种普遍的道德规范，其本质是善

---

① 《孟子·公孙丑上》。
② 同上。
③ 《孟子·尽心下》。
④ （清）顾炎武：《日知录集释》，（清）黄汝成集释、秦克诚点校，岳麓书社1994年版。
⑤ 《淮南子·泰族训》。

美，行义即是正当、适宜之举，这就是说，当人们的不义之举违背道德的原则，就会产生羞耻感，对不义之举会感到羞愧。这时羞耻感就会告诉我们何为应该、何为不应该，何为正当、何为不正当，进而人们会采取一定的措施进行补救。在培育了耻感的基础上才能做到行义向善，避免因不义之举带来的不良后果。

（二）从耻到义是内化到外化的过程

"义"作为处理人际关系的道德行为准则，是人们内在的一种道德观念，同时也是一种客观外在的规范。康有为曾提出"四耻"之说："一耻无志。志于富贵，不志于仁义，可耻也……曾子以懦弱为庸，见义不为，可耻也。"① 认为为仁不义是可耻的。主体对行不义之事产生羞愧感，做到不义之举不去做，因而能主动行义，自觉承担对他人和社会的一种道德义务，并把它内化为自觉的道德责任。

汉代《礼记·礼运》提出十种人义，即"父慈、子孝、兄良、弟悌、夫义、妇听、长惠、幼顺、君仁、臣忠十者，谓之人义"②。人是社会的个体，而每个个体的组合构成社会整体，在日常的社会生活中，十义是不可忽视的美德，是处理社会关系的良好法则，因而每人都需要遵守行义。社会中的每个成员都要按照自己的不同身份地位行义。每个人都要把义从客观外在的规范内化为自身行为的内在准则，做到知耻而行十义。因为行义，可达到父慈子孝、兄友弟恭、夫唱妇随、朋谊有信、君仁臣忠，社会安定有序，盛世可显。十义的提出，源于统治者道德的教化，用来规范百姓的思想和意识，虽然是封建意识的体现，但说明义文化深深根植于社会成员的心中，内化成人们的价值观。

在社会主义建设进程中，培养耻德，践行"义"，仍然十分重要和必要。社会转型期带来的价值观的多元化，道德观念冲突、碰撞带来的价值观迷茫，更需要培养人们基本的耻德，明确何为可为、何为不可为，守住道德底线，多行对社会、对他人有"义"之事。

（三）知耻而后趋义

有知耻感、羞耻心，是我国一直以来优良的传统美德。古人将

---

① 《长安学记》。
② 《礼记·礼运》。

"知耻"视为人之为人的标志，作为人的基本道德要求。"耻之一字，乃人生第一要事"。"羞，耻己之不善也；恶，憎人之不善也。"① 看到自己不善的举动而感到羞耻，看到别人不善的举动而感到厌恶。可见，知耻之人，内心都有明辨善恶、荣辱的尺度。对什么是荣辱、什么是善恶具有明确的划分尺度。

"人有耻，则能有所不为。"② 人一旦有羞耻心，就不会做出不该做的事；反之，人无羞耻之心，百事皆可为。"知耻近乎勇"③。当人感到羞愧时，知道什么是可以做，什么是不可以做，便会"知耻明德"，有羞耻心，便会有勇气秉持心中信念，去做适宜得当的事，即合乎道义之事。孟子将羞耻之心推向"义"的高度，"羞耻之心义之端"。当一个人有羞耻之心、明知耻、守仁义，则有所为，成为大众所敬慕的"君子"，"耻者，吾所固有羞恶之心也。有之则进于圣贤，失之则入于禽兽，故所系甚大"④，知耻则可称圣贤君子。

古人把"义"作为君子"有所为"与"有所不为"的参考标准，孔子认为"君子之于天下也，无识也，无莫也，义之与比"。事实上，"义"是君子的行为准则的道德标准。君子皆有羞耻之心，于立身处世中，"行己知耻"，用羞耻之心来约束自己，同时以"义"为基本德行，把"义"真真切切地融入日常生活中，做善举之事。康有为说："人必有耻而后能向上。"⑤ 人们知耻才会趋义，达到加强自身品行、学识修养的目的。

二 达义是耻育的重要目的

(一) 在个人层面：作为个人道德行为的规范准则

在中国传统的道德体系中，一直把"义"作为为人处世的高层次价值准则。古人的义，有情义、信义、忠义、侠义等。"义"为君子所推崇，生而为人，应以义字当先。君子行义，追求高尚的道德目标。

---

① 《四书集注·孟子集注》卷三，岳麓书社 1987 年版，第 34 页。
② 朱熹：《朱子语类》。
③ 《礼记·中庸》。
④ 朱熹：《孟子集注》，燕山出版社 1995 年版。
⑤ 康有为：《论语注》，中华书局 1999 年版。

"君子喻于义，小人喻于利。"①，"君子以义相褒，小人以利相欺"②，"君子有勇而无义为乱，小人有勇而无义为盗。"③"圣人之求事也，可则求之，不可则止。故其所得事者，常为身宝。小人之求事也，不论其理义，不计其可否，不义亦求之，不可亦求之。"④ 以上言语，皆是对"义"的推崇和认可，并将是否能守"义"作为区别于君子与小人的标准。

《礼记·杂记》中说，"君子有五耻：居其，无其言，君子耻之；有其言，无其行，君子耻之；既得之而又失之，君子耻之；地有余而民不足，君子耻之；众寡而己倍焉，君子耻之。""声闻过情，君子耻之。"⑤ 陆九渊认为："君子义以为质，得义则重，失义则轻，由义为荣，背义为辱。"⑥ 意思是君子要以道义为重，失去道义的人便不值一提，以遵守道义为光荣，以背离道义为耻辱。清初大儒魏禧说："耻字是学人喉关，圣人教人与小人转为君子，皆从耻上导引，激发过去。人一无耻，便如病者闭喉，虽有神丹，不得入腹矣。"⑦ 认为圣人教导人、小人转化为君子，要从耻开始教化，以达到以义为上。将义作为君子道德规范准则，君子以义为尺度，自我鞭策，把"行义"作为努力追求和磨砺人生的价值目标，就是具有耻德的具体表现。君子有羞耻之心，行事按照耻德的要求控制自己的情欲和行为，因而不论身处顺境逆境，都会行义向善，做适宜得当之事。儒家甚至提出，行义是人生的最高价值，"己所不欲，勿施于人""成人之美，不成人之恶""躬自厚而薄责于人"等，这些都是孔子认为的做人的准则，皆可以看作行义之人应做之事。行义之人，面对生与死的抉择，有"无求生以害仁，有杀身以成仁"⑧ 的豪迈的义气；面对饥饿与操守，他们唾弃嗟来之食，认为

① 《论语·里仁》。
② 《新语·道基》。
③ 《论语·阳货》。
④ 《管子·形势解》。
⑤ 《孟子·离娄下》。
⑥ 《与郭邦逸》。
⑦ 魏禧：《衷言》。
⑧ 《论语·卫灵公》。

"饿死事小，失节事大"①；面对财富与道义，他们以道义为首，将富贵视为浮云，显示出"富贵不能淫，贫贱不能移，威武不能屈"② 的义气等。相反，离开耻去讲义，容易出现见利忘义的行为，可能会使人误入歧途。

（二）在社会层面：社会和谐的调节剂

社会的安定有序，除了需要制度和法律的有力保障，也离不开良好的道德风尚。顾炎武认为："世衰道微，弃礼义捐廉耻，非一朝一夕之故。然而松柏凋于岁寒，鸡鸣不已于风雨，彼昏之日，固未尝无独醒之人也。"③ 世道如果衰化，皆因世人无义。在道德范畴中，"义"来源于人们内心的情感，是人之为人的根本依据，约束和规范主体的行为。人们知耻而行义，从耻、义的道德要求出发，在全民中倡导"行义"的耻德风尚，让人们在现实生活中行义，不仅是社会道德良好风尚的表现，同时也关乎社会的和谐稳定。

在中国人的传统道德观念中比较相信业报，即善有善报恶有恶报，认为多行不义必自毙，因而他们能积极行义。古人行义，不仅是对亲近的人，对社会的其他成员更要行义。认为行义能够实现心中的道义，而行义以达其道。行义之人，喜扬善惩恶，好见义勇为。故仁人志士"路见不平，拔刀相助"，重义轻利，义然后取。行义之人也拥有爱国情怀。墨家墨子怀抱"救世利人"的愿望行义天下，为宣传自己的主张、学说，周游列国，只为"兴天下之利，除天下之害"，为深陷在动荡不安的社会里的黎民百姓带来希望。行义之人让社会燃起正义的火苗，只要人人行义，正义的火苗就不会熄灭，正义所在之处，才会带来和谐与稳定的社会。

总之，培养公民知耻行义，营造社会正义的氛围，不仅关乎个人优良品德的形成，还关乎社会的和谐。对于整个社会来说，如果社会成员缺乏"行义"的精神，社会秩序将会失控混乱，社会的和谐安定将受到影响。

---

① 《论语·元宵》。
② 《孟子·滕文公下》。
③ （清）顾炎武：《日知录集释》，（清）黄汝成集释、秦克诚点校，岳麓书社1994年版。

（三）在国家层面：以知耻明义治国

耻与义作为一种宽泛的伦理范畴，先贤把两者与国家安危紧密联系，认为"义则治世，不义则乱世"。① 汉代刘向著《列女传》中谈道，"君子有二耻。国无道而贵，耻也；国有道而贱，耻也"②。治国无道义，可耻也。《晋书·阮种传》说"王道治本，经国之务，必先之以礼义，而致人于廉耻。礼义立，则君子轨道而让于善；廉耻立，则小人谨行而不淫于制度"。认为君主执政，治民安邦，需教民知耻趋义，以义治理国家才能创建盛世。因而，他们呼吁君主"以义治国"，对促进国家发展发挥了一定的积极作用。

战国时期，兵学家吴起著《吴子兵法》一书，提出一套很有价值的军事思想，其中提出政治与军事并重要以四德"道、义、礼、仁"来治理国家管理军事："此四德者，修之则兴，废之则衰。故成汤讨桀而夏民喜悦，周武伐纣而殷人不非。举顺天人，故能然矣。"③ 义作为四德的核心之一，具有重要地位。"义者，所以行事立功。"④"凡治国治军，必教之以礼，励之以义，使有耻也。夫有耻，在大足以战，在小足以守矣。"⑤ 吴子认为，治理国家和军队，必须用礼来教育人们，用义来勉励人们，使人们知耻，从而增强国家责任感，凝聚力量，而力量强大就能出战，力量弱小也能坚守。

管子明确把"义"作为一个重要的治国纲领，提出"国之四维"——礼、义、廉、耻。《管子·牧民》强调，"守国之度，在饰四维。……四维不张，国乃灭亡。"因此，君主治国，需要推行礼义廉耻。教导民众知耻而趋义，是君主的重要职责。君主以义治国，通过教民趋义，不仅可以提高社会氛围的向善之美，甚至还可以作为国家安定有序的精神力量。

---

① 《春秋繁露·王道通三》。
② 《列女传·贤明篇》。
③ 《吴子·图国》。
④ 同上。
⑤ 同上。

第四节 耻与义结合的现代运用

一 以耻义培育个体真善美的品质

人的发展与社会的发展是高度统一的。但在资本主义时期，人的发展是片面的、畸形的，马克思主义认为，只有到共产主义社会才能实现人的自由全面发展。全面自由发展过程就是不断趋近的过程，从历史发展来看，知耻行义是个体真善美的统一体现。人有羞耻之心，是源于主体自我品行完善的需要。知耻是从认识自我到超越自我，行义是培养主体至真至善至美的优良品性，因此教人知耻行义，也是个体自我道德修养的必要途径。

以耻义教人求真。耻是源于人们的不义之举带来的羞耻感，耻通"恥"，从耳从心，有羞耻感的人，会感到虚心，面庞发热，这就是我们常说的"面红耳赤"的生理反应，是人内心情感最真实的反映。"义者，天理之所宜。"① 义是社会伦理道德的准则，行义是符合事物发展的规律，符合天道之理。"凡人之性，莫不善义。"② "行一不义，杀一不辜，而得天下，皆不为也。"③ 即是说，但凡是人，本性有羞耻感所以趋于行义，不会为了得到天下而去做一件不道义之事，杀害无辜者。如此看来，主体知耻行义，是符合天道伦理之举，并维护了自身人格自尊，免除不义之举为自尊所带来的损害。

以耻义教人趋善。"义"的原初字义由"我"和表善美之义的"羊"组成，深深包含着人性本善之义，说明行"义"之人具有善良的德性。知耻是人们内心深处为善除恶的动力，这种内在的动力促使主体感知是非、善恶、荣辱等，知耻之人能自觉督促内心行义向善，主体在行义向善的过程中能坚持道义、见义勇为、助人为乐等而获得大家的认可。知耻之人改过善迁，还会日省三身，及时终止不义之举。清代思想

---

① 朱熹：《论语集注》。
② 《春秋繁露·玉英》。
③ 《孟子·公孙丑上》。

家李惺曾说，"我如为善，虽一介之士有人服其德；我如为恶，虽位极人臣有人议其过。"① 要获得别人的尊敬，增强荣誉感，不在于官职大小，而在于是否知耻行义。

以耻义教人向美。"尽美矣，又尽善也。""尽美矣，未尽善也"② "善"与"美"两者既是独立又是相互联系的，善包含美，为美之根本，美为视觉之美，但美不一定为善。"可欲之谓善，有诸己之谓信。充实之谓美，充实而有光辉之谓大，大而化之之谓圣，圣而不可知之之谓神。乐正子，二之中，四之下也。"③ 而美一旦符合仁义，便有善的内涵，两者统一于一体，主体生命才有价值。知耻而行义向"善"，以义正我，义修其身，拥有"义"的品格，是一种正直的品格。进一步而言，主体行义向善，实则是塑造完美的理想人格，是向着理想的道德之路前进修行，表现了主体的朝气蓬勃生命状态，这样的生命状态又是美丽而光彩照人的。因而知耻行义而向善，是主体的一种由内而外散发的生命之美，是善美的统一体，有耻守义即是美。

二　育耻求荣，强化义德

荣与耻，两者互为反义词。知耻是源于人们为免除耻辱，维护自身自尊的情感意识。知耻之人都希望获得荣誉，因而知耻明荣，不会做出有损人格之事。当人们的言行合乎义的道德标准，得到内心的满足和外界的赞扬时，人们的荣誉感也就油然而生，荣誉感越强烈，就越能知耻；反之，一旦人们的言行不符合义的道德标准，人们内心会产生羞愧感，加上外界的谴责，内心的自尊心受到打压，越发感到不义之举带来的耻辱，就越懂得为人应持有的尊严和荣誉的重要性。正因如此，任何一个社会都应在道德教育中极力教导人们知耻而趋义，让人们知道何为道德的底线，进而能辨荣辱，做到守义趋荣、弃义为耻、知荣而行、明耻而止。

中国圣王先哲皆认为"荣义知耻，德之大端"。因而治国者教化百

① 《李惺·药言》。
② 《论语·八佾》。
③ 《孟子·尽心下》。

姓知耻推进义荣，以此来推进社会的发展，在社会范围内实现天下有道。荀子的义荣之说称："志意修、德行厚、知虑明，是荣之由中出者也，夫是之谓义荣。"① 认为修行之人，意志纯洁，德行敦厚，知虑明智，光荣是由内在的品德和心性中衍生出来的。宋代曾巩《继祖母朱氏封阆中郡太夫人制诰》曰："夫位以德升，礼以位叙，不失其称，兹为义荣。"汉代陆贾也认为，"贱而好德者尊，贫而有义者荣"②。贫穷之人皆有道义而产生荣耀，这就告诫我们，只要修身立德行义，荣誉自然随之而来。"荣辱之大分，安危利害之常体；先义而后利者荣，先利而后义者辱。"③ 修身立德之人，以义当先，在面对利益时，先讲义然后才取利；而以利为先，利而后求义就是不知耻的做法。

国家的繁荣昌盛与个人的知耻行义息息相关。知耻之人，能以国家昌盛为荣，以国家衰落为耻。孔子曰，"邦有道，谷；邦无道，谷，耻也""邦有道，贫且贱焉，耻也；邦无道，富且贵焉，耻也"④。清代龚自珍也认为"士皆知有耻，则国家永无耻矣；士不知耻，为国之大耻"。⑤ 每个人的"荣"与"耻"都关乎国家的繁荣昌盛和自身的命运。相对应的，人若不知耻，弃义弃荣，便是祸国殃民，乃人生之大耻也。

现阶段，国家提出"中国梦"蓝图，两个"一百年"计划正如火如荼地进行，国家强盛、民族振兴、人民富裕离不开每个人的努力。然而新时期，在多元文化和多元价值观的冲击下，人们对物质追求较为强烈，但同时，国民耻感教育仍然不足，导致信仰缺失、为富不仁、享乐主义、拜金主义的现象仍然存在，加强公民的耻感教育可谓迫在眉睫。人们的知耻心指导着人们的荣辱言行，有什么样的知耻心，就有什么样的义荣观。知耻进而推进义荣，让每个公民都自觉知耻行义，真正做到自觉培育知耻意识和自觉求荣，达到自觉行"义"的境界，是社会主义正确耻义观的现实展现。

---

① 《荀子·正论》。
② 《新语·本行》。
③ 《荀子·正论》。
④ 《论语·泰伯》。
⑤ 《龚自珍·明良论二》。

三 耻义结合，推进社会主义核心价值观的培育和践行

在几千年的中国社会发展中，耻文化和义文化作为中华民族优秀的文化内容之一，早已互相融合、互相渗透在社会生活的各个领域与各个层面。每个时代都有各自的精神，每个时代都有各自的价值观念。在当代中国，我们要结合社会主义发展进步需要，汲取传统耻文化和义文化的思想精华，来积极培育和践行社会主义核心价值观。

富强、民主、文明、和谐是国家层面的价值要求，自由、平等、公正、法治是社会层面的价值要求，爱国、敬业、诚信、友善是公民层面的价值要求。社会主义核心价值观在凝练的过程中，与耻文化及义文化有契合之处。在我国倡导、培育、弘扬和践行社会主义核心价值观的过程中，正确认识"耻"文化与"义"文化，对于国家、社会、个人层面价值观树立都有重要的理论价值和现实意义。在解决我们要建设什么样的国家、建设什么样的社会、培育什么样的公民的重大问题中应发挥传统文化的现实价值和作用。

自古至今，中华民族无论经历怎样的劫难，小到个人，大到国家，"义"都成为应对乃至战胜劫难的一种内在精神，它显现在现实中，即是各种"义行"和"义举"。"义"不仅是中国文化的内核，也是一统国家的社会价值内核。如果说，个体价值的确立，是以不断地践行"义"而带来的正义理念为基础的话，那么，一个民族一个国家的社会核心价值的建立，则是通过对"公义"及其价值效用的不断理解、呈现、认同而逐步实现的。

随着中国国力的增强，其他国家是否认同中国崛起的价值、是否认同中国的国家形象，则取决于我们崛起过程中，同步地向世界传递的各种信息中蕴含了多少价值。在此意义上，"义"不仅是重塑当今中国社会核心价值的本土理念，也是获得世界认同的普适性价值理念。世界认知了中国之义德的文化价值，就必然会认同中华文化的价值取向，中国也因此会获得世界认同的价值基础。

（一）个人层面

社会主义核心价值观崇尚爱国与友善。友善要求人际关系相处中，要有爱、与人为善。《商君书》中说："所谓义者，为人臣忠，为人子

孝，少长有礼，男女有别；非其义也，俄不苟食，死不苟生。"① 与他人相处，身份不同，方式不同，皆因有义。"遇君则修臣下之义，遇乡则修长幼之义，遇长则修子弟之义，遇友则修礼节辞让之义，遇贱而少者则修告导宽容之义。"② 无论是《商君书》中所言还是《管子·五辅》的义之七体、《礼记·礼运》的人之十义，内容大同小异，皆是要求在人际关系中以义为尺，做到长幼有序、父慈子孝、男女有别、君明臣忠等，人与人之间依义而行，以义为度，各行其责，社会秩序稳定，都是友善和谐相处的表现。前者是友善，后者体现的是忠义。行义之人忠贞而爱国，有忧患意识，爱国"行义"呈现出忧国忧民的社会责任，爱国人士舍生取义，兼济天下，以天下兴亡、匹夫有责为信仰。在国家生死存亡的危难时期，面对颠沛流离、生活贫苦的百姓，爱国人士挺身而出，积极探索救国救民之路，这其实就是一种民族大义的表现。

社会主义核心价值观要求公民诚信与敬业。耻文化与义文化与这两者有密切的关系。义体现为信义，要求公民做人要信守承诺，坚持道义，在岗位上要有敬业精神，必须处理好义与利的关系。中国传统文化中，义和利是紧密相连的。在面对利益和道义时，古人认为要见利思义，义然后取，非义不取才是符合道义的要求，古人的"重义轻利"思想值得我们借鉴。随着社会的发展，出现了某些失信的危机。在社会主义市场经济中，依然存在一些投机倒把、诈骗的行为。其次，我们处于反腐倡廉的重要时期，国家严厉打击贪官污吏。而提倡在法治的保障下，以耻文化、义文化治国，加强公民的职业道德修养，能有效减少不诚信行为以及违法犯罪行为的发生。

人们在追求利益过程中要坚守道德底线，而这个道德底线应以"义"作为标准。"故士穷不失义，达不离道。"③ 见利不亏其义，见死不更其守。④ "义之所在，不倾于权，不顾其利。"⑤ 在市场经济中，要诚信经营、童叟无欺，价格公道，才能实现市场经济的公平正义。作为

---

① 《商君书·画策》。
② 《荀子·非十二子》。
③ 《孟子·尽心上》。
④ 《礼记·儒行》。
⑤ 《荀子·荣辱》。

政府官员，更应该知耻行义。孔子说过："上好义，则民莫敢不服；上好信，则民莫敢不用情。夫如是，则四方之民襁负其子而至矣，焉用稼？"① 在官员中推行知耻教育，帮助官员知耻行义，坚定以"义"为信念，不能以权谋私，不贪赃枉法，要以人民幸福为荣，以剥削压榨人民劳动成果为大耻。水能载舟亦能覆舟，官员只有真正急人民之所急，想人民之所想，全心全意履行作为人民公职人员应尽之义务，才能得到人民的大力拥护。因此，要求公民在岗位上坚守自己的职业道德，诚实守信。为民者，知耻行义，社会道德风尚才会良好；为官者，知耻行义，廉洁自律，国家人民才会幸福安康，才能真正实现社会和谐。

（二）社会层面

在社会层面，就公正而言，前文有提到，义的原初字义从我从羊，羊为六畜之首，用于祭祀，是神明与先祖沟通的媒介，具有公平正义之说。知耻行义还是人类社会文明进步的表现。"水火有气而无生，草木有生而无知，禽兽有知而无义，人有气有生有知亦且有义，故最为天下贵也。"② 圣人用自然界的物质、植物、动物来与人相比，认为人之所以高贵，是因为人有羞耻感，人知耻行事讲道义、公正，因此其行义之贵，贵于天地万物。而社会皆因从知耻有义，而道德风尚良好。

《墨子·耕柱》曰"所谓贵良宝者，可以利民也，而义可以利人，故曰，义，天下之良宝也。"义作为为人处世的道德规范，当义引申为"公平正义"内涵时，还可以给百姓带来好处，应视为"良宝"。《礼记·礼运》曾提到理想和谐的社会状态，其中就指明了公平正义在和谐社会中的重要性。即"大道之行也，天下为公……故人不独亲其亲，不独子其子，使老有所终，壮有所用，幼有所长，矜寡孤独废疾者皆有所养……是故谋闭而不兴，盗窃乱贼而不作，故外户而不闭，是谓大同社会。"在大道畅行的时候，天下是人们所共有的。在这样的理想社会中，人人知耻行义，社会中老少病弱都得到很好的照顾和安置，男子适龄有业，女子适龄有婚配，人们对钱财的追逐不再是利己，在劳动中也能尽职尽责，这样一来，社会安定团结，无盗贼横行和兴兵反叛，百姓

① 《论语·子路》。
② 《荀子·王制》。

外出也不用关闭门户。

公平正义一直是中华民族自古以来所诉求的价值目标。《论语·季氏》中提到："丘也闻有国有家者，不患寡而患不均，不患贫而患不安。盖均无贫，和无寡，安无倾。"党的十八届三中全会也曾提出"必须以促进社会公平正义、增进人民福祉为出发点和落脚点"。实现公平正义，满足人民群众的平等需求，着力解决人民群众难境，做到真正尊重人民群众，才能增强人民群众对党和国家的认同。弘扬"耻""义"文化，实现公平正义，能有效激发人们应有的耻感和道义，激发人民群众个体的义务自觉性，有利于社会主义核心价值观在社会层面的价值目标的实现。

（三）国家层面

在国家层面，耻文化与义文化有利于国与国邦交之间的和谐。先哲视"耻""义"为治国宝典，皆崇尚以"耻""义"治国。对内，君主修身知耻，以义正我，使民知耻趋义；对外，讲求道义，与道义之国相交，合作才能长远。《论语·颜渊》记载着这样一个故事："子贡问政。子曰：'足食，足兵，民信之矣。'子贡曰：'必不得已而去，于斯三者何先？'曰：'去兵。'子贡曰：'必不得已而去，于期二者何先？'曰：'去食。自古皆有死，民无信不立。'"孔子在子贡的提问中，明确回答了诚信对国家的重要性。国与国之间要有信义，信义是国家之间交往的基础。"凡交，近则必相靡以信，远则必忠之以言。"① 凡是与他国相交，邻近的国家必须相互信任，关系远的国家必须对其信守承诺，这是两国相交的基本原则。对外与他国以信义相交，才能立足于国际。

国与国之间交往不仅需要信义，还需要义利相兼。先义后利，友谊才能长存，这是国际外交的和谐之保证。在中华传统文化中，坚持从辩证的角度看待义和利的关系，比如，《易传·乾文言》曰："利者，义之和也。"利是道德的核心内容，义和利总是紧密相连的。"利者，生物之遂。物各得宜，不相妨害，故于时为秋，于人则为义，而得其分之和。"② 要想获得长远利益，不可抛弃道义，必须讲求利与义相统一。

---

① 《庄子·人间世》。
② 《周易·本义》。

隋代思想家王通曾说："以势交者，势倾则绝；以利交者，利穷则散。"① 权势和利益并不是结交朋友的标准，一旦丧失权力和利益，交情不复存在。在国与国的外交层面上，以势利相交为标准的友谊也并不能长远。"怀利以相接，然而不亡者，未之有也。"② 怀着利益的目的交往，只会导致失败。国与国之间要想维持长久的友谊，应当"国不以利为利，以义为利也。"③ 当今中国作为世界第一发展中国家，国际地位日益重要。在国际合作时，想要实现"双赢"，必须坚持以义为先，先义后利，坚持正确的义利观。

总之，传承、借鉴和运用中华传统伦理中的优秀耻义观，有助于在当今社会形成仁爱友善、持正重义、遵纪守法、诚实守信的社会风气。同时，又可以成为构建和谐世界以及"人类命运共同体"的价值基础和践行依据。对增强中国人的文化自觉与自信，加快社会主义核心价值观培育和践行，都具有重要的理论价值和现实意义。

---

① 《中说·礼乐》。
② 《孟子·告子下》。
③ 《论语·大学》。

第五章　耻与礼

　　"耻"与"礼"文化，是中华民族几千年文化瑰宝中重要的精神财富。在中华传统文化中，"耻"被视为人之为人的根本，而"礼"则被视为保证社会和谐的重要规范，二者具有内在和外在的紧密关联。耻德的重要性，在前面章节已经有所论述，对于礼的重要性，古人也从不同的角度进行探讨，并已有众多著述。从清代学者凌廷堪言论中也可见一斑，他说："上古圣王所以治民者，后世圣贤之所以教民者，一'礼'字而已。"意思是说，古代圣王治理民众的方针，以及后世的圣贤教育民众的方法，都可以最终归纳为"礼"这一个字。圣王治世的目标，是建立大同世界，这是见诸《礼记》的。圣贤教民，是要让百姓懂得礼、遵守礼。凌氏的见解，很精到形象。太古时代，人与禽兽为伍，《礼记·曲礼》称，礼的出现就是为了让人们懂得"自别于禽兽""为礼以教人，使人以有礼"，制定礼来教导人，使礼发挥其独特功能，使人自觉地区别于禽兽、走向文明。

　　今天，"耻"与"礼"依然在现代社会中发挥重要的作用。就二者的关系而言，耻是礼的内在动力，"耻"的观念，是人们对合乎道德标准或不合社会规范之行为做出的善或恶的判断，是实现"礼"的重要推动力；礼是耻的外在表现形式。耻德的生成内化，通过遵礼循礼呈现出来。因此，探讨耻、礼间的相互联系，促进二者之间的现代融合，对于今天我们更好地继承、弘扬中国传统文化，更好地推进社会主义精神文明建设，都有重要的历史借鉴与现实意义。

第一节　礼的伦理内涵与历史演进

中国素来具有"礼仪之邦"的美称，中华民族的发展史，也可以说是一部伴随着"礼"的发展、进步的历史。从远古至今，在中国人的生活中，礼早已成为一种约束人们行为举止的无形的道德力量。"礼"文化以其特有的功效和品质，锻造了中华民族勤劳质朴、有序坚毅的民族性格和民族品质。

一　礼的范畴辨析

在《现代汉语词典》中，对"礼"有六种基本释义：①社会生活中由于风俗习惯而形成的为大家共同遵守的仪式，比如，婚礼。②符合社会整体利益的行为准则，比如，礼教、克己复礼。③表示尊敬的态度和动作，比如，礼让。④表示庆贺、友好或敬意的所赠之物：礼物。⑤古书名，《礼记》的简称。⑥姓。由上可见，对礼的解释主要集中于礼仪、礼节、礼让等行为道德规范方面。

礼是中国古代最重要的社会准则和道德规范之一。春秋时期的政治家子产最先把"礼"当作人们行为的规范。"礼"是人的合群性、社会性甚至体现了政治取向性，成为个体和社会的一种伦理要求和伦理实践。在春秋时期，由于统治阶级的倡导与维护，人们普遍接受了以亲亲、尊尊伦理规范为核心内容的礼，孔子也要求人的言行符合礼，这时的"礼"既指周礼的礼节、仪式，也指人们的日常道德规范，孔子对"礼"进行了全面的论述，提出了"克己复礼"的观点，把"礼"当作调整统治集团内部关系的手段以及治理国家管理人民的根本，这时的礼明显的是以国家治理手段的形式出现的。《论语》中记载："齐景公曾问政于孔子。孔子对曰：'君君、臣臣、父父、子子。'公曰：'善哉，信如君不君、臣不臣、父不父、子不子，虽有粟，吾得而食诸？'"[①] 认为如若君卿大臣，黎民百姓不安其位，不守其分，诸侯、大夫、陪臣僭越、擅权，氏族家庭内部成员争权夺利、弑父杀母，这不仅

①　《论语·颜渊》。

体现了谋逆者缺乏个人的伦理修养，与自己的社会本质背道而驰，甚者还会导致"君不君、臣不臣、父不父、子不子"的局面，如此，"经国家、定社稷、序人民"又何以可能？要恢复社会的秩序、国家的稳定，就必须使君臣父子各安其位，恪守其分，不越位、不僭礼，正其名、顺其言，做到"非礼勿视，非礼勿听，非礼勿言，非礼勿动"①。荀子则把"礼"视作是节制人欲的最好方法。而后，战国末期和汉初的儒家对"礼"作了系统的论述，提出用礼在于调节人的情欲，使之合乎儒家的道德规范："民之所由生，礼为大，非礼无以节事天地之神也，非礼无以辨君臣上下长幼之位也，非礼无以别男女父子兄弟之亲、婚姻疏数之交也。"②

中国古代"礼"的实质，其实就是依据嫡庶、长幼、亲疏等项关系，确定贵贱、从属、上下各种等级区别，形成各种名分。在日常的行为举止中，按照已确定名分，明确处于不同社会关系中的个人伦理规范和行为准则，并将这些规范与准则上升到国家治理层面，形成礼制。社会所有成员都按照已颁布的或不成文的"礼"进行活动，恪守自己所扮演的社会角色、家庭角色、政治角色，各处其位、各谋其政，做到"亲亲也、尊尊也、长长也、男女有别"。③ 言行得以规范、义务得以履行，这便是传统社会中礼的具体要求。

在封建时代，礼是维持社会、政治秩序，巩固等级制度，调整人与人之间的各种社会关系和权利义务的规范和准则。礼既是中国古代法律的渊源之一，也是其重要组成部分。同时，"法"是与"礼"并存，且主要是在"礼乐崩坏"之后建立的另一种行为规范体系。其核心内容是"刑"与"政"，即"刑律"与"政令"。中国古代的"礼""法"合流，其中一个重要目的是为"法"提供一个"仁爱"的"善、良"标准，以"礼"之"德"为"法"的基础，为"法"的合理性提供"礼"的依据。

另外，传统的礼，内容繁多、范围涉及广泛，涵括了人类各种行为

---

① 《论语·颜渊》。
② 《礼记·哀公问》。
③ 《礼记·大传》。

和国家各种活动。《礼记》中就有记载："以之居处有礼故长幼辨也，以之闺门之内有礼故三族和也，以之朝廷有礼故官爵序也，以之田猎有礼故戎事闲也，以之军旅有礼故武功成也。是故宫室得其度……鬼神得其飨，丧纪得其哀，辨说得其党，官得其体，政事得其施""君子无物而不在礼矣"。[①] 都体现了礼涵盖层面的广泛性。

　　对"礼"的伦理内涵的范畴理解，还需要结合诚信、敬重、秩序、践履四个方面，因为"礼"的运行与发展，都与此四个德目紧密相连。首先，"礼"涵盖"诚信"，"诚信"是"礼"的基石，是"礼"的本质层面的重要内涵。人有了诚信的境界，行为就会有正确的准则，自然就合于道。从这个意义上讲，"诚"是"礼"的精神动力。其次，"礼"蕴含"敬重"。"敬重"，有敬爱畏惧之心，不仅是"礼"的伦理内在要求，更是"礼"的根本精神。《礼记》开篇即曰"毋不敬"，"敬"的态度须借助"礼"来体现和推行，即有礼必敬，不敬无礼。"礼"不仅强调敬天、敬神、敬祖先，更强调敬人。再次，"礼"包括"履行""践履"，"礼"强调个体的道德实践。许慎《说文解字》云："礼，履也。"《周易·序卦》亦云："履者，礼也。""礼"之用是个体对作为道德规范和道德理念的"礼"的实际践行、躬行实践。最后，"礼"内含"秩序"。作为中国古代社会的"人之规范""法制之名"，"礼"的目的就在于维护等级秩序，即等级关系有序化，"礼"即条理、秩序。从客观方面而言，"礼"规定着人伦关系，维护着社会的等级秩序。

二　礼的伦理溯源

　　中国文化漫长历史演进中，礼以及人们对礼的研究是随着人类社会的发展而推进的。从夏、商、周三代至春秋、战国时期，再到秦朝以来的两千多年封建社会，礼，原初是指祭神的仪式，后来随着社会的不断发展，不同文化形态之间的碰撞、解构、重组，礼便逐渐引申为社会生活的行为规范，成为社会全体成员都必须遵守的社会准则和道德规范。礼的表现形式也从最初以敬天祭神为主要内容的祭祀活动，发展为详细

---

① 《礼记·仲尼燕居》。

地规范人们政治社会生活的礼节礼仪制度。作为一种伦理精神，迄今为止，"礼"对现代社会的政治、文化、伦理道德等仍然发挥着重要作用和影响。

"礼"的历史发展最早可以追溯到原始时代，由于生产力低下局限了人们对自然的认知，他们赋予一切自然现象以神的灵魂，产生各种祭祀、巫术、占卜等宗教信仰活动。"礼"就萌芽于此，带有鲜明的原始宗教的特性。另外，人类原始氏族部落的社会化生活也是"礼"的本源之一，"礼"作为人们社会生活准则和内心自我约束力的反映，具有鲜明的道德属性。

许慎曾在《说文解字》中说："禮，履也，所以事神致福也。"① "示，天垂象，见吉凶，所以示人也。从二。三垂，日月星也。观乎天文，以察时变。示，神事也。凡示之属皆从示"②。在古代，世间万物都被人赋予了人格，天上的"日""月""星"包括"云""雷""闪电"等都具有灵魂，都是上天用以向人类显示相关信息的事物，人类可从中断定祸福吉凶，如《玉篇·示部》所云："示，示者，语也，以事告人曰示。""示"字是神明向人类传达信息的意思。神灵主宰世间一切并向人类警示吉凶的观念，促使古代的人们进行祭祀，礼事上天，以此来达到与神灵沟通对话以至预测吉凶和凸显人与社会的关系的目的。

儒家经典《礼记》中曾记载，最早的礼仪产生于人们从事祭祀活动的饮食活动中，《礼记·礼运》中有："夫礼之初，始诸饮食。其蟠黍捭豚，穿于尊而杯饮，蒉桴而土鼓，犹若可以致其敬于鬼神。"③ 那时的人们把谷物和分解开的猪肉放在石头上烧烤后献给鬼神，在地上挖个坑儿当杯子盛水，用双手捧起水来献给鬼神喝，用装土的草包当鼓槌，堆个土堆当鼓，在鬼神面前尽情敲打以此来表达对于鬼神的敬意。因此，最早的礼，应当是祭礼，是从向鬼神敬献饮食的形式开始的。

当原始氏族社会向奴隶制国家迈进，原始的氏族部落宗教也开始向

---

① 《说文解字》。
② 同上。
③ 《礼记·礼运》。

奴隶制的国家王权宗教演变，原始社会的传位于贤能之人的禅让制结束，取而代之的是传位于血亲后代的世袭制。奴隶主统治阶级为维护其统治地位、镇压奴隶反抗、抵御外敌入侵，除了依靠强有力的军事战争，还要依靠"天命""鬼神"等宗教迷信学说麻痹和控制奴隶和百姓的思想和精神。

在夏朝，自然万物不再是其现象的直接反映，而是被奴隶主阶级赋予鬼神的旨意，通过"巫"或者"祝"此类专门祀神的人宣扬奴隶主贵族的命令，举行隆重的自然万物祭拜活动。因此人们通常认为夏礼起源于祭祀活动，由于年代久远，记载具体礼法的文献不足。历时四百余年的夏朝礼法把"天命"抽象至神秘的天神地位，用于规范人们的日常生活和道德评判标准，不得反抗和违背。奴隶主用"天命"肆意压迫和剥削奴隶阶级，使广大奴隶苦不堪言。

到了商朝，奴隶主贵族继承了夏代以对上天和祖先崇拜为核心的天命神权论，对鬼神迷信更为尊崇，对商汤的统治赋予天命的神意，从王的决策至百姓事务，均通过占卜的方式向鬼神请示而行事。从夏朝至商朝，礼从最初用于祭祀等宗教活动规定的行为规范，演变为奴隶主阶级用于维护其统治地位的政治制度，祭神祀天逐渐变成了一种"少数人"可以享有的特权。可以说，在周朝以前，礼作为社会规范体系已经以一定的形式存在。

周灭商后，为维护周天子的统治，周人实行土地分封制度，天命神说继续被借用于巩固统治阶级地位。制定的祭祀之礼更加完备，被赋予了道德的内容。按照周人的传统，神是至高无上的，而王是秉承天命的天子，周朝制定完备了礼乐的制度，依靠各种礼的举行来维护世袭制和等级制。在西周，礼的影响逐渐深入，礼成为社会生活各个方面规范的总和，具体内容无所不包。

周朝时期，人们开始认为，礼是人与禽兽的区别之所在，为人类社会制定了基本的生活秩序，规定了政治生活和社会交往的规则秩序。此时礼的内涵应该从两个层面理解，首先是精神层面，作为抽象的精神原则，比如"亲亲、尊尊"，在"亲亲、尊尊"原则下，又形成忠孝节义等具体的精神规范；再就是具体的礼仪，比如五礼：吉礼、凶礼、军礼、宾礼、嘉礼。"礼"是适用于有身份的人们的行为规范，"礼不下庶人"体现周礼的一个根本原则，即"尊尊，贵贵"原则。这也说明在周朝，"礼"是为"士"以上的高阶层人士制定的，主要用以约束"贵者"，并不强求庶人遵守。同时，周礼还被赋予神学性和政治性，使之成为维护周朝宗法制度、维护天子权威的意识形态工具。对此，孔子在比较夏、商、周三代对鬼神的敬奉程度中曾提到："夏道尊命，事鬼敬神而远之，近人而忠焉……至殷人尊神，率民以事神，先鬼而后礼，先罚而后赏，尊而不亲……周人尊礼尚施，事鬼敬神而远之，近人而忠焉，其赏罚用爵列，亲而不尊……"① 突出了周礼的特点。

后来，礼的发展逐渐从人与鬼神、自然之间的沟通、崇拜方式发展到对人、社会该持有的行为态度。追根溯源，在中国古籍中，我们不难找到相关资料来证明。比如，古人常用"履"来对"礼"进行阐释。《易传·象传》曰："上天下泽，'履'。君子以辨上下，定民志。"② 即是指君子要明大义，严守上下尊卑秩序，安定民心，遵礼而行，社会就必然秩序井然。又说："君子以非礼弗履。"即君子应该严格要求自己，不要越出准则和规律去做非分之事。此外，《荀子·大略》中说："礼者，人之所履也。"③ 荀子认为，"礼"就是要实际去践行的，"夫行也者，行礼之谓也。礼也者，贵者敬焉，老者孝焉，长者弟焉，幼者慈焉，贱者惠焉④"。意思是说，所谓德行，就是指奉行礼义。所谓礼义，就是对地位高贵的人要尊敬，对年老的人要孝顺，对长辈要敬从，对年幼的人要慈爱，对卑贱的人要给予恩惠。何以要遵循"礼"？荀子给出答案："（人）失所履，必颠蹶陷溺。所失微而其为乱大者，礼也。"⑤人这种只要稍微失去便会造成很大祸乱的东西，就是礼，一旦失去了"礼"这一立身之本，就一定会跌倒沉沦。且"礼之于正国家也，如权衡之于轻重也，如绳墨之于曲直也。故人无礼不生，事无礼不成，国家无礼不宁。"⑥ 礼对于整饬国家，就如同秤对于轻重一样、就如同墨线

---

① 《礼记·表记》。
② 《易传·象传》。
③ 《荀子·大略》。
④ 同上。
⑤ 同上。
⑥ 同上。

对于曲直一样重要。所以人没有礼就不能生活，事情没有礼就不能办成，国家没有礼就不得安宁。可见，无论是在人们在日常生活中还是在国家治理层面上，古人所依据的都是"礼"。离开了"礼"这一根本的社会规范，人们就有可能会对社会生活中发生的各类事情手足无措，国家也会因此陷入混乱的局面。

尧舜时期的"礼"经过夏、商、周三个奴隶制社会国家一千多年的总结、推广，日趋完善。周朝前期历经文王、武王、成王三个君主，达到"兴正礼乐，度制于是政，而民和睦，颂声兴"。周公还在朝廷设置礼官，专门掌管天下礼仪，把古代礼仪制度推向了较为完备的阶段。

但在东周末年至春秋之初，随着周代的宗法等级社会秩序分崩瓦解，旧有的皇权礼制已不适应当时社会生产力的发展。传统的天命神权说屡屡受到人们的怀疑和挑战。当时社会正处于奴隶制瓦解、封建制逐步建立的大变革时期，由于朝政腐败、连年战乱、戎狄入侵等内外原因，周王室实力大降，诸侯势力兴起。春秋时期诸侯争霸，天子之礼不断被卿大夫、诸侯所僭越使用。春秋后期三代之礼被逐渐废弃，势力强大的诸侯、卿大夫开始直接建立直属于君王的郡县制，周朝的奴隶制社会逐渐解体。在历史大动荡大变革的春秋战国时期，代表着各个新兴地主阶层利益的思想家和政治家们围绕礼的存废、优劣而展开讨论，陈述自己关于礼的理解，出现"诸子百家争鸣"的学术繁荣景象，礼作为一种"学"随之诞生，称为"礼学"。

春秋时期的儒学，把"礼学"推向了一个至高无上的地位。孔子甚至崇尚为了"礼"的需要，可以舍弃一切，他希望恢复周礼，主张"克己复礼"，"德治"和"仁政"并举。但随着各封建诸侯国势力的扩大，儒家学派认识到不能完全照搬旧有礼制来恢复社会秩序，因而儒家对周礼又进行深入挖掘，通过提倡礼仪中的道德内涵，要求人们在日常运用"礼"的过程中养成个人的良好道德品行，形成人人修身自律的良好社会风气，推崇"亲亲、尊尊、长长、男女有别"的社会道德准则。孔子以后的儒家代表人物是孟子和荀子，他们对孔子的礼学思想加以总结和改造，对礼学均有不同角度的研究，礼学成为儒家思想的重要组成部分。从以"礼治"为目的、探究外在礼仪与内在礼义的礼学诞生，再到以儒家礼学为主流的治国思想方略，儒家礼学思想集合了以孔子、孟子、荀子等儒家思想家为代表的学术思想，可谓博大精深。儒家礼学方面的代表性典籍《周礼》《礼记》《论语》《孟子》《春秋》等，都是我国传统文化的经典之作。

秦统一六国，建立封建制王朝后，儒家礼学经历了"焚书坑儒"的危难，到了汉武帝时期，"废黜百家，独尊儒术"的治国方略确立，礼作为社会道德、行为标准，其重要性提高到了前所未有的高度。思想家们以前所未有的热情关注儒家礼学思想，经学家们开始以注经的方式融通《诗经》《尚书》《礼记》《易经》《春秋繁露》等经典中的礼学内容。同时，礼学经典《三礼》最终形成，代表着儒家礼学思想体系得以确立，为后世礼学思想的发展演进提供了经久不衰的思想源泉。而后，礼作为伦理思想核心内容，在全社会普及盛行，甚至在朝廷还设置掌管天下礼仪的官僚机构，如汉代的大鸿胪、尚书礼曹，魏晋时的祠部（北魏时期又称仪曹）、隋唐以后的礼部尚书（清末改为典礼院）等。

综上可知，"礼"起源于对神灵的崇拜，萌发于原始的神鬼崇拜，于人们的日常生活习惯中形成，而后上升到国家治理层面并得到不断丰富和完善，最终发展成为一种人际交往实践中的基本准则。

礼所蕴含的精神与外在礼仪，不仅是道德教育的载体，更是维护社会秩序、实现社会安定和谐的重要准则与规范。因此，礼一度成为封建社会治理国家、管理社会、教化民众的重要手段，形成了中华民族特色的"礼"文化。中国传统社会对礼的重视，体现了重秩序、求稳定的民族精神与追求，同时也塑造了一个彬彬有礼、谦谦君子的"文明古国"和"礼仪之邦"的民族形象。然而，礼也有其糟粕性和落后性，礼的主旨与核心是"分"，重在强调和维护宗法等级秩序，讲究"贵贱有等""长幼有序""男女有别"，发展到封建社会后期更是演变为在下者对在上者的绝对服从。而"礼仪三百，威仪三千"的繁文缛节之礼，成为封建统治者奴役民众的武器，使人民受到很大的束缚与压制。

礼的教育在当今时代依然是一个人在社会化过程中必不可少的行为培养，它在调整人际关系和维护社会秩序中发挥着重要作用。传统礼文化中有益的成分，如果我们能加以科学甄别、筛选和运用，也将会对推进社会文明的发展和进步发挥良好的作用。

今天我们讲"礼"，应以建立现代法治、安定有序、高度文明的社会为目标，大力提倡基本的人伦规范，大力提倡文明礼仪，大力提倡法治精神。核心思想是"尚礼守法"，主要内涵包括孝敬谦恭、文明礼貌、遵纪守法。一是孝敬谦恭。礼作为一种传统道德规范，要求人们在基本的社会关系中，具有孝敬谦恭的精神和行为。孝敬谦恭是指在人格平等的基础上，孝敬父母，尊师敬长，自尊尊人等。礼的精神具体表现在礼节、礼仪中，它要求恰如其分地处理各种关系，恪守社会交往的文明秩序。二是文明礼貌。文明礼貌是指增强人伦意识，通晓为人处世的礼仪，接受社会道德要求，言行举止合乎社会规范，不断提高自己的文明程度。三是遵纪守法。遵守社会公共规范、遵守社会公序良俗，依法办事，维护国家法治。

总之，礼作为中华民族传统美德的核心内容，源远流长，影响深远，在历史上对塑造国民性格、培育中华文化、促进社会发展发挥了十分重要的作用。我们应科学审视以礼和耻为主要内容的中华民族传统美德，深入探索提炼它们之间的联系，赋予其新的时代内涵，并加以大力弘扬，挖掘其精华思想来促进我国社会的文明与发展。

第二节　耻与礼的内在关联

"耻"与"礼"同是中国传统主要道德条目，在中华传统思想中占据重要的地位。它们与"义""廉"一起被法家称为治理国家的"四维"。如前文所述，礼主要是人们在社会交往中的行为规范；耻主要是一种自我否定的情绪体验，它对人的思想和行为起约束作用。中国传统文化中的"耻"与"礼"在内涵和本质上虽有区别，但二者不是互相孤立的。恰恰相反，耻和礼是内在统一、相互渗透、相互包含，是外在规范之"表"与内在推动之"里"的辩证关系。

一　耻是礼的内在动力

"耻"的观念，是人们对合乎道德标准或不合社会规范之行为的善或丑的判断，是实现"礼"的重要推动力。"耻"观念的形成可以激发人们遵循礼的规范，进而达到修身至德的目的。在先秦时期，孔子就说过："古者言之不出，耻躬之不逮也。"① 意思是说，古人不轻易把话说出口，是因为他们以说出来做不到为可耻。在言和行的关系上，孔子一贯主张谨言慎行，不向他人轻许诺言，答应了别人的事就要努力做到，如果做不到就是失信于人，这不仅会使个人在品格上失去光芒，甚者会耽误了别人的事。所以孔子认为在与他人的交往中要以信取人，遵循基本的交往原则，言行一致，言而有信，言而无信为耻。

孟子称："人能耻己之无所耻，是为改行从善之人，终身无复有耻辱之累也。"② 因而只有产生"耻"的意识并形成向内的自我省思才有可能改行从善。同时孟子还说："不仁、不智、无礼、无义，人役也。人役而耻为役，由弓人而耻为弓，矢人而耻为矢也。如耻之，莫如为仁。仁者如射：射者正己而后发；发而不中，不怨胜己者，反求诸己而已矣。"③ 对他人没有仁爱之意而自己又不是明智的人，既没有遵守社会的交往准则对事情又没有采取最佳的行为方式，这样的人只能是被人驱使的。被他人驱使而又以此为耻，就像制造弓弩的人以制造弓弩为耻一样。如果感觉到了羞耻，那就表现出仁义。实行仁爱的人就好比射箭一样，射箭者先端正姿势而后才将箭射出，放射出去的箭没有射中，并不去埋怨胜过自己的人，而是反过来进行自我反省。这就好比"耻"与"礼"的关系，知耻而善于自我反省才能实现礼，对善和恶的判断要以具体的社会道德规范为标准，行"礼"以致其道，知耻而守礼。"礼"不仅是外在的看得见的礼仪。在这些礼仪行为中，它还贯彻了"耻"的精神，"耻"对"礼"又有积极地调整、引导作用。"耻"对人的行为的规范作用，不仅体现在能够使人在内在精神上对自己产生严格的要求，还体现在对他人的行为，对"礼"的改造上。"礼"依"耻"而形成，通过"耻"的基础培养，"礼"的作用更为巩固，"礼"可成为上贯于国家治理，下可贯于日常人际交往的稳定的道德秩序保证。

《论语·为政》称："道之以德，齐之以礼，有耻且格"，在这里

---

① 《论语·里仁》。
② 《孟子·尽心下》。
③ 《孟子·公孙丑》。

"道"通"导","齐"即治理规范,"格"是推究的意思。通句精彩地反映了孔子培养民众耻德精神,以德以礼教化百姓的施政思想。若将"道之以德,齐之以礼,有耻且格"运用在社会建设上,则可以做这样的表述:用道德去引导优良社会建设,用文明教化人民的行为,那些还没有养成优良学习品质的人就会因不合乎礼、无视道德需要而感受羞耻,就会因"耻"而产生内在驱动力,主动反省并改正有悖于社会的言行举止,自觉按"礼"行事。

知耻方能有所不为,这里的"不为"就是知礼遵礼的。以下两个知耻典故就能很好地说明"耻"为"礼"的内在动力——

第一则:开元中,夷州刺史杨濬坐赃当死,唐玄宗命杖六十,流放古州。宰相裴耀卿劝道:"解体受笞,事颇受辱,止可施之徒隶,不当及于士人。"明代李贽评点:无羞恶本心,"虽曰士人,实同徒隶"。(注:这里的徒隶,指的是服劳役的犯人。)

第二则:雍正时,一个身陷牢狱的墨吏上了份奏折,称自己"辜负天恩,羞惧交并"。雍正批语:知汝惧死实甚,然羞则未也。"怕死是真,羞耻却未必",此言一针见血。知耻是人之本大德,"廉尚可矫,而耻不容伪"。①

第一则故事讲的是,开元中,夷州刺史杨濬犯贪污罪应该处死,唐玄宗命人杖打六十,流放古州。宰相裴耀卿劝唐玄宗,杖打官员是受辱行为,只能适用于奴隶。对此,明代李贽评点说:无羞恶之心的人的本心,虽说身为士人,但是和徒隶毫无差别(这里的徒隶,指的是服劳役的犯人),意思是贪污不知羞耻,虽身居高位也如同奴隶。第二则故事讲的是,雍正期间,一个身陷牢狱的墨吏上了份奏折,称自己"辜负天恩,羞惧交并"。雍正批语说:"知汝惧死实甚,然羞则未也。"即是说此人怕死是真,羞耻却未必,真正知耻是不能伪诈的。

这些典故是对耻的本质的很好诠释。耻感源于对过错的痛苦体验。每每遇到事情,知耻者会在这种痛苦的刺激下,根据社会主流的价值观

---

① http://xuewen.cnki.net/CCND–JFJB201611300063.html.

念、纪律和规矩作出正确选择。"人之有所不为，皆赖有耻心。"以上两则典故中，李贽认为杨潭"实同徒隶"，雍正认定墨吏"羞则未也"，原因就在于此。不知耻则行不端、举不正，同时也就无法做到"礼"。

二　礼是耻的外在表现形式

（一）守礼是知耻的外在体现

"耻"是个人的一种情感体验，而这种情感体验却又需要他人的存在为前提才得以产生，如若并不在乎他人的看法，个人将不会注重自身的行为是否合乎规范。"耻"不但是个人的情感体验，将其放大了说，其亦是整个社会之"礼"的外在原则。

当前我国社会正处于转型时期，来自各种文化思潮的影响，使每个人的生活方式，思想观念和价值取向都受到一定的冲击和挑战。我国社会出现了一些令人痛心的失德现象：部分商家见利忘义，制假贩假，一些学校乱收费、医生收受"红包"、党员干部忘记自己的宗旨，急功近利、欺上瞒下、贪图安逸、追求享乐，甚至有部分人大搞权钱交易，违反党纪国法。长此以往，必将影响到经济和社会的健康发展。

社会主义核心价值观的提出，为我们树立了道德标杆，为我们建立了统领社会意识形态的标准和尺度。在树立人们世界观、人生观、价值观等方面都做了明确的要求，体现了社会主义基本道德规范的本质要求，对于全社会各行各业都有指导意义，体现了社会主义价值观的鲜明导向，从某种程度上说，社会主义核心价值观为我们指明了新时代知耻守礼的要求。同时，能达到社会主义核心价值观的明礼守纪的要求，也是耻德培养形成在人们生活、国家发展中的具体展现。

（二）耻是个体"礼"的重要规范

在中国传统观念与日常生活中，"面子"问题十分重要，金耀基先生曾说："'面子'的观念是支配人们社会生活的一个十分核心的原则。"一般的观点认为，当一个人脸上挂不住时，也就是说，这个人的"面子"受损了，这时，这个人会产生一种"耻感"。一个人在某种特定的社会环境中的伦理人格便是"面子"，它代表的是一种社会认同，更甚者是社会群体对某个人的敬仰。当此之时，有"面子"的这个人的个人行为即被要求与"面子"相符，即符合这人所处社会地位，才能得到社会的认同。由此观之，现实生活中的"面子"与意义上的"礼"相互联系，自己丢了"面子"就是"耻"，使别人丢了面子就是"无礼"。

礼是人们日常交往和沟通的不成文的规则，礼容是日常交往中不可忽视的重要内容。所谓礼容，即与人交往时的体态和容貌。在不同的时间、地点以及在与不同的对象交往时，对我们的行为都有不同程度的约束或规范。我们采取的辞令、态度必因此而有所不同，比如如何站立，如何迎送，如何宴饮，对尊长如何称呼等，必须按照严格的操作程序进行活动，使之符合"礼"。依"礼"行事才能免予遭他人耻笑，因此，守"礼"是知耻的外在表现。"耻"将人的行为囿于一定框架内。从整体上看，礼是耻的外在形态，其特点在于具有非强制的规定性，人们的有礼而规范的行为，便是知"耻"的表现。

再者，孔子说"克己复礼"。此"礼"原指周礼，然而当时社会格局的不断变化以及诸子百家之说之间的不断碰撞与相互吸纳其他学说的思想，到后来，"礼"便逐渐与道德或者说与"耻"等同，代表的是秩序与和谐。可以看出，孔子对于"礼"的坚持与维护，是出于对道德底线的坚守，而并非是食古不化、锱铢必较。"麻冕，礼也；今也纯，俭，吾从众。拜下，礼也；今拜乎上，泰也。虽违众，吾从下。"① "礼，与其奢也，宁俭。丧，与其易也，宁戚。"② 在孔子看来，礼与耻不可分割，离开了礼，耻便失去了表现的形式，就失去了本来的意蕴。从孔子的"礼"的思想开始，到后来儒家发展的各个阶段，礼都成为维持正常的社会秩序所必须遵守的原则规范，在任何时期、任何情况下、任何人都不能将其丢弃。将"礼"与"耻"相结合起来，把耻融入礼的内容，把礼看作耻的表现形式，有利于人际关系融洽和社会秩序的稳定。

三　耻与礼相互促进

耻为礼的内在规定性，耻的指向，无时无刻不体现在礼之中，人所

---

① 《论语·子罕》。
② 《论语·八伦》。

耻之行为必为礼所不容也。《论语》曾对"耻"与"礼"的关系进行过相关的论述，认为远耻一定要守礼。人只要做了不符合礼的事，就会遭到耻辱。《淮南子·泰族训》曰："民无廉耻，不可治也；非修礼义，廉耻不立。民不知礼义，法弗能正也；非崇善废丑，不向礼义。"百姓没有廉耻之心，就不可以管理；如果不讲求礼义，百姓的廉耻之心也就不能确立。百姓不懂礼义，就不可以矫正他们的行为；（执政者）如果不推举善行废除恶习，百姓就不会归向礼义。"礼"与"耻"在伦理道德体系中，其关系就如树木的枝条一样，两者自然、茁壮地生长，而相互之间又能保持和谐生长、共同发展。所谓"耻"，其实质就是一种辨识能力，即主体自己清楚地知道什么是好、什么是坏，什么是当为、什么是不当为。这样的"有耻且格"，就是成为"君子"的基础、"圣贤"的根本。"有耻且格"的社会，正是人人有可能都成为"君子"的理想社会！

"礼"亦能成为个人修养的一种途径，它激发人们的道德辨别力，并推进"耻"的观念形成和巩固。"耻"与"礼"不可分割、相互联系、相互促进。礼的产生和发展离不开耻，耻决定礼的发展方向，礼的内容随着耻的变化而变化，相对的，礼的发展亦对耻的养成和完善有一定的影响和帮助。凡是自己认为是可耻的事情就不应该去做，立身处世者应有自己的知耻的内在规定和底线设定。耻的情感是由于做了与社会、集体的价值取向不符即与礼不合的行为，而遭到他人的谴责与批评而产生的一种自我否定的情感体验，而"耻"形成后，又在人的日常行为中成为自身行动的约束力，使人们从"行己有耻"进而向"知礼""尊礼"迈进。

另外，"恭近于礼，远耻辱也"，恭敬要符合于礼，这样才能远离耻辱。通过向优秀的人学习，矫正自己不良言行，使自己的言行操守都符合礼的要求，在实践交往中逐步完善对"耻"的理解与体会，即"从心所欲，不逾矩"，"不逾矩"是"从心所欲"的前提和道德界限，而"从心所欲"是"不逾矩"的结果和体现，"矩"是一种高度内化的道德规范，即是"耻"的内在规定，只有在"行己有耻"的情况下，"从心所欲"的行为在长期渐行中会不自觉地强化规矩对人们的道德约束和限制，而"行己有耻"的人一旦觉得自己的行为出现了某些偏差，在意识到自己所犯错误的同时会产生相应的羞耻感，由此又会对自己的行为进行反思，从而，"矩"即"礼"在此时又对人们的"随心所欲"的耻之言行起到制约作用。

第三节 耻与礼的现代融合

在中国社会由传统社会向现代社会彻底转换的过程中，经济、文化、政治、社会等各方面也发生了重大变化和发展。交往，这个作为人类关系的开端以及人与人之间关系的维系的手段，也在形式或内容上有了许多的改变，"礼"作为人们交往中必须遵守的规范、原则，随着历史的发展，其内容诠释、规范角度也在不断丰富。

"耻"在中国人的精神世界和现实世界中都占有一个特殊的位置。人类的"耻"是一种重要的情感体验，这种体验会随着社会环境的变化而呈现出不一样的意蕴，在不同时代、不同的民族之间甚至是在同一社会中的不同阶层，人们的羞耻感都会表现出不同的模式、取向，而"礼"的变化就是"耻"的一个重要参考标准。在新时期，如何做到"耻"与"礼"的相互结合，这对于人们耻德的培养，对礼的严格遵从具有重要意义。

一 耻与礼现代融合面临的挑战

马克思主义认为，一切事物都处于永恒的变化发展之中，没有一成不变的事物，旧的事物终归要被新的事物所取代。新事物脱胎于旧事物，在早已变化了的环境中，新事物带有能够适应新环境的因素，但终究是从旧事物中发展而来，其中必定还包含着一些与时代不符的，在顽固抵抗但还未与目前的新环境造成尖锐对抗的落后因素。此外，随着经济全球化的不断深化，各种思想潮流汹涌而至，给我国政治、经济、文化和思想等各个方面都带来了一些挑战和影响，面对新形势新变化，为使传统的耻文化与礼文化及其思想能够更好地运用于新时代，我们必须坚持以一定的理论原则为指导，坚持正确的方向，做出对"耻""礼"内容和规定性的适当改变。

当前，耻与礼的现代融合所面临的挑战主要体现在以下三个方面。

（一）社会发展亟待"耻""礼"的改进创新

现代社会中的"耻"与"礼"文化，传承于中国古代传统文化中的"耻"与"礼"文化，新时代赋予了"耻"与"礼"许多新的内涵，摒弃了其中落后因素，但是，"耻"与"礼"文化都在不断地向前发展，其中某些隐藏较深的落后因素也只会在社会生产力水平不断提高的基础上，在人民物质文化生活都有了较大改善的前提下暴露出来，新时代的"耻"与"礼"文化会与落后的因素相互冲突，表现出自身内生矛盾，需要我们加以客观分析、理性筛择、科学传承。

儒家耻德思想在中国传统耻文化中占主导地位，然而，这个"耻"是在周室王朝礼崩乐坏的社会背景下提出来的，当中的许多内容已与当下的社会不相符。如传统的"耻""礼"文化中存在一些限制个人发展的、非人性的规范条例。例如儒家的三纲五常、等级差序的礼学思想，就是我们今天所应摒弃的。

改革开放以来，人们的思想得到前所未有的解放，长期以来被压抑的欲望在开放的社会环境中得以释放，在一定程度上冲击着传统文化。同时，随着西方自由主义思潮的涌入，有些人盲目地崇洋媚外，盲目地追求个性解放，价值多元化存在等种种因素，使转型期出现道德迷茫危机。有些人根本就不清楚传统道德文化内容，不清楚哪些行为是符合、哪些是不符合中国社会的道德规范要求，对于传统"礼""耻"文化更是一无所知。因此，实现传统耻文化、礼文化在现代社会的创新和转化更为迫切。

但是，在调和传统文化与现代社会发展矛盾之时，却不免发生"将孩子同洗澡水一同倒掉"的情况出现，在个性发展呼声被过度被放大之后，随之而来的便是传统耻文化与礼文化中对人的行为其约束作用的部分、人们和谐交往关系的部分、稳定国家秩序的重要道德伦理成分出现日渐式微的现象。礼作为道德规范，产生于封建宗法等级制社会，虽然有其历史局限性，但在强调人自身的道德修养、协调人际关系、稳定社会等方面，都曾起过积极的作用，其中对新时期发展有益的成分，我们应加以传承和发扬。

《礼记·礼器》有云："礼，时为大。"即是说，礼不是一成不变的。"礼"的内涵和形式往往随着时代变化而不断变化，每个时期之

"礼"可能不合另一个阶段的社会实际需要。因此，在现时代，应对传统礼德进行扬弃，对其内容进行积极的更新与变革。

其一，中国现行道德规范均可称为"礼"的体系。当前，加强社会公德、职业道德、家庭美德、个人品德的修养与建设是思想道德建设的重要任务，而这四个不同领域的基本内容及导向性的规范就是当前中国公民应该遵守的基本道德规范，是广义而言的"礼"。其二，去掉传统"礼"德中的等级尊卑的"分"，改而为社会分工的"分"与分门别类的"分"。人生活于社会中，有不同的角色以及不同的角色要求，这些不同的角色要求的是不同的道德规范，便是今天"礼"德的"分"的依据。其三，礼的内在主要精神内核——恭敬与礼让，在今天仍然具有普遍适用的价值，是讲文明懂礼貌的外在表现、衡量社会文明程度的重要标志。恭敬是指不论对人或事都呈现出内心之敬与外貌之恭的状态，而礼让便是谦让。不论是在社会公共场合，还是在职业场所，甚至个人家庭生活中，言谈举止都应该恭敬礼让。其四，保留古代礼仪中的积极成分。古代礼仪虽烦琐众多，但其中一些基本的敬老、尊贤、谦让等礼貌用语以及重大活动的一些核心仪式应该加以保留和传承。比如，关于婚丧嫁娶、逢年过节等重大活动礼仪，以及人际交往、日常生活中的基本礼仪都需要继承和弘扬。

（二）"耻"与"礼"产生不同步的矛盾

当工业文明和商品经济取代了农业文明之时，人们的社会关系及其相处原则被要求重新界定。在新时代，人们被包围在民主、平等、独立的呼声和愿望中，"礼"被时代赋予了新的内涵，逐渐演变为现今我们所说的对他人的尊敬、尊重和爱戴。然而，受西方资本主义思潮的影响，当前部分人的信仰危机、道德滑坡、物欲膨胀等社会问题仍然存在，在这样的一个背景下，也带来一定程度的现代之"耻"与"礼"的脱节：一是少数人依然对传统礼文化中那些代表等级制度的礼仪制度盲目推崇；二是有些人认识错位、道德迷失，具有较强的功利心，不知耻因而无法做到知礼。

因此，发挥中国传统"耻""礼"文化在"修身、养性、齐家、治国、平天下"产生的独特功效并在社会发展中加以运用，是中国人形成文化自信的应有之义。

（三）当代"耻""礼"相结合的原则

"耻"与"礼"的结合是我们当今社会面临的一个课题，当代之"耻"与"礼"自传统之"耻"与"礼"发展而来，由时代赋予新的内涵而各成体系，二者的现代结合具有现实意义，使二者充分发挥作用、相得益彰，使二者的结合过程保持一个正确的方向不至于偏离了社会主义社会的本质，需要遵循一定的原则。

1. 古为今用，推陈出新

习近平在主持中共中央政治局第十八次集体学习时，指出实现"两个一百年"奋斗目标、实现中华民族伟大复兴的中国梦，需要充分运用中华民族数千年来积累下的伟大智慧。"中华优秀传统文化是我们最深厚的文化软实力，也是中国特色社会主义植根的文化沃土。"并指出："中华优秀传统文化中很多思想理念和道德规范，不论过去还是现在，都有其永不褪色的价值。"2014 年在北京主持召开的文艺工作座谈会上，习近平要求"以古人之规矩，开自己之生面"，在新的时代条件下传承和弘扬中华优秀传统文化，实现中华文化的创造性转化和创新性发展。"中国传统文化博大精深，学习和掌握其中的各种思想精华，对树立正确的世界观、人生观、价值观很有益处。"在中央党校建校 80 周年庆祝大会暨 2013 年春季学期开学典礼上，习近平指示和倡议要把优秀传统文化和民族精神继承和发扬下去。①

对传统文化重要内容之一的"耻""礼"相结合，实现"古为今用、推陈出新"，要做到以下三方面：

第一，对历史传承下来的"耻""礼"的道德规范，要有鉴别地加以对待。批判其存在的落后因素，辨析出其精华和对现代社会有益成分，加以弘扬光大。

经济基础决定上层建筑，在新的生产方式取代了旧的生产方式并且新的经济基础已经建立的背景下，作为上层建筑重要组成部分的"耻"与"礼"之德目必定也要做出相应的改变以求与现行的经济基础和社会背景相适应。如前所述，现代之"耻"与"礼"各自的体系中仍包含着一定的落后成分，对于与现代社会背景不相融合的部分，我们必须

---

① 参见 http://zgsc.china.com.cn/2018-03/01/content_ 40237904.html。

给予批判，例如，在传统的"耻""礼"文化中，等级性是其二者都十分显著的特点，表现为君权、父权和夫权。而现代部分地区仍存在的男女不平等现象即是夫权的变相发展。在传统的礼文化中，上至天子下至平民，无不被男尊女卑的思想统治并侵蚀头脑。随着时代的发展，新中国成立以来我国妇女的地位有了很大的提升，宪法中还明文规定男女平等，然而，传统封建思想在一些地方仍然存在，一些思想较为顽固的人心里，依然推崇男尊女卑、重男轻女，与社会主义社会人人平等的道德诉求相违背。因此，我们对于传统文化的进行科学的鉴别和扬弃。

第二，要结合时代条件加以继承和发扬，赋予"耻""礼"以新的时代含义。对传统"耻""礼"中适合调理社会关系和鼓励人们向上向善的内容，我们要结合时代条件加以继承和发扬，赋予其新的解读和意义。

对传统之"耻""礼"的批判是为了更好地分析、甄别和传承，将其中与现代社会相适应的合理成分为今人所用。如孔子曾说过的：躬自厚而薄责于人，则远怨矣。即人们在人际交往中，只有做到了严于律己，并且宽以待人，才能使双方之间的关系和谐。当前，我国已经进入了改革的深水区、攻坚期，如若人人都能孔子所说的那般严于律己宽以待人，对他人抱有谦逊、谦让、仁爱之心对待冲突，善于处理矛盾，保持理性，不被一点蝇头小利而冲昏头脑，发展社会必然也会因此获益。

第三，把弘扬优秀传统文化和发展社会主义文化有机统一、紧密结合起来，在继承中发展、在发展中继承。随着时代的发展，需要不断更新完善"耻""礼"内容，与时俱进，创新实施方法。

创新"耻""礼"内容，根据时代要求注入新的元素和要求；创新学习方式，运用互联网时代的媒体便捷，运用微博微信微文化，创新"耻""礼"新内容新原则新规范的学习和传播方式；开拓"耻""礼"对外传播方式，推动中华优秀传统文化走出去，在文明交流互鉴中、在世界文化中展示中华"耻""礼"文化的独特魅力。

2. 外为中用，善于借鉴

首先，要做到包容外来"耻""礼"文化和思想。任何一种优秀文化，要获得生生不息的发展，都不能故步自封，而应以开放宽容的文化态度来接受外来文明。以中国传统文化为本，客观地审视外来"耻"

"礼"文化，接受外来思想中有益于自己的成分充分地吸收外来文化，不仅不会使我国原有的"耻""礼"文化传统中断，而且会促进我国"耻""礼"文化传统更快、更健康地发展。中华文化本身就是一种具有巨大包容性的文化体系，包容性正是中华文化能够源远流长、生生不息的重要原因之一。虚心接受优越的外来文化，以自己的本土文化为本，客观地审视外来文化，充分地吸收外来文化促进自身文化传统的发展壮大。但是要注意的是，在吸收国外的优秀文化成果的同时，我们必须秉持客观理性的态度，不能盲目崇拜、推崇。

其次，对待外来文化要坚持以我为主、为我所用的原则。博采各国文化中蕴含的"耻""礼"文化，特别要吸收能为我们现代化建设所需要的又适合我国国情的"耻""礼"文明成果，同时，也要向世界传播展示我国"耻""礼"文化成就，坚决抵制外来腐朽思想文化的侵蚀。中华文化对其他的文化应该去其糟粕、取其精华，使外国文化服务于中华传统文化，外来文化也能对传统文化起到良好的补充作用。例如，西方罪感文化等，其中依靠启发人的良知，并通过忏悔和赎罪来减轻人的内心的犯罪感，倡导人们形成自律自制的品性，就能为我们当前"耻""礼"文化所用。

再次，要保护传统文化。可以改变的是文化的形态，但不可改变的是文化的精髓。"耻""礼"文化和思想是我们中华民族世代相传的文化精华，是融入中华儿女血液中的为人处世原则准则，对外来文化对中国传统文化的冲击，要通过全社会人们的共同努力，传承好精华部分，不能因外来文化的冲击而动摇我们"耻""礼"文化的价值，而应更加稳固突出。

在这方面，历史上是有过教训的。在晚清时期，为了民族的救亡图存，有识之士曾想过模仿西方实行资本主义。然而一些爱国人士却没能厘清外来文化和本土实情之间的关系，便一味地模仿起来，生抄硬搬了不少西方的东西，最后又是因为外来文化"水土不服"问题而使变革惨遭失败。鲁迅曾有一文《拿来主义》，着重揭露"送去主义"在学艺上的表现及其鼓吹者的媚外行径，与一味"送去"针锋相对，提出"拿来"。他说，"一切好的东西都是人类的共同财富，中国在发展过程中，外国好的东西、对中国的进步有益的东西都应该吸收，这应该是拿来主义的真实意思。"拿来主义其实质则是洋为中用，鲁迅此处的"拿来"与一味地模仿差异甚大，指出到国外去拿来东西的人要"沉着、勇猛、有辨别、不自私"。他山之石可以攻玉，拿来主义未尝不可，只要经过有选择的拿来，在拿来的过程始终坚持分析、甄别、改造、转化，取其精华去其糟粕，我们便有可能创造出新东西。习总书记在2014 年 10 月 15 日文艺工作座谈会上的讲话中，已为中华文化传承指明了今后的方向和道路："传承中华文化，绝不是简单复古，也不是盲目排外，而是古为今用、洋为中用，辩证取舍、推陈出新，摒弃消极因素，继承积极思想，'以古人之规矩，开自己之生面'，实现中华文化的创造性转化和创新性发展。"

最后，是善于创新。站在世界的高度，才能实现对中国传统文化的弘扬超越和创新发展。也就是说，要把中国置于经济全球化的大背景下，重新审视中国传统文化。而外来文化对传统文化的冲击，应该也是我们坚持传统文化进行创新的动力。一是我们要结合当前社会发展的方向和需要，挖掘本土"耻""礼"文化，赋予新时代的解读、补充、完善，必须紧密结合时代所需、时代所往，做到求新求发展，使中华优秀传统文化屹立于世界民族文化之林。二是面对外来文化对传统文化的冲击，我们不应盲目排外，更不能盲目屈从，应以在保护传统文化的同时包容外来文化，更要注重于传统文化之上进行合理创新。

二　以耻入礼

耻是人之为人的道德底线，只有当知耻成为人们内心中一种自在的约束力时，一个社会的文化教养才能称得上是有了坚实的根基；也只有当礼成为人们日常生活的一种生活方式，社会才能真正称得上是和谐有秩序。

耻虽然不是中国文化传统的唯一核心内容，它却是中国文化不可或缺的重要组成部分。耻在整个历史长河中都被社会所尊奉，此外，儒家也特别要求人们要"有耻""知耻"。"人贵有耻""人不可以无耻""知耻近乎勇""耻是立人之节"，是"治世之大端"。耻在清朝被纳入"古八德"。古人云：行己有耻。只有行己有耻之人才能立人达人。社会的主流价值观被自身所汲取内化，自己已与社会荣辱融为一体，于是便有了心系社会大众的责任感，能真正负责任地做出是非善恶的真确判断。耻由当初为"国之四维"之一的思想发展至今，已逐渐演变为如今人人讲、时时念、刻刻做的"八荣八耻"，这既是对中华民族历久弥新的民族精神和传统美德的提炼和升华，同时也是新时代的要求。在中国传统文化中，耻与礼关系密切，耻是礼的内在规定性，而礼又是耻的外在表现形式。

《礼记》中称："夫礼始于冠，本于昏，重于丧、祭，尊于朝聘，和射于乡：此礼之大体也"①。冠、婚、丧、祭等原本是民间交往活动，而在上层社会，统治阶级却发展出了另一套不一样的礼仪活动，如宴、飨等。此外，孔子还曾对礼做过细节上的阐述，他说："非礼勿视，非礼勿听，非礼勿言，非礼勿动。"② 人的言行举止都要符合社会礼仪的规范，于理不合的事物不要去看，于理不合的事情不要去听，于理不合的言语、事情不可以说，于理不合的事情也不能去做，如若不然，不好的事情便会通过我们的视觉、听觉、言语、行为作用于我们自身，对我们产生不好的影响。德性的修养完全可以在行为上表现出来，如果做了不合礼的事，自然就是不道德的。而礼从古发展至今，已然褪去了宗教迷信色彩，成为纯粹的人们相互交往中应该遵守的规范和原则。

在关于道德修养、道德实践方面，王阳明曾提出：知行合一。他说："今人学问，只因知行分作两件，故有一念发动，虽是不善，然却未曾行，便不去禁止。我今说个知行合一，正要人晓得一念发动处，便即是行了。发动处有不善，就将这不善的念克倒了。需要彻根彻底，不使那一念不善潜伏在胸中。此是我立言宗旨。"③ 在王阳明看来，有了某一念头与已经采取行动将这一念头实现是一样的，即意识就是行动，行动就是意识。因此，具有高尚的品质，心怀善念，心中时刻警惕什么该做，什么不该做，即使高尚的品质、善念等没有表现出来，也可以说这个人是个懂得廉耻的人，是个合礼数的人。如果一个人心中没有道德耻感，没有良好的品质或者是心存恶念，那么这个人即使没有在行动中

① 《礼记·昏义》。
② 《论语·颜渊》。
③ 《传习录下》。

显露出恶意，他也是个不知廉耻、没有道德的人。因此，可以看出，为规范一个人的行为，使其行为合乎礼，个体内在的耻感培养必不可少。

虽然经过千百年的演变，耻与礼文化在含义上已发生了许多改变，但其本质上却有共同之处。比如，耻与礼文化无论经过多少时代的变迁，多少内容上的吐旧纳新，这二者都是社会的基本道德准则与规范伦理条目。并且，二者之间具有紧密不可分割的联系。因此，为使现代之礼在人们的日常生活中深深地扎下根基，必须要用耻来固化之，使人们不敢产生恶意，更不敢任其泛滥，无视社会伦理规矩和秩序，将人们的行为有效约束在耻的作用的范畴内。我们的言行不能只是在表面上符合文字规定，而要发自内心地认同礼的正确性和合理性，从心底认可礼的规范和要求，自发自觉地去遵守。孔子曰"不学礼，无以立也"，如果没有礼的规范，人的德行的履行就有可能会有所偏差，因而，在以耻入礼的同时，必将现代礼之相关概念、要求通过各种方式融入我们的日常生活，诸如经常举行学习遵守礼仪的社会榜样活动，使其成为人们一种外在的约束力，使人们在外力的推动下修身正己，培养及巩固心中的耻感。

我国目前所处的社会阶段是历史的必然，对于传统文化遗留下来的痼疾以及传入我国的具有两面性的西方思潮，我们必须而且应该对其进行批判的继承、辩证的否定、创造性的扬弃，克服其中的消极落后的因素，保留其积极进步的因素，使传统耻、礼文化更具时代性和世界性。唯有这样，我们才能准确把握我国耻文化、礼文化的发展趋势，实现耻与礼的现代融合，为中华民族的伟大复兴提供动力。

知礼义廉耻，做事有礼有度，有责任心等，这就是做到了"礼"。一个人如果无耻，也会失去"礼"，容易产生一些邪恶的意念和行为，甚至会为了达到个人私欲，毫无原则、不择手段。当今时代，以耻入礼、耻礼融合是一项时代的重要课题。但目前，二者还存在一些结合不足现象，主要是社会、家庭、学校仍存在道德育人功能淡化等问题。社会因素方面。礼文化的缺失在于社会尚缺少必要的耻德教育和制度，没有完善的耻与礼结合的伦理制度，去监督和引导人们的礼仪规范。社会对耻与礼的结合的宣传还不多。大众传媒和新兴媒体在普及中华传统耻与礼的传统文化，特别是在二者如何结合方面的力度还不够。

学校因素方面。自古以来，智育被提升到一个十分重要的位置，在有些地方甚至超过了德育，有些学校对德育只是宣传上、形式上的重视，耻、礼文化也因此被淡化。在礼仪培养之前，没有进行耻德学习，没有将耻德教育渗透到礼义的教育，使不少学生只是机械地、被动地、形式地学礼，因而"只知其然，不知其所以然"，不能达到发自内心因知耻而明礼、守礼、行礼。

家庭因素方面。当代家庭以独生子女居多，不少家庭对子女采取了放纵的态度，缺乏对子女行为养成方面的严格教育，使他们缺乏社会交往的必要知识，表现为孩子对什么是"耻"茫然不知，"礼"的知识也相当匮乏。另外，不少父母在教育子女时，语言和行动上不一致，难以对子女起到很好的引导和示范作用。

个体因素方面。现代人思想活跃、思维灵敏，但是部分人道德涵养不足。表现为：一是道德认识与行为脱节、自控力差。表现为明明知道是非道德的行为，但现实中还是要做；明明知道这是符合道德之举，却不落实到行动。二是道德自觉性差，或迫于舆论压力，或慑于监督力量，才勉强做符合道德之事。原因在于，耻与礼道德教育的不足与对将耻融入礼育的忽视，直接导致了无礼、弃礼现象的产生。

因此，以耻入礼的教育和施行尤为迫切，应引起社会各界的高度重视。礼育的开展会对社会成员身心发展及和谐社会构建产生深远的影响，那么，如何做到以耻入礼？

首先，建立各级各层次的耻德与礼德培育制度。制度是实施的保障。礼育作为一个复杂的社会系统工程，要依靠教育，也要依靠政策和规章制度来加以保证。社会上有些人对耻、礼认识不够，产生思想摇摆。这些人如有督促有推动就往好的方向发展；一放松就要么停滞不前，要么就向差的方向发展。严明的规章制度，有利于培养文明行为，抵制丑恶现象的发生，有利于坚定信念的形成。为此，国家要建立社会普遍遵行的礼仪制度，学校要建立适合学生年龄发展特点的礼仪制度。制度中既要有规范，还要有奖惩机制，而且这种奖惩机制的约束必须要和个人利益相结合，行为主体才会有所触动有动力，有助于形成自律意识。

其次，建设健康、高雅的学习耻文化、礼文化氛围，一是要按照礼育要求进行社会文化环境的建设，营造绿色、人文的文化环境，加强各种耻德礼仪规范宣传和学习，使人们在学习中、在耳濡目染中受到潜移默化的熏陶。二是要积极开展与耻入礼有关的文化活动。《公民道德实施纲要》中说，"开展必要的礼仪、礼节、礼貌活动，对规范人们的言行举止有着重要的作用。要提倡在重要场所和重大活动中升国旗、唱国歌，开展入队、入团、入党宣誓、成人仪式，以及各种形式的重礼节、讲礼貌、告别不文明言行等活动，引导公民增强礼仪、礼节、礼貌意识，不断提高自身道德修养。"通过各类仪式和活动，提升人们道德素养，形成社会共建耻礼文化效应。

再次，学校、社会、家庭形成合力。以耻入礼的培育是一个全面的系统的社会工程，需要的是社会各层面的整体联动。在实施过程中，学校、社会、家庭等要素互相联系、相互协调，形成一个统一有效的道德涵养体系，全面发挥作用，以取得最大功效。

最后，报刊、影视等传媒，对以耻入礼形成有着特殊的渗透力和影响力。加强媒体传播以耻入礼的力度，使人们耳濡目染、置身于一个良好道德培养环境中。要重视加强网络建设，办好主流网站，通过网站大力倡导良好的道德风尚，净化网络风气，将以耻入礼的意识逐步渗透到社会的每个角落，使人人知耻、守礼，并内化为自身的稳定的习惯和坚定的信念。

第六章　耻与廉

　　廉，自古以来都是中华民族大力弘扬的道德伦理价值，廉乃立身之基，齐家之始，治国之源。

　　"公生明，廉生威"，廉洁自律是广大党员干部的立身之本、处世之道和为政之要，也是党和人民对党员干部的基本要求。廉，不是表面的认识，而应是内化于心、外化于行的坚定信仰。当前，随着社会的不断进步，工作生活条件的逐步改善，党员干部们也面临着更多的诱惑，如果自身放松了党性修养、弱化了自我约束，丧失廉德，就很可能成为被拉拢腐蚀的对象，一旦把持不住，就会滑入深渊。因此，须进一步强化廉洁意识，学习传统文化廉德的精华思想，坚持"正心""正行""正风"，恪守"廉"的道德要求，恪守"廉"的价值指向。在思想上划出"红线"，在行为上明确界限，自觉以廉德要求自己，抵制各种诱惑，是每个党员干部的"必修课"。弘扬廉政文化，营造风清气正的廉洁社会氛围，也是国家民族繁荣兴旺的根本之所在。

　　廉与耻同为中华传统德目，在中华几千年传统文化中，廉与耻是两个具有内在紧密联系又具有推动社会道德完善力量、提高个体修养和促进社会发展的道德规约范畴。廉与耻在词义词性方面具有共通之处，在内涵方面也具有相同之处。但二者论述的侧重点也有所差异，"廉"主要是勤俭廉洁，侧重于自律廉洁，"耻"主要为表现为律己知耻，侧重于知耻而不乱其所为。

　　中国传统伦理思想学派道家、墨家、法家的耻廉观各有不同的论述和侧重点。但对廉与耻蕴含价值指向同一性具有共识：儒家将廉与耻作为"孝、悌、忠、信、礼、义、廉、耻""古八德"的基本要素；道家的上善若水、少私寡欲、见素抱朴、知足不辱等蕴含着丰富的廉与耻相结合的思想；墨家耻廉观讲求重廉知耻、廉耻并用；法家将廉耻视为国家存亡的关键因素以及人之为人应坚守的道德底线。同时，中华优秀传统文化对廉与耻的诠释与凝练，是社会主义建设的重要精神养分和理论源泉也成为我们今天解决当代出现的价值紊乱现象和问题的思想来源之一。

习近平总书记多次在考察和讲话批示中明确指出："全党同志特别是领导干部一定要讲修养、讲道德、讲廉耻，追求积极向上的生活情趣，养成共产党人的高风亮节。"重申了廉耻对于国家发展、对于党员干部高尚道德境界培育的不可或缺性和重要性。基于中华传统伦理文化，探索廉与耻二者的内在逻辑联系、挖掘廉耻的当代运用，对于推动现代社会文明进步、提高社会成员道德修养、引领社会正确价值导向都具有重要的现实意义。

古人讲"廉耻"，今天我们讲精神文明，虽提法有别，内涵和价值导向却大同小异。在现代社会中要科学、合理地将廉耻合用。主要从三方面入手：对于个体，以廉耻为为人处世的标杆及人性善的开端和升华；对于从政者，要求知耻廉政，以廉耻为基本素养和职业道德要求；对于国家，要建立廉耻培育机制，加快廉耻法制建设。如果我们每个人都能自觉地用"廉耻"二字来规范约束自己的言行，社会风气就能不断得以净化，风清气正、国泰民安的现代化社会主义强国就会早日到来。

第一节　廉的伦理意蕴与历史溯源

一　廉的词义解读与内涵解释

（一）廉的词性词义解读

《现代汉语词典》对"廉"的释义是：①堂屋的侧边。②不贪污：廉洁。③便宜，价钱低：物美价廉。④察考，访查。如"且廉问，有不如吾诏者，以重论之"。⑤姓。廉姓。在简单意义上，"廉"特指清白正直廉洁，因此廉常常组词为廉洁、廉正、廉明。

在古文中，廉，原指厅堂上方侧边有棱角的横梁。段玉裁《说文解字注》说："廉，仄也。此与广为对文。谓偏仄也。廉之言敛也。堂之边曰廉。……堂边有隅有棱。故曰廉。廉，隅也。""廉，仄也。引申之为清也，俭也，严利也。"后逐渐从"仄"的有棱角、方、直的特点加以引申，喻指为官清白、正直，讲原则、严于律己、取与有度的含义，如《吕氏春秋》称："故临大利而不易其义，可谓廉矣。廉，故不以富贵而忘其辱。"[①]

古人用"廉"，往往将廉与其他词并用或相通，来表达廉的范畴内涵，强化廉的伦理作用。

一是廉和清并用。《广雅·释诂》释："廉，清也。"《玉篇·广部》也曰："廉，清也。"即"清廉"，因此廉的一个重要内涵就是"清"，如清人刚毅在《居官镜》中所言："清节之操，一尘不染，谓之廉。"[②] 强调"志洁清白"，一尘不染，洁身自好，两袖清风，不苟求财物，是为官者一种至关重要的节操。宋代周敦颐讴歌莲花"出淤泥而不染，濯清涟而不妖"的高洁品质，"廉"与"莲"谐音，意在以"莲"喻"廉"，旨在倡导和弘扬清正廉洁的节操。

二是廉与洁并用。洁，即洁白、不污。将其意义延伸到有关人之品格描述时，往往是说，其人人品清白纯洁、没有受到玷污。据考证，在典籍文献中，最早出现"廉""洁"二字连用的，是屈原的《楚辞》。《楚辞·招魂》中有"朕幼清以廉洁兮"，又在《楚辞·卜居》中有"宁廉洁正直以自清乎"。东汉著名学者王逸在《楚辞章句》中对此"廉洁"二字注释为："不受为廉，不污为洁"。而后，廉洁即成为一个表达人品德高贵、自制、纯洁无瑕的词汇。

三是廉与正（政）并用。古人往往将廉、正并称。"廉正"，语出《周礼》，后世则常用"廉政"。在《晏子春秋·问下四》中就有"廉政"一词："景公问晏子：'廉政而长久，其行何也？'晏子对曰'其行水也。美哉水乎清清！其浊不涂，其清无不洒除，是以长久也。'""廉

---

① 《吕氏春秋·忠廉》。
② （清）刚毅：《居官镜·臣道》。

正"强调的是一身正气，如"以清廉方正奉法"①。

四是廉与敛相通。"廉""敛"为叠韵。《释名·释言语》："廉，敛也，自检敛也"。段玉裁《说文解字注》称："廉……俭也，严利也。"亦即为官当"严格律己"，节俭勿奢，对待利益，应取与有度。"廉以律身，忠以事上，正以处世，恭慎以率百僚。"② "可以取，可以无取，取伤廉；可以与，可以无与，与伤惠。"③ 表达以廉洁奉公、严于律己的意思。

除了以上这些传统的廉的概念习惯用法外，今天，我们还往往将廉与廉洁、清廉、廉直、养廉、廉耻等并用，以强调和突出廉的多重含义。

（二）廉的伦理意蕴

廉，作为一个特殊的传统德目，也有其特定的伦理内涵和道德意蕴。

第一，廉，蕴含着做人根本德性的伦理意义。北宋学者欧阳修说："廉耻，立人之大节"，意思是廉耻是为人立身的大节，特别重视做人要有正确的廉耻观，他还专门写了一篇《廉耻说》以开导新风。他毕生致力于倡导良好的官风、士风和民风，期望树立起"名节为高""廉耻相尚"的好风尚，把明廉知耻视为做人之大节，特别是士君子之大节。清代顾炎武《廉耻》中也说："不廉，则无所不取；不耻，则无所不为。人而如此，则祸乱败亡，亦无所不至……" "盖不廉则无所不取，不耻则无所不为。"④ 不讲廉耻，就会胡作非为、祸害国家和人民。这句话对人们修身立德、加强自我修养具有启示意义。加强自我修养，筑好思想道德的堤坝，要从守廉和知耻做起。每个人特别是政府官员若不能谨守清廉，不知羞耻，就会贪得无厌，为非作歹，国家就会有"祸乱败亡"的危机。因此，廉非小事，它是每个人做人身之本、立足社会之根基。

第二，廉，包含政之德的伦理价值内涵。春秋时期齐国政治家、思

---

① 《韩非子·奸劫弑臣》。
② （元）张养浩：《庙堂忠告》。
③ 《孟子·离娄下》。
④ （清）顾炎武：《日知录·廉耻》。

想家晏婴说："廉者，政之本也，民之惠也"①，只用短短几个字，就揭示了"廉"对"政"的基础性意义。对此历史典籍中多有阐述，《周礼》曰："一曰廉善，二曰廉能，三曰廉敬，四曰廉正，五曰廉法，六曰廉辨"，考察官吏"六要"虽指向不同，但均是以"廉"字当头，以廉为本；明末清初王船山的《读通鉴论》倡导"清、慎、勤"，三个为官准则中也将清廉置于首位。

廉乃民本德政的基石。只有为官清廉，才能国泰民安，政治清明，使天下太平，"人须心中无欲，方能心平，心平方能事平，故廉又为平之本。"② 如果官员不清廉，很容易引起官场中上行下效的连锁反应。《州县提纲卷四》称："守宰不廉，则已盗其一，吏盗其十，上下相蒙，恣为欺隐，其终未有不至匮乏者。"③ 官员不清廉，其下属更是贪得无厌。如果官官勾结、狼狈为奸，最终受苦的还是百姓。在这种情况下，无论国家制定了多么清明的政策，都不可能得到良好的执行。清人王元吉在《御定人臣儆心录》中论述："大臣不廉，无以率下，则小臣必污；小臣不廉，无以治民，则风俗必坏。层累而下，诛求勿已，害必加于百姓而患仍中于邦家，欲冀太平之理不可得矣。"④ 这也是赞同廉是官员必备品德的观点。

廉为官德之首。廉不仅是官德的本源和基础，也是从政者对个人品德的最高要求。传统文化认为清廉居官德之首，不论官职大小，为官者都应该坚持清廉的操守，不为外物所趋，"居官首重维清，察吏莫严于守，故爵位虽有崇卑，究以不贪为宝。才具虽有长短，要必无欲则刚，是操守实立身之根基，而持廉乃计吏之先务"。⑤ 如果为官之人不清、不廉，那么"勤""慎"都会变质而成为贪的手段。

第三，廉，具有为国家巩固之基石的伦理属性。廉洁是国家的形象展现，是政府公信力的基石。管子讲礼义廉耻，为国之四维；清代康熙

---

① 《晏子春秋·内篇》。
② （清）陈弘谋：《在官法戒录（卷一）总论》。
③ （宋）陈襄：《州县提纲》（丛书集成初编本）。
④ （清）王永吉：《御定人臣做心录》。
⑤ （清）尹会一：《抚豫条教》（卷一）。

曾说："吏治之道，惟清廉为重"①。清正廉洁、公道正派、为民、务实、高效的政府，具有强大的公信力，才能得到人民衷心拥戴。这样的政府才有能力使人民过上美好生活，国家才会长治久安。这些都是对"廉"具有的重要伦理意义的概括。

二　廉的历史演进

原始社会末期，随着财产共有局面被打破，私有观念产生，贪贿现象开始滋生蔓延。《礼记·礼运》篇描述："今大道既隐，天下为家，各亲其亲，各子其子，货利为己。"因国家的出现，而后社会逐渐形成握有公共权力的官员。他们既可以用手中的权力维护社会秩序，组织和发展社会生产，也可能用手中的权力为个人谋取私利。利用公共权力谋私利，贪贿现象便不可避免。因此，为政清廉的观念随之萌芽。历经夏商两代千余年的发展，到西周时期，贪贿现象已经普遍存在。为整肃国家纲纪和社会风气，廉就作为一种道德规范要求和伦理理论，随着朝代的发展而不断被实际运用并被加以完善。

而"廉"作为文字的记载，最早出现在我国上古时期唯一一部系统叙述政治制度和经济制度的典籍《周礼》中。《周礼·天官·小宰》写道："以听官府之六计，弊群利之治。一曰廉善，二曰廉能，三曰廉敬，四曰廉正，五曰廉法，六曰廉辨。"②郑玄注曰："既断以六事，又以廉为本。善，善其事，有辞誉也。能，政令行也。敬，不解于位也。正，行无倾邪也。法，守法不失也。辨，辨然不疑惑也。"按经学家郑玄的解释，这些"以廉为本"的"六廉"，不仅涉及官员应该必备的为政之才，在其个体道德品格上还要求是应该兼备的起码为政之道。只有这样，方可称得上是一名合格的官吏。这就是《周礼》中最早关于"以廉为本"的官德记载。不仅如此，在《周礼》中，对于如何衡量一个人的廉能、廉法等，还曾设计了系统、完整、具体的细密考核方案。这无疑极大地拓宽了当时执政者对于廉政的正确理解，也为历代的廉政制度提供了基本思路。事实上，后世统治者对官员廉政的考量，都不外

---

① 《清史稿·圣祖本纪》。

② （清）孙诒让：《周礼正义·卷五》，中华书局1987年版，第113页。

乎以上述"六廉"为基本内容的框架体系。《周礼》的"六廉"思想是顺应当时的国家加强对官吏的管控而提出。后自秦朝及至清代，虽历经朝代的兴亡变革，"六廉"思想却一直被传承，并被赋予新的内容。

作为儒家之重要道德范畴的"廉"的论述，在儒家典籍中最早出现在先秦的《仪礼·乡饮酒礼》中："设席于堂廉东上"，汉代经学家郑玄注曰："侧边曰廉"。段玉裁《说文解字注》曰："此与广为对文，谓偏仄也。廉之言敛也。堂之边曰廉，天子之堂九尺，诸侯七尺，大夫五尺，士三尺，堂边皆如其高。贾子曰：'廉远地则堂高，廉近地则堂卑'是也。堂边有隅有棱，故曰廉。廉，隅也。又曰：廉，棱也，引申之为清也，俭也，严利也。"由此可知，廉之本义为古人堂屋之侧边，其特点是有隅有棱，引申义即为清、俭、严利之类的行为品格。将其义延伸到有关人之品格描述时，往往是说，其人人品清白正直无玷污。

《论语》中，孔子虽很少用到"廉"字，但实际上"行己有耻""欲而不贪"等思想中均包含了"廉"的内容。可以说，先秦时期，儒家主要是从道德伦理层面来认识"廉"的，认为"廉"是君子所具有的一种基本道德操守。汉代以后，随着儒家思想的制度化，"廉"更多地与政治行为联系在一起。汉代实行察举制度，出现了专门的举廉科，将"廉"作为官员选拔、任用的主要依据。

儒家倡"廉"，主要基于内圣与外王的需要。从"内圣"来看，"廉"是个人修身、成就完美品格的必然要求。无论是孔子心中的圣人、君子，还是孟子心中的大丈夫，都要具备"廉"这一基本道德操守。从"外王"来看，"廉"是为政之本，"廉"则政兴。《晋书·阮种传》中说："夫廉耻之于政，犹树艺之有丰壤，良岁之有膏泽，其生物必油然茂矣。"意思是说，廉洁对于为政的重要性，就像土壤和雨露于生物之必不可少，一旦失去，政权终会倾覆，为官者的廉洁是实现政权稳固持久的客观需要。

实现"廉"的目标，为政者既需"修身以德"，也需"为政以德"。孔子廉政思想主要体现在"仁政"和"德治"中，比如，《论语·颜渊》中记载："季康子问政于孔子。孔子对曰：'政者，正也。子帅以正，孰敢不正？'"孔子称："道之以德，齐之以礼"，"为政以德"，即"以德道之，以礼齐之"，"以德为政"。孟子"仁政"思想，论及的是如何做一名清廉的人民父母官。

总之，作为影响封建社会思想形成的最大的儒家学派，其廉德思想形成于古代社会发展的过程之中，对历史上风清气正社会局面的出现曾起到过积极作用，丰富了我国古代廉政思想的内涵。然而，在封建王朝中，天下莫非王土、四海皆是王臣，以廉为政归根结底是为了巩固统治阶级的政权，这也使封建臣子在践行"廉"的过程中遭遇局限和困境。但是，以史为鉴能够知兴替，今天我们仍然可以从传统"廉"文化中汲取和运用其中有益于社会主义社会道德建设的养分。

当前，我国已经进入社会主义全面建设、发展繁荣的新时期，我们倡"廉"，不仅是对社会成员的道德要求，还是对干部队伍的一种道德和纪律要求。党的十八大提出，要坚持中国特色反腐倡廉道路，坚持"标本兼治、综合治理、惩防并举、注重预防"方针，全面推进惩治和预防腐败体系建设，做到干部清正、政府清廉、政治清明。干部清正，要求干部要做到信念坚定、为民服务、勤政务实、敢于担当、清正廉洁；政府清廉，要求建设服务政府、责任政府、法治政府、廉洁政府；政治清明，要求营造一个良好的从政环境，也就是要有一个好的政治生态。这是中国共产党在全面把握世情、国情、党情和民情的基础上，对新形势下建设廉洁政治的新要求提出的战略目标，对党风廉政建设和反腐败斗争提出的更高要求，彰显出党坚定不移反腐倡廉的鲜明立场。

习近平总书记对党风廉政建设高度重视，指示要在全社会培育清正廉洁的价值理念：2013 年 1 月 22 日习总书记在中国共产党第十八届中央纪律检查委员会第二次全体会议上发表重要讲话指出："要继续全面推进惩治和预防腐败体系建设。要加强反腐倡廉教育和廉政文化建设，督促领导干部坚定理想信念，保持共产党人的高尚品格和廉洁操守，提高拒腐防变能力，在全社会培育清正廉洁的价值理念，使清风正气得到弘扬。要健全权力运行制约和监督体系，让人民监督权力，让权力在阳光下运行，确保国家机关按照法定权限和程序行使权力。要善于用法治思维和法治方式反对腐败，加强反腐败国家立法，加强反腐倡廉党内法规制度建设，让法律制度刚性运行。扬汤止沸，不如釜底抽薪。要从源头上有效防治腐败，加强对典型案例的剖析，从中找出规律性的东西，深化腐败问题多发领域和环节的改革，最大限度减少体制障碍和制度漏洞。要加强对权力运行的制约和监督，把权力关进制度的笼子里，形成不敢腐的惩戒机制、不能腐的防范机制、不易腐的保障机制。"① 对全社会倡廉反腐、常抓不懈发出坚定的号召，这是新时期社会主义廉政建设的新成果和新要求。

第二节　中华传统文化中的耻廉观

廉与耻所要达到的价值目标、价值取向具有共同性，这一点我们可以在中华几千年传统伦理思想中获得印证。儒、法、墨、道家四大派别虽然对廉耻的论述角度不同，但都将廉与耻德目的结合视为个体修身养性和国家经世治国的根本理念和先决条件。

一　儒家的耻廉观

首先，廉与耻是儒家道德规范体系的重要范畴。廉与耻是构成儒家道德规范体系的重要概念，二者互为前提。儒家传统思想中，虽然廉与耻往往作为两个相对独立的伦理范畴，但儒家将二者作为"孝、悌、忠、信、礼、义、廉、耻""古八德"的基本元素，受到儒家和整个社会的遵奉。儒家以"仁者爱人"观念为根基，以爱民利民为根据，提出廉耻是塑造理想人格、达到至高道德境界的德性基础。以知耻自律为主脉，以仁德、仁政为目的的廉德思想，构成儒家廉耻文化的核心，对我国传统社会弘扬耻德文化、造就清官廉吏发挥了重要的作用。

其次，廉与耻在儒家思想体系具有伦理共同指向性。历代儒者往往将"廉"与"耻"作为共同品性来使用，并用于规范社会道德与个体修为。譬如，孔子特别强调"士"（君子）要"行己有耻"②，而具有知耻德性的君子也应具有廉德，不能不择手段去谋求钱财，因知耻而能做到廉洁不贪："君子爱财、取之有道。"③ 荀子则秉持："无廉耻而嗜

---

① 新华网：http：//www.xinhuanet.com/politics/2014 - 09/29/c_ 1112682972.htm。
② 《论语·子路》。
③ 《论语·述而》。

乎饮食"① "廉则有耻，廉可养耻；有耻则廉，无耻则贪"的廉耻观，将孔子的廉耻思想进一步深化。宋明理学家更是常常将"廉耻"合用，程颐、程颢在谈及廉耻教育时提出"乡间无廉耻之行"，朱熹用"寡廉鲜耻"表示对损公肥私、贪赃枉法行为的不满："若寡廉鲜耻，虽能文要何用！某虽不肖，深为诸君耻之！"②

二　道家的耻廉观

道家的上善若水、少私寡欲、见素抱朴、知足不辱等核心思想蕴含着丰富的廉耻思想。

上善若水中用水之特质来告诫人们要知廉耻。《道德经》说："水善利万物而不争，……夫唯不争，故无尤。"指出水的本性扬清涤浊、无私无欲，水因"善"而不邪、"不争"而透明清澈，因此，人要学习水的品格，洁身自好、清明清正，才能避免灾祸。另外，道家中的道的本原即包含廉耻之德。道家认为，道的特性本身就包含着廉耻。道是万物的始源，"道"是价值秩序和精神道路。廉洁也是从道中派生出来的，遵循了道，便遵循了廉洁；失了道便失了廉洁，失了廉洁，道也会有所偏失。

上善若水。在老子的《道德经》中极力推崇，人要学习水的优秀特性，认为："水善利万物而不争，处众人之所恶，故几于道。居善地，心善渊，与善仁，言善信，正善治，事善能，动善时。夫唯不争，故无尤。"指出水的本性澄清透明、扬清涤浊、无争无欲。因此，人要学习水的品格，涵养内在、洁身自好而又不避世。做到"善"则不邪、"不争"则能清透。

少私寡欲。"我无为而民自化。我好静而民自正。我无事而民自富。我无欲而民自朴。"③ 道家提倡少私寡欲，明确提出知耻不贪的益处。所谓的少私寡欲是指每一个人都不要处处以自我私利实现而危害到他人，减少对物、色、权力等身外之物的贪求。指出人要减少私心、降

---

① 《荀子·修身》。
② 黎靖德：《朱子语类》卷一百零六，中华书局 1986 年版。
③ 《道德经》。

低欲望，要时时处处提醒自己，降低贪婪之心。同时，为政者只有不妄为、无贪欲，才能治理好国家，达到民风淳朴、和谐融洽的美好社会状态。

见素抱朴。"见素抱朴"作为老子天道自然观中的一种思维取向，亦可视其为老子思想的核心之一。该词出自《道德经》中："见素抱朴，少私寡欲"。抱朴蕴含指平真、自然、不加任何修饰之意。抱朴，即追求保守本真，怀抱纯朴，不萦于物欲，不受自然和社会因素干扰。道家认为，每个人都应怀抱素朴澄澈之心，明确肩上之责任，秉持胸中之正义，保持初始之本色，不在利益的诱惑中湮没，不在物质面前迷失自我。道家的见素抱朴，实乃针对时弊而发，要求人们返璞归真，持守纯朴的天性；既保持了人与人最本真天然的品质，也保持了人与社会、人与自然的最为完整的统一与和谐。为此，真正有道的人必然是少私寡欲，知耻廉洁者。

知足不辱。道家强调以廉耻来约束自身行为。老子认为，社会上的纷争起源于人的贪念，即"不知足"。《道德经》有云："祸莫大于不知足，咎莫大于欲得。故知足之足，常足矣。"社会上的各种纷争都起源于人的贪念，即"不知足"。如果人能做到不让私心泛滥，平淡欲念，那么就能"知足不辱，知止不殆，可以长久"。[1]

如果人不知足，便会无限制地贪求，最终就会导致私欲膨胀，"甚爱必大费，多藏必厚亡""知足不辱，知止不殆，可以长久"[2]，只有"知足"才能"不辱"，只有"知止"，才能"不殆"，"知足知止"才能长久。"知常曰明；不知常，妄作凶。"[3] 老子强调的"知足""知止"就是做事要能够"恰到好处""适可而止""无过无不及"，这与儒家的中庸之道不谋而合。知道满足，才不因贪求而受到屈辱；知道适可而止，才不会明知有危险却又无法克制贪欲，也唯有"知足知止"，才能够保住长久平安。

---

① 《道德经》。
② 同上。
③ 同上。

三　墨家的耻廉观

墨家耻廉观的核心是重廉知耻、廉耻并用。

首先，墨家推崇富而见义、非乐及节俭的思想。他们将廉耻蕴含于节用贵义之中，将"义"作为达到"廉"的途径。"义"即内蕴着"耻"的属性要求。墨家推崇"富而见义""非乐"及"节俭"，将"义"作为达到"廉"的必需途径和根本，而"义"自身就蕴含了"耻"的本性。比如，墨家称，对于个人而言，如果"恶恭俭而好简易，贪饮食而惰从事，衣食之财不足，使身至有饥寒冻馁之忧。"① 好吃懒做、不知羞耻、不懂节用之道，将会导致贫穷。"恶恭俭而好简易，贪饮食而惰从事，衣食之财不足，使身至有饥寒冻馁之忧。"② 而贫穷的根源就是因为不知羞耻、好逸恶劳、不知廉俭。

人在富足后能做到仗义疏财、将财富用于感恩和回报社会，可称为有"义"。墨子说："贫则见廉，富则见义"③。对于执政者而言，强本节用是职业美德，克己私欲才能使国家的财富用之于民、造福于民。要看到"饥者不得食，寒者不得衣，劳者不得息"的民之三患，能做到"国家贫，则语之节用、节葬。"④ "节于身，诲于民，是以天下之民可得而治，财用可得而足。"⑤ 执政者节俭自律，真正做到节用，这既是"义"的体现，也是因"义"而知"耻"有"耻"的表现。唯有如此，才能使民众真正信服，国家财富才能达到足用富裕，"其用财节，其自养俭，民富国治。"⑥ 对于墨家义士而言，墨家的要求更高，认为节用不仅是义士财富方面的节俭适度，还须"适人欲"即将"义"（耻）用于品行上严于律己、修身养性，达到"坐处有度，出入有节，男女有辨。"⑦ 有度又知耻的至高境界。另外，对于墨家义士而言，要"夫

---

① 《墨子·非命上》。
② 同上。
③ 《墨子·修身》。
④ 《墨子·鲁问》。
⑤ 《墨子·辞过》。
⑥ 同上。
⑦ 《墨子·非命上》。

知者，必尊天事鬼，爱人节用，合焉为知矣。"① 有羞耻心、俭朴廉洁，是达到修养的最高境界的必经途径。而对于执政者而言，强本节用、克己私欲才能使国家的财富用之于民、造福于民。"节用"不仅仅是墨者之义，也是墨者之智，"夫知者，必尊天事鬼，爱人节用，合焉为知矣。"② 智者懂敬畏、有羞耻心和知耻感，因而知节用能廉洁自爱。墨家通过颂"义"扬"廉"，鞭策执政者廉洁自重，以实现社会反腐勤廉的效果。

其次，墨家倡导廉耻要共同作用、重廉也知耻。《墨子·经上》称："廉，作非也。""廉，己惟为之，知其耻思耳也。"廉就是不妄取，而"义者知兼、兼者知廉、廉者知耻"，当人有义（有耻）时，即使突然产生贪欲歹念，他也会自觉认识到这就是耻，从而约束自己的行为。墨家又特别在两种情况下讲"廉"。其一是认为贫穷的时候，要知廉；其二是认为当官吏的时候，要知廉，奉劝官吏应该廉洁奉公。《墨子·修身》告诫"君子之道也，贫则见廉"，作为一个君子，人穷志不穷，不能妄取，生财要有道。墨家强调为官者更要知廉。如《墨子·修身》称："君子之道也，贫则见廉"，人穷志不穷、不妄取才是君子；要求各级官员应廉政为公："吏治官府之不絜廉"③。另外，墨家主张"兼相爱，交相利"④，要求人们摒弃自私自利的无耻行为，团结友爱，共同求利，做到利义合一、义利并行、廉耻结合。

总之，墨家将"廉""耻"结合并用，主张义者知兼、兼者知廉、廉者知耻，义就是知耻而不妄取。当一个人有义时，即使在突然产生贪欲的歹念时，他也会自觉意识到这是耻，从而约束自己的意识而不去采取行动，强调义利并重、以义制利，道德约束和利益追求相结合。"兼相爱，交相利"，提出利就是义，义即为利。强调利是大利，为天下国家之利，是爱人、利人、有益于天下人的行为，不是个人的私利，而有益于天下人的利和义是一致的，要求人们在友爱互助求利中自觉摒弃自私自利的无耻行为，做到义利并行、廉耻结合。

---

① 《墨子·公孟》。
② 同上。
③ 《墨子·明鬼下》。
④ 《墨子·兼爱下》。

四　法家的耻廉观

法家将廉耻视为国家生死存亡的关键因素以及人之为人应坚守的道德底线。

一方面，法家将"廉""耻"同视为社会的道德基础和关系国家存亡的决定要素。将廉耻视为维系国家生存的根本。如管子称"礼义廉耻"为"国之四维"，四维是国家发展所应遵循的最基本道德原则规范，同时强调："一维绝则倾，二维绝则危，三维绝则覆，四维绝则灭。"警示若无廉耻，国家、民族不仅会出现"倾危"的混乱现象，而且还会面临全盘覆灭的危险；有廉耻，则"邪事不生"（邪恶混乱不会出现和产生），社会将保持有序、安宁、祥和。法家还提出"廉不蔽恶，耻不从枉。"[①]廉耻的核心是"不蔽恶""不从枉"，君子在利益面前要保持清正廉洁，不掩饰不端行为，不与无德之人为伍，不做违背社会道德之事。同时管子还强调，国家、民族如无"廉耻"，会面临"倾""危""覆""灭"的危险；有"廉耻"，则国家、民族"邪事不生"（邪恶混乱之事不会出现和产生），呈现出伦理有序、道德的安宁祥和的局面。

另一方面，法家认为"廉""耻"同属人的道德底线，是为人处世的基本伦理要求。二者共同作用于人自身德性的提升。法家指出，"廉""耻"是一个人为人处世的基本伦理要求。譬如，战国时期的法家韩非子提出，"所谓廉者，必生死之命也，轻恬资财也。"《韩非子·解老》认为，守"廉"者行为自然端正、洁身自爱；知"耻"者必会严于律己、自我节制。而对官吏而言，守廉、正直者往往也知"耻"，羞于同奸臣一道欺骗君主："贤士者修廉而羞与奸臣欺其主。"[②]韩非子言："所谓廉者，必生死之命也，轻恬资财也。"[③]守廉者行为自然端正、轻钱财而洁身自爱。同时，韩非子谴责那些不求廉德的贪财者为类似盗跖（注：盗跖，春秋时期的率领盗匪数千人的大盗。据《庄子·

---

① 《管子·牧民》。
② 《韩非子·孤愤》。
③ 《韩非子·解老》。

杂篇·盗跖第二十九》载，此人"从卒九千人，横行天下，侵暴诸侯，穴室枢户，驱人牛马，取人妇女，贪得忘亲，不顾父母兄弟，不祭先祖"。）之人："毁廉求财，犯刑趋利，忘身之死者，盗跖是也。"①

第三节　耻与廉的内在关联

一　耻与廉词性本义具有互通性

我们从廉与耻两个概念的词汇的来源、词的本义和词的内涵来探究，二者具有由表及里、由内而外的相同词源演进过程，在词性及伦理内涵方面具有统一性，具有不可分割的内在紧密联系。

从"廉"的词性溯源和演进分析，"廉"的词义词性经历了由外在之物品的意义到人之内在品行德性，由外在实体指称至抽象含义提炼、由事物浅表描述至深层伦理意蕴阐释的演进层次。第一层次，廉起初是指人所居住房屋、殿堂的侧边、边角位置。朱骏声《说文通训定声》："堂之侧边曰'廉'，故从'广'。"②《仪礼·乡饮酒礼》"设席于堂廉，东上。""堂廉"即殿堂的侧边。而侧边、侧隅为相对逼仄、狭窄之处。《说文解字注》称："堂之边曰'廉'。天子之堂九尺，诸侯七尺，大夫五尺，士三尺，堂边皆如其高。"徐灏《说文解字注笺》："'仄'谓侧边也。"③《仪礼·乡饮酒礼》："设席于堂廉，东上。"郑玄注："侧边曰'廉'。"《礼记·丧大记》："卿大夫即位于堂廉楹西，北面东上。"孔颖达疏："堂廉，谓堂基南畔，廉陵之上。""堂廉"谓殿堂的侧边。可见，"廉"字的本义是指堂屋的侧边。第二层次，"廉"由具体的位置外在自然形象引申到抽象内在逻辑意义，由"逼仄、狭窄"的词义演进为"少、不足、小、偏狭"。东汉刘熙《释名·释言语》："廉，敛也，自检敛也。"这个"敛"指的是"约束、节制、减少、不足"之义。我们还可从以"兼"为声符的形声字中看出来——"嫌"（不

① 《韩非子·忠孝》。
② 丁福保：《说文解字诂林》，中华书局 1988 年版。
③ 同上。

足）、"谦"（减损）、"嗛"（小声）等。"濂"则指浅水，《郑氏名濂解》："所谓濂，则水之浅薄者尔。由其浅薄小水，故中绝也。"[1]。元稹《有唐赠太子少保崔公墓志铭》称："乃扬言曰：'以崔之峭削廉隘，好是非人，士众不愿久为帅。'""廉隘"意指人的心胸偏狭、狭隘。第三层次，由含义广泛的抽象定义演进升华为人自我的行为和品性，实现了从实体外延范畴到个体内涵德目的转化。《释名》曰："'廉，敛也。'堂廉之石平正修洁而又棱角峭利，故人有高行谓之'廉'，其引申之义为'廉直'、为'廉利'、为'廉能'、为'廉静'、为'廉洁'、为'廉平'"即点出了"廉"的这一突出特点。《说文解字注》说："'廉'之言'敛'也。……引申之为'清'也、'俭'也、'严利'也。"《广雅》："廉，清也。"到了东汉时期，"廉"的释义得以更明确地强调。刘熙《释名》曰："廉，敛也，自检敛也。""廉"主要意蕴为"清""敛"，引申到个体，就是指人能自我约束、自我节制，做到清正、不贪婪，而长期反复得"自敛"的就形成廉洁、廉直的高尚品行和德性。

在通俗意义上，"耻"的含义在于约己知耻而不乱所为。从"耻"的词性溯源和演进分析，"耻"的词义也是从外在感知到内心体认再到德性形成的一个由表及里、由浅入深的过程。首先，耻为一种重要的人体感知。从"耻"的字形结构看，"耻"左为"耳"右为"止"，为人体的感觉器官的最初感知，在古时"耻"字作"忇"，《六书总要》解释为："忇，从心耳，会意。"《说文解字》中解释耻为："辱也，从耳，心声。"《现代汉语词典》对"耻"的解释为：形声。从心，耳声。其次，耻为感官认知后产生的情感体验、心理反应。譬如《六书总要》对"耻"的进一步阐释为："取闻过自愧之意。凡人心惭，则耳热面赤，是其验也。"《现代汉语词典》对"耻"也有"耻辱，可耻的事情；声誉上所受的损害"等释义。最后，"耻"的词义由人体感官感受演进为人特有的基本德性德目。《说文解字》里将"耻""辱"互为界定，指出"耻，辱也"，"辱，耻也"。"耻"在传统伦理思想中凝练为人所特有的羞耻感、知耻心之意。综上所述，我们不难发现，作为伦理的基本范畴的廉与耻，二者无论是在词源、词性及词义方面，都具有基

---

① 宋濂：《郑氏名濂解》。

本相通性以及特有的内在联系。

第一，从字面意义和结构分析，"耻"由"耳"到"心"，是由感官接受外来信息的感觉反应进入内在心理感受的过程，也是一种由外到内、由表及里的道德体认，而这与"廉"是从外在堂屋侧角演进到人的内心机能感应的词性词义演变进程一致。

第二，从"廉""耻"的伦理含义看，二者道德演进路径具有相似性。"廉""耻"都是外在道德规范律令在个体身上的彰显。"廉""耻"都是从道德认识、道德情感开始获得道德体验进而升华为自我自觉的道德行为，再到坚定的道德意志生成。"廉"的"敛""清"，就是个体道德品行的评价标准，"耻"的"羞""辱"，也是个人在以正确的道德准则进行自我道德评价后的感受，因此"廉""耻"在个体情感体验、道德约束、行为选择等方面具有融合性。

第三，"廉""耻"二者同属传统道德规范基本范畴。是在德行规范要求方面达到的自我控制的德目。"廉"词性内蕴的"自敛"主要是要求做到"约束、节制、不多取、不贪"四个方面，在本义上也包含自我身心体认之后的行为选择。而同样地，"耻"也是中华传统文化的精髓，是人们为维护自身尊严而产生的道德上的反省与自律。马克思曾经说："羞耻是一种内向的愤怒"①。内向的愤怒的凝聚为一股力量不可抗拒的力量，促使人"知耻近乎勇"，以这种内生羞耻感来鞭挞自己，克服缺点，修正错误。

二 耻与廉伦理内蕴具有统一性

耻为廉之先决因素。廉与耻并不是同等意义的。在两者关系中，耻是决定的因素，不廉是由无耻造成的。《孟子·尽心》说："耻之于人大矣！为机变之巧者，无所用耻焉了。"意思是说：耻对人来讲是非常重要的，巧伪变诈之人，就是因为不把耻辱放在心上。不把耻辱放在心上，还有什么事不敢做？可见，不廉决定于无耻，因无耻，才不知何谓羞愧、惭愧，而任贪欲之心自由泛滥，而做出不廉之举。因此，要真正做到廉洁，首先就得明白，不廉乃是一种耻辱。无耻之人是绝对不可能

---

① 《马克思恩格斯全集》第 1 卷，人民出版社 1956 年版，第 407 页。

做到廉洁的。当前，我国正处在改革开放的大浪潮中，有少数党政干部，拿人民的钱，却不为人民谋利益，反而任意挥霍人民财产，这难道不是一种耻辱吗？清代顾炎武曾说："士而不先言耻，则为无本之人。"以无本之人治国，怎能做到廉政？又如何使国家繁荣昌盛？《道德经》说："罪莫大于贪欲，祸莫大于不知足，咎莫大于欲得。"知耻与从廉二者是相互作用的。"寡廉鲜耻"的"鲜"和"寡"都具有缺少、缺乏之义，成语"寡廉鲜耻"根据《中华成语大辞典》的注解，出自西汉司马相如《喻巴蜀檄》中"寡廉鲜耻，而俗不长厚也"一句。以儒家为代表的中华传统德性论，知耻与否，不仅是区分"君子"与"小人"的标志，也是衡量"人禽之别"的标准。对为官者而言，更是其能否廉洁执政的前因。知耻是一种深悟、一种境界、一种明智、一种品德。只有知耻，才能控制自己、把握自己、约束自己；才能自觉规范自己的行为，使之符合道德要求和自己的良心；有了过失、错误，才能主动改之。清代诗人龚自珍有言："士皆有耻，则国家无耻矣"，原因在于"耻可以全人之德"，有了知耻之心，方可正身，方可廉政。

因知耻而能达廉。由耻到廉，是内在约束修身走向外在自律自觉的过程。耻为内在修养所立，廉为外在自律到自觉。中国历代思想家都把"知耻"置于人格修养的重要位置，实际上告诉我们，"修身"要从"知耻"开始。古人名言"公生明，廉生威"就指出了只有知耻立公者，才能行为公之明，树立廉之威，才能在人民中建立威信。无数事实证明，只有知荣明耻，才能明辨是非善恶，虽囊中羞涩却能保有一身傲骨，面对物欲诱惑不动心，面对美色陷阱不越雷池半步，才能真正做到"不以一己之利为利，而使天下受其利，不以一己之害为害，而使天下释其害"。

廉推动耻德的进一步提升。筑牢知耻信念。我们要自觉熔炼塑造信念，始终坚守精神高地，如果说知耻是人的道德修养的最根本起点，那么，廉则是人有耻感之后对自身品行的更高标准。廉固化为个体的德性后，反过来能够稳定人的知耻意识和信念，使耻感在自我内心强化，形成牢固的防线。

第四节　耻与廉结合的现代运用

借鉴中华传统伦理的廉耻思想，将廉与耻德目合并运用，同向共行，用于推进国家、民族的道德水平，用于锻造从政者以及社会成员的修身养性，使廉耻结合，焕发出应有的传统美德时代魅力。

《现代汉语词典》中"廉耻"一词释义为："廉洁的操守和羞耻的感觉"。将廉洁与否上升到人生观、价值观、世界观的高度，廉即光荣，不廉就可耻，泾渭分明。因此，加快耻与廉建设，在时代进步潮流中起到应有的积极作用，是建设社会主义道德体系的应有之义。

一　耻廉结合，提升个人修养

首先，要以廉耻为现代社会为人处世的标杆。我国古代思想家、道德家将廉与耻上升到人生观、价值观的高度，将二者融为一体。古人视廉洁为"仕者之德""为官之宝"。廉洁，则在官即不损公肥私，不贪污受贿；在民则为不贪财货，立身清白。古人还将廉洁分为三种：一是畏惧法律、保禄位而不敢贪者，为"不敢不廉"。二是看重名节而不苟取者，讲究气节名声，不愿同流合污。三是知理而不妄取者，他们能自觉做到廉洁，这也是廉的最高境界。不在此范围者，就是不廉，应引以为耻。

因此，以知耻为"立人之大节"，"治世之大端"，以守廉为知耻的美德升华，廉耻结合、廉耻并行，是个体修身的先决条件和根本所在。就是要求以知廉耻为出发点的自身修养，自重、自省、自警、自励、慎独。知廉耻才会产生克服人性贪欲弱点的勇气，无耻则会让人无所顾忌进而达到无所不取之的不廉境地。人人均毫不知耻、贪赃枉法，不仅社会人性丧失、人格败坏，而且天下将面临危乱。有知耻心，做错事情感到惭愧，就不会做逾越道德法律边界之事。因此，个体想要真正做到廉洁，须先培育羞耻之心，让心中警钟长鸣，做事有底线。有知耻感，便可时时反省自己，做到廉洁自律。

其次，要以廉耻为人性善的开端和升华。理学家朱熹说，"人有耻则能有所不为"，人有知耻心，就自觉约束"恶"的言行；知廉耻还能激发人的向善性、明荣辱，自觉选择符合社会道德规范要求"善"的言行。人知廉耻，方能有过而改、有错必纠。知廉耻能使个体成为有良心的、有道德感的人。例如，在中国历史上流传千古的"志士不食盗泉之水，廉者不受嗟来之食"的典故，皆是"知耻而后廉""知耻而不取"的范例。"志士不饮盗泉之水，廉者不受嗟来之食"出自（南朝·宋）范晔的《后汉书·列女传·乐羊子妻》。盗泉在今天的山东省境内。"志士不饮盗泉之水"记载的是圣人孔子的故事：

> 有一天，孔子路过今山东泗水县东北的一处叫做盗泉的地方，泉水近在咫尺，但是孔子因为厌恶其泉名为"盗"，当时虽然很口渴，也宁愿让自己渴着而不饮泉水。

后人以"不饮盗泉之水"表示一个人能坚守节操，心中知耻，而不污其行。《淮南子》写道："曾子立廉，不饮盗泉。"后遂称不义之财为"盗泉"，以不饮盗泉表示清廉自守，不苟取也不苟得。另一个典故记载于《礼记·檀弓下》中："予唯不食嗟来之食，以至于斯也！"记录了一个不肯吃带有侮辱性的施舍食物的有志之士的故事：

> 战国时期，齐国出现了严重的饥荒，有个叫黔敖的人在路边准备好饭食，以供路过饥饿的人来吃。有个饥饿的人用袖子蒙着脸，无力地拖着脚步走来，黔敖左手端着吃食，右手端着汤，对这个饥民说道："喂！来吃！"那个饥民扬眉抬眼看着他，说："我就是不愿吃嗟来之食，才落到这个地步！"黔敖追上前去道歉，饥民终究没有吃，最后饿死了……

"不食嗟来之食"就出自这个典故，它从古传颂至今，体现了人们做人要有骨气，绝不低三下四地接受别人的施舍的气节，哪怕是牺牲自己的利益甚至生命，也绝不能做出辱没骨气和志气、毫不知廉耻之事。

廉与耻，是做人的根本。无耻则胡作非为进而达到无所不取之不廉境地。人人均无所不取、胡作非为，天下岂能不乱？国家哪有不危？廉洁从政须先有羞耻之心。"耻"的基本义项是"耻感"，人在做了自己明知不应该去做的或被人劝说去做不应该做的事时，感到脸面羞愧，无地自容。人贵有"知耻之心"。知耻辱，是为人从政的崇高美德。知耻辱，才能高风亮节而廉。知耻是善的开端，无耻是恶的开端。培养羞耻感，其实就是树立正确的荣辱观，践行社会主义核心价值观。以廉洁从政、艰苦奋斗为荣，以贪污受贿、奢侈腐化为耻。一个人知耻，便可以反省自己，而廉洁自律是知耻的结果和升华。

最后，知耻与从廉二者对人的修养提升来说，不可偏颇，而是同等重要、相互作用。

当今社会，一些不明荣耻的人，把损人利己当成"能耐"，把见利忘义当作"聪明"，把违法犯纪看成"勇敢"，把骄奢淫逸当成"荣耀"；一些人将廉洁自律、守法知耻看成是"笨蛋"，而把捞金钱、挥霍财物当成"荣耀"，混淆善恶是非，不知廉耻，给社会道德建设带来恶劣影响。我们应重申以耻为人性善的起点、廉为人性善的升华。深入挖掘传统优秀文化并加以弘扬光大，是抨击和杜绝当今无耻贪婪行径、加强修身自律的有力武器。

二 耻廉结合，加强从政者自律

廉是从政者的重要德目。廉是古代官德的核心，在中国传统士大夫知识分子的修身哲学中，"养廉"与"知耻"通常是相提并论的。宋代欧阳修说："廉耻，士君子之大节"①。在中国传统社会中，这种被视为"士君子之大节"的"廉耻"，不仅整合了中国传统士大夫之自我完善的"内圣"人格——在一方面自觉形成了中国传统士大夫的内在德性，无论是儒家孔子所倡导的"君子固穷，小人穷斯滥矣"的君子节操，还是孟子所弘扬的"富贵不能淫，贫贱不能移，威武不能屈"的大丈夫气概，均离不开这种士大夫个体那种以"廉"德为核心的品格修养；在另一方面，随着传统士大夫知识分子晋身入仕机会的逐渐增加，这种已被"内化"为士大夫个体品格的"廉"，也日益焕发了其社会治理方面的事功作用——"外王"的一面。

知耻廉政，才能使政令畅通、民众信服。孔子说："其身正，不令

---

① 《廉耻说》。

而行；其身不正，虽令不从。"① 孟子说："君仁，莫不仁；君义，莫不义；君正，莫不正。"② 荀子说："君者仪也，民者景也，仪正而景正。"③ 执政者自身端正会产生上行下效的积极影响。纵观历史，知廉耻得民心的事例比比皆是，各朝各代的清官廉吏，如魏征、海瑞、于谦都为历代劳动人民所敬仰和传颂，他们知耻廉政的精神和言行，为端正吏治官风和肃正社会风尚树立了良好的典范，也为当时社会经济文化发展繁荣起到了促进作用。而严嵩、和珅、刘瑾等历史上有名的贪官污吏因中饱私囊、大事敛财，不仅祸国殃民，而且在民众中丧失了威信。这些史实，反映了知耻廉政对为官从政者的重要性，对于当前我国建设廉政社会起到借鉴或警示的作用。

廉耻是从政者的基本素养和职业道德要求。廉耻是党员干部的"防护栏""防火墙"。在传统中国社会的修身学问里，"廉"不仅日渐成为士大夫修身的普遍美德，即"廉为德本"，同时，对于那些已晋身为仕的政府官吏来说，"廉"成为肃正吏治作风的基本德目，又是实现理想政绩的道德坚守。

廉耻更是为官者树立威信的保证。官德失范影响官民关系，影响政府公信力，甚至影响国家长治久安。《国语》告诫人们："古之贤君，不患其众之不足也，而患其志行之少耻也。"有耻者方能做人，做高尚、崇高之人。为民者，无耻害己；民知耻，人类文明才能进步。为官者，无耻殃民；官知耻，百姓权益才能得到保障。同时，知荣才能明耻，我国古代的思想家历来十分重视知荣与明耻，古语云："不知荣辱乃不能成人。""士大夫之无耻，是为国耻。"士大夫在传统社会指的是有官位又有知识的人士，他们代表国家的形象。明代将领袁坤仪还指出："思古之圣贤，与我同为丈夫，彼何以百世可师，我何以一身瓦裂"，"可师"与"瓦裂"之分野，就在于是否知荣辱。孟子说："君仁，莫不仁；君义，莫不义；君正，莫不正"。荀子说："君者仪也，民者景也，仪正而景正"。《周礼》"六廉"中的"廉敬"要求为官者

---

① 《论语·子路》。
② 《孟子·离娄上》。
③ 《荀子·君道》。

遵守职业道德，爱岗敬业，恪尽职守；"廉正"要求为官者品行端正，秉公办事。"六廉"在一定程度上影响着我国历史上"良吏""廉吏"，如唐朝宰相魏征辅佐李世民，勤勤恳恳、忠于职守，公正廉明；历史上有名的清官包拯，一生清廉，整肃吏治，打击贪污，在人民中树立了"包青天"的良好形象。

当前，在改革开放的大浪潮中，我们干部队伍中的某些人脱离本职岗位的道德水准，直至突破做人的道德底线。不为民谋利益，反而任意挥霍人民财产，这本身就是一种耻辱；某些人脱离做官员的道德水准，直至突破做人的道德底线，这更是一种耻辱。无数事实证明，当官从政者只有知荣明耻，才能明辨是非善恶，虽洁身自爱，这样的官才能真正做到"不以一己之利为利，而使天下受其利，不以一己之害为害，而使天下释其害"①。

令人可喜的是，在当代中国，加强干部队伍的廉政建设成效显著。以反腐斗争为例，自党的十八大以来，中央纪委"打虎拍蝇"成效明显，但腐败问题仍然比较突出、比较严重。据有关数据统计，近两年来，中纪委平均每天查处贪腐干部超过 1 人。新闻报道的云南的一件"小官大贪"案例，科级官员贪污达到 360 余万元，令人触目惊心。②官员的腐败与其自身的道德修养有很大程度的关系，道德堕落后多会导致腐败。权钱交易、权色交易、作风腐化，很多是因为腐败官员缺少廉耻之心，没有羞耻感，不以之为耻而导致的。

知荣与明耻是内在统一的。习近平总书记曾指出，领导干部要把深入改进作风与加强党性修养结合起来，自觉讲诚信、懂规矩、守纪律，襟怀坦白、言行一致，心存敬畏、手握戒尺，对党忠诚老实，对群众忠诚老实，做到台上台下一种表现，任何时候、任何情况下都不越界、不越轨。领导干部手握权力，只有心存畏惧，才能正确用好权力，如若对权力没有丝毫畏惧，最终会把权力变成谋私利的工具，反而害人害己。

传承传统文化中知耻和廉正思想精华，加强官德修养，增强官员的免疫力，提升党政干部的道德素质。加强官德修养是治本之策，是从源

① 黄宗羲：《原君》。
② 参见 https://new.qq.com/cmsn/20160921/20160921048162。

头上预防腐败、增强官员的免疫力。重温"廉敬"和"廉正"的思想，有助于提升官员的道德素质。领导者自身端正会产生上行下效的积极影响。"不廉则无所不取，不耻则无所不为"。为官从政，涵养一种廉耻感和感恩心，牢记国家培养自己花去的"培养成本"，以此为自我约束、自我警醒的"紧箍咒"。那么，各级干部就能守得住底线，干净清白地干事。另外，党员干部应做到以知耻明耻为起点的廉行、廉志、廉德"三廉合一"：廉行，在运用公权处理公务中有羞耻心、知廉洁，做到不贪污、不受贿、不枉法；廉志，对于不义之财、行贿之举能坚决抵制并进行惩治；廉德，在本职岗位上不断锻造清廉无私的品德、节操，提高党性修养，把知廉耻、守廉耻作为职业必修课。牢固廉耻认知、正己修己，不沦陷于权、名、利、色，自觉在践行党员先进性上做表率。

三　耻廉结合，推进国家体制建设

建立廉政培育机制。廉耻不仅仅是一般意义上的治国的大纲，也是一种精神动力、一种民族美德的传承。管仲是春秋时期著名的宰相，他协助齐桓公九合诸侯，一匡天下，创立霸业，其治国经验之丰富，很少有人能及。欧阳修曾任副宰相，业绩斐然。他们都把廉耻与礼义视为国家的根基和命脉，可见廉耻对治国的重要性。古人对廉耻的认识不可谓不深刻，但在几千年的阶级剥削和阶级压迫的社会中，真正做到有廉耻之人微乎其微——"三年清知府，十万雪花银"就是封建统治者的写照，这也正是他们之所以亡国殃民的重要原因。

以史为鉴，对我们具有警示作用。当前，我们要切实将知廉耻不妄取的思想植入社会廉政文化建设之中，营造干部清正、政府清廉、政治清明的风清气正良好政治生态文明。在党的制度建设上，坚持全面从严治党，关力于解决人民群众反映最强烈、对党的执政基础威胁最尖锐的突出问题，反腐斗争压倒性态势持续形成并巩固发展起来。制定科学合理的清正廉洁党员干部行为准则，强调恪守"清正廉洁"规范条令，提高党员干部在长期执政环境下形成拒腐防变和抵御风险的能力，着力增强在从严治党要求下形成受监督和约束的环境中工作生活的自律自觉、敬畏权力、管好权力、慎用权力，坚守政治定力、纪律定力、反腐定力，守住党员干部的政治生命，始终保持反腐败、倡廉洁的政治本色。

加强知廉耻关乎国运的宣传，深入开展反腐倡廉教育。在学校教育方面，要抓好校园宣传，利用校园文化宣传栏、校园广播、学校报纸等展示廉耻文化及当代廉耻建设成就，充分运用学校党团政工队伍、学生工作部门、高校思想理论课阵地、学生社团等形成廉耻教育合力。在家庭教育方面，鼓励各家各户汲取传统文化精华，深入挖掘家族优秀家规家训中的廉耻思想并赋予时代要求和内涵。传扬涵养家风廉耻文化，以家庭为单位，积极开展廉耻家风家训教育活动。在社会教育方面，充分利用机关部门、企事业单位、社区的宣传导向作用，及时进行廉耻学习，树典型、学楷模，展开全民廉耻观培育，不断增强各领域廉洁自觉性。

加快廉耻法制建设。牢固树立反腐必用严法思想，法治是有效治理的基本要求和根本手段，法律能起到重要的震慑作用，没有建立在法律之上的健全廉耻法规法令，社会就无法进行正常治理。一方面，要建设完善的惩戒贪腐法律。遵循法律面前人人平等、有法可依、有法必依的原则。要求各级政府官员、公民都必须依法行事、规范行为，对于腐败行为，要依法严加惩罚、以儆效尤，在社会上形成畏法度、遵法度、行廉政、拒腐败的良好社会法治氛围。另一方面，建立完善的廉耻制度。各部门要结合本单位工作性质特点，建立恰当的廉政机制和廉政模式，并成为日常规律性的学习。只有法律健全、制度完善，才能真正实现"为民、务实、清廉""权为民所用，情为民所系，利为民所谋"。

第七章　耻德的实现路径

社会主义精神文明建设包括思想道德素质教育和科学文化知识教育两大方面，国民良好的思想道德素质，是社会主义建设的动力支持和精神支撑，耻德是社会主义思想道德素质教育中的重要环节。因此，耻德的培养尤为关键。社会对公民的耻德培养可以通过个体教育、学校教育、家庭教育、社会教育的途径来达成。

个体知耻教育是前提。知耻首先是自耻，是道德自觉自律。一切耻育必须由个体通过自我耻育培育，形成知耻意识开始。

学校知耻教育是主要阶段。大学时期是道德价值观确立和形成的黄金时段。大学耻育应着重于启发学生的人性认识自觉和对核心价值的认同，使学生将道德原则、规范及相应的社会价值观念内化为自己做人的准则，形成自律精神和自律人格。大学耻育要渗透于学生的学习、读书、文化及社会实践活动中去，要延伸至学生管理、校园文化建设活动中。

家庭知耻教育具有优先的地位。自古以来，中国人的伦理观念主要来自家庭，家庭是中国人精神的依托、亲缘关系的纽带，对于中国人来说具有不可替代的地位。营造优良家教家风，完善运用好家训家规，是家庭耻德教育的根本。耻德是家庭美德的重要元素，有助于培养家庭成员高尚的道德品质、良好的个人素养。

社会知耻教育是关键。家庭和学校耻育是取之于社会又用之于社会的，社会知耻教育是家庭和学校耻育的基础和必然归宿，营造良好的环境、加强传统文化借鉴、建立耻德道德规则和推进法治建设，都是提高国民耻德素养的重要环节。如果每个公民都具有道德底线自觉，那就会形成社会整体控制力，督促人去恶向善。因此，要重视社会耻育，将其纳入社会精神文明建设规划，开发道德主体的道德价值意识，进而培育、激发其自重、自爱、自尊的精神，同时，社会要制定耻德规范、完善耻德传播机制建设。

第一节　个体耻德的养成

我国古代许多思想家都不同程度地指出，知耻教育在人的成长发展过程中具有重要作用。《论语·子路》载：子贡问曰："何如斯可谓之士矣？"子曰："行己有耻，使于四方，不辱君命，可谓士矣。"这个回答说明"士"必须具备"有耻"和"不辱君命"两个不可缺少的品质。顾炎武对"士"的要求更严明，他认为：士而不先言耻，则为无本之人。"本"指的就是根本、本质、本性。

对个体而言，耻德教育不仅要有外在他律的强制性教与学，更是内在的基本道德素质的自我修养完善。研究耻德教育"他律"与"自律"的关系，摆脱现实社会仍然存在的对公民耻德教育道德自律弱化的困境，实现耻德教育"自律"与"他律"的契合，是耻感教育修身律己的重要途径。

一　个体耻德自律弱化的困境

就我国道德现状而言，社会道德约束还存在一些漏洞，对公民耻德、耻感教育仍然较为匮乏，加之社会上的功利思想、拜金主义等思想仍然存在，使社会个体道德自律出现了一定程度的弱化。因此，对个体的耻德培养需从自律方面探索其成因。

其一是社会耻感文化的弱化。

人的意识是在后天形成的，耻感作为人的一种意识，个体耻感思想是在后天长期的学习中形成的，耻感文化是公民思想道德形成的重要来源。耻感文化弱化原因在于：一方面是受到外来文化的冲击，西方资本主义社会的自由主义、功利主义思想的渗入使认为人生而自由、生而为己的思想在一定程度上泛滥，导致社会上部分人仍秉持着利己主义、拜金主义，而忽略了社会基本道德对个人的约束。另一方面是对传统道德耻感观念的淡化，对传统文化的宣传和学习不足，甚至有些地区对此完全忽视，使社会一定程度上出现了不分是非、不辨好坏的不知耻的现象，这势必会导致个人对"耻"的理论认识和道德实践的模糊。

对于传统耻文化我们应该做的是辩证地扬弃。同时我们面临着今天世界经济全球化、文化全球化的影响，社会道德体系尚待完善，必然会使人们产生道德上的迷失，这些道德迷失直接或间接地导致人们道德自律的弱化，在社会生活中、在道德要求中对自己的要求较低，因此道德自律也就谈不上了。

其二是个体"自律"的弱化。

康德在《道德形而上学原理》中认为，道德是自律的，不是他律的，他的论证是出于理性的绝对命令而行善的意志自律。可是由于个体意志自由加之个体的惰性，也就得耻感的标准难以统一，或者是根本就弱化了社会的道德标准。道德与法律是不同的，法律是国家政权稳固的保证，是维护社会稳定的强制性因素。道德是人们长期社会实践活动中约定俗成的社会规范，它本身的维护没有法律的确定性和强制性，不同地域、民族和群体有不同的道德标准，这就使群体中的成员心中有不同的道德律，可是道德律一旦脱离了个体的自觉的配合，所谓的道德原则、规范其实就是句空话，或只是形式而已。

当今的公民道德自律也呈现出如此趋势，大多数有自己心中的道德律，还是没有比较稳定的道德意识，由于自身的惰性加之外来腐朽思想的诱惑，往往会弱化自己的道德自我约束。

其三是个体社会公德意识的弱化。

自我道德意识是对个体自身以及个体与外在环境关系的伦理认识，这里就包括对自己存在的认知，延伸至对个体身心等方面的认识。而对社会公德意识是个体对他人和社会的关注以及服务社会的责任感，一个人的社会公德意识是随着社会的变化而发展的。现今有一部分人缺少对他人、对集体的服务与奉献精神，缺乏对他人和社会的公德意识，常会认为只要是自己喜欢的无论用什么手段甚至对社会产生危害都要得到，在这个过程中，就直接或间接地损害了他人和社会的利益。

二 耻德修己路径："他律"与"自律"的融合

修己使人们形成羞耻感，自觉培养羞耻心，并使自身的道德素养得到更好的发展。耻德培养的最好方式就是外在的道德教育与自身的道德约束的结合达到修己的目的，包括外在和内化两个主要方面，既是要通过外在他律的强制灌输，更是要求个体自身的内在教化实现自律。

通过外在"他律"培养个体耻感意识。"羞耻就是一种内向的愤怒。整个国家如果真正感到羞耻，它就会像一只蜷伏下来的雄狮，准备向前扑去"。① 这是马克思对羞耻的理解，马克思认为羞耻感的培养就是对善的褒扬，对恶的批判。外在"他律"则会产生强制力量，使人们的行为控制在合理度、合法度上进行。

"知耻"与"无耻"作为评价一个人行为正确与否的道德标准，教育者要做的耻感教育的第一步就是让人们"知耻"从而"有耻"，让人们明白什么是对的，什么是错的，进而树立正确的人生观、价值观。通过外在的道德培养，让人们把外在的道德教育与自己的内心行为约束紧密结合在一起，当他们行为正确的时候，要有适当的社会承认；当他们做错事情的时候，要有深刻发自内心的自我认识和反省修正，通过道德教育的途径让他们认识到自己的错误，进而反思自己的行为，只有"知耻""有耻"才会形成良好的道德习惯。要以宣传、讲座、交流活动等为国民营造耻感形成氛围，对国民进行经常性的道德教育。而社会则需要提供更多的道德实践机会，在实践中更深刻感受哪些行为可为与哪些不可为之分，认识和学习相关法律法规。

敬重他人，提高修己之内在人格。敬重他人、尊重他人人格是耻感教育实现的主要途径，"知耻"的行为是体现在具体的实践活动中的，而这个实践活动其实就是对他人的人格尊严的尊重，远离生活中的假恶丑等思想。作为社会的公民，想要维护好自己的尊严，首先就要尊重别人，就要有耻感意识。树立正确的道德观和知耻观，是一个由外向内的过程，它不仅仅是外力的教育，更多的其实是一个渗透作用。要让公民自己知道什么是对什么是错，要让他们知道应该如何去尊重他人的人格

---

① 《马克思恩格斯全集》第 1 卷，人民出版社 1956 年版，第 56 页。

和尊严。这是要通过加强传统文化典籍的学习与思想精华汲取、通过行为的"自律"、自我约束方式形成耻感，使个体通过具体的道德行为实践转化为内在的道德修为，使羞耻心转化为内在的道德特质，反过来又进一步自觉应用于道德实践中。

通过谨言慎行实现修己之言行。只有谨言慎行才会在现实生活中把"他律"与"自律"结合起来，"天下之难做于易，天下之大做于细"。[①] 老子认为人做什么事越是容易的越是要谨慎，不能马虎；天下的事，越是大体的笼统的，越是要细心去做，只有这样谨言慎行才会使个体人得到更好的发展。只有做到言行合一，通过耻德学习来完善自己，才能形成正确的"知耻"道德观。内心无耻的人，能力再大钱财再多，最终也不会走得太远。这就要求当今的公民应该继承和弘扬的优秀的思想道德，遵守社会道德准则，树立高尚的道德境界，做一个知耻明耻的人，使自己的道德品质不断提升和进步。

三　耻德律己目标：实现自由与和谐

以耻感教育为基础，以自律作为个体道德发展的一种内在的道德境界，以他律作为一种外在的道德约束，实现他律与道德自律的合力发展。

（一）树立正确的道德观标准

马克思认为，改变传统的不适应社会发展的道德教育观，社会道德教育机制必须要完善，"物质生活的生产方式制约着整个社会生活、政治生活和精神生活的过程。不是人们的意识决定人们的存在，相反，是人们的社会存在决定人们的意识。"[②] 马克思在这里就强调了物质生活的重要性，精神文化生活只有在物质基础满足的情况下才会有所发展。由此可知，道德文化也是由社会物质条件决定。

圣人式的道德观不是道德教育的主流道德标准，只有道德观适应和符合社会大多数人时，才会真正成为道德准则，即"他律"的标准，因此，需要以社会主义核心价值观，为引领和指导，在全社会树立科学

---

① 《道德经》。
② 《马克思恩格斯选集》第2卷，人民出版社1995年版，第32页。

性的道德观，并恪守其标准。

（二）完善个体自身的道德意识

耻感教育是使受教育者从被动接受到主动地修为，最终实现道德自律的过程。只有使个体自身的道德意识逐步地完善，才会使个体得到更好的发展。这就要求我们自身的道德意识不断完善，学会并掌握自我教育与道德自律，要经常地告诫自己该做什么，不该做什么，不断地自我暗示，自我提醒，最后进行反思。"合理地区分腐朽的文化意识与优秀的人民道德文化。"① 通过这些办法实现道德的自律与耻感教育很好地结合，通过不断地在社会实践过程中把这些基本的道德素质转化为自身的道德品格。掌握这些自我教育的方法，变被动学习为主动接受，促使自身良好道德品质的养成。

（三）自由与自律的融合，最终目的是实现和谐

推动个体的进步发展，只谈自由或者是只谈自律都是不合理的，只有实现个体的相对自由与道德自律的结合，才会最终实现社会的和谐。"意志是有生命的一种因果性形式，如果说生命是理性的，那自由可以说就是这种因果性所固有的性质，这种固有的性质不受外在的因素限制而独立地起作用"。② 说明生命理性中的固有性质"自由"本就不是不变的固有的，而是受外在的条件影响的，是有规律可循的，意志所固有的性质就是它自身的一种规律。因此，符合道德规律的意志就是一种外在的道德自律，自由的意志和符合道德规律的意志本质是相同的。也正是只有自由与自律的融会贯通，才会使社会规律得到更好的发展。但是，要注意这里要强调的我们所追求的自由并不是绝对的完全的自由，而是在理性指导下的相对自由。只有在这种相对的自由条件下，道德自律才能稳步实现，最终也才会达成和谐的目的。

总之，只有把个体"自律"与"他律"结合起来，才会使耻感教育成为推动公民道德建设的有效动力，更好地发挥在社会道德建设中的推动作用。

---

① 《毛泽东选集》第 2 卷，人民出版社 1998 年版，第 707—708 页。
② ［德］康德：《实践理性批判》，商务印书馆 1999 年版，第 2 页。

第二节　大学耻德的培育

当代大学生是推动国家社会发展进步的重要力量，也是社会主义核心价值观的践行者和引领者。习近平总书记强调指出，青年的价值取向决定了未来整个社会的价值取向，而青年又处在价值观形成和确立的时期，抓好这一时期的价值观养成十分重要。综观当今大学生的价值观发展主流，是积极进取、奋发向上的。但是我们也应清醒地认识到，在社会转型期多元价值观影响下，大学生思想道德领域存在亟待解决的问题，如自律与放任的冲突、守德与缺德的迷惑、价值选择和现实利益的矛盾等。反观现今的大学德育，我们听到这样一种声音：大学精神有正日渐式微的趋向。究其原因是多方面的，其症结之一在于长期以来对大学生知耻底线伦理认识及教育的忽视。

因此，如何在大学生中深入开展社会主义荣辱观教育，尤其是知耻教育，引导他们在荣耀感和羞耻心的价值对立中，竖起一面检验自我和完善自我的镜子，帮助大学生形成正确的道德意志，构筑抵御诱惑的坚固防线，是当前大学德育中的一个重要的课题。加强大学生思想道德建设，培育大学生正确的价值观，关键在于筑牢知耻的道德底线，培养知耻趋荣的道德自觉和道德行为。

一　推进以知耻为底线伦理的道德教育

知耻，就是要求每个人的内心都应该有辨别善恶、荣辱的正确标准，对什么是荣誉，什么是耻辱，都有很清晰的认识和把握。在高校教育中，知耻教育就是培养大学生的耻辱感，以行不道德之事为耻，严格地约束自己的行为，维持自己应有的人格和尊严的底线伦理教育。

（一）知耻底线伦理教育的实质

"底线伦理"是相对于"理想人格"而提出的伦理概念。"底线"是一种比喻，它是相对于道德的层次性而言的，指的是善的最低层次。底线伦理中的"伦理"不是指人生的最高理想，而只是下面的基础，这种基础又极其重要，拥有相对于价值理想的优先性；另外，它是人们行为最起码、最低程度的界限。因此，底线伦理是指每一个社会成员必须自觉遵守的最低程度的道德要求和道德规范，是相对于人生理想和价值目标而言的。底线道德教育，坚持的是对人道德的最低要求，而知耻、有耻、耻感或羞耻之心就是人之为人的底线，是人对自己之为人的自觉，也是大学生德育最低的道德界限。也就是说，一个人知耻，有耻就会明分善恶、荣辱，自觉地不想做、不去做假丑恶之事，即所谓"耻不从枉"。

知耻，作为道德底线对人在社会生活中的行为处世具有心理的自我约束、道德自律的作用，可避免人心中的道德底线崩溃。知耻感作为道德底线的伦理维度，伦理学教授何怀宏对此有过通俗的阐释：在纷繁复杂的社会文化中，你可以做不到舍己为人，但你不能损人利己；你可以不是圣贤，但你应该认同道义和人道；你攀升不到道德的最高境界，但道德的最低下限必须坚守。那是人类最后的屏障。① 这个道德的最低下限，我们认为便是人之为人所必须具备的耻感意识，即我们不苛求"己欲立而立人，己欲达而达人"，"毫不利己，专门利人"，但最低要讲"己所不欲，勿施于人"。

我国目前正处于社会转型期，价值多元化一方面扩展了人们的选择自由，但另一方面也在价值折中和多元妥协中模糊了一些基本的道德判断，使许多主流价值在一定程度上被遮蔽和消解，基本的荣辱、是非、善恶、美丑界限被扭曲、混淆，儒家传统伦理体系在一定程度上被漠视，人们长期压抑的原生欲望在社会转轨中迸发出来，冲毁了许多合理内核——包括耻感意识在内的既有道德。因此，当前，合理运用耻感教育具有的普遍性、基本性和最低程度性的伦理特性，在某种程度上加强大学生的知耻教育意义更为重要。只有明晰底线，确立德育起点，才能更好地培育学生崇高的品质和道德，德育工作才会有坚实的基础。

对知耻作为底线伦理的解析可以追溯到中国古代的耻感文化，"知耻"在我国传统文化中早有记载。传统耻文化把耻感同道德结合起来，耻与荣相统一，"荣义有耻，德之大端。"其目的就在于追求理想人格的实现。知耻教育作为大学德育的底线，其伦理意蕴主要有两方面的含义：第一，知耻作为一种基础性伦理具有普遍性，要求大学生胸怀

---

① 何怀宏：《底线伦理》，辽宁人民出版社 1988 年版，第 23 页。

"达则兼济天下""穷则独善其身""洁身自好"，守住做人的底线，针对全体大学生，不允许有"逃票乘客"和双重标准；第二，耻感教育具有基本性和最低程度性，它提出的要求是对道德主体最基本的道德规则和要求。

在大学生进行道德素质培育中，之所以强调耻德教育，主要是因为：第一，有利于抵制不良习气。大学生思维敏捷、创新性可塑性强，但是非辨别能力相对较差，遇事缺乏周密的推断和思考，一念之差往往铸成大错。道德堤防一旦出现决口，各种恶行恶习必生会出现。知"耻"就是构筑抵挡不良环境潮流的堤防。第二，有助于纠正"耻荣颠倒"现象。社会上的一些领域和地方道德失范，价值观出现扭曲现象，是非善恶美的界限被混淆。受此影响，有部分大学生"耻荣颠倒"。如将节俭的人说成是吝啬，生活随便的人却被奉为有个性；如社会交往中以能通过不良渠道获利为荣，就业选择中以从事一些脏累的工作为耻，等等，与我们的培养目标相异。第三，有益于培养德才兼备的接班人。从知"耻"教育入手，使大学生首先具有良好的思想道德素质，成为"德才兼备"的合格人才。

（二）对传统德育模式的反思

近年来，大学德育常抓不懈，大学德育不断发展进步。但是，也出现了一个共同问题：那就是我们过于重视大学生理想人格教育，而忽视他们的底线伦理教育，特别是知耻教育，造成不少大学生丧失耻感，以致做出诸如伤害室友、裸贷等令人不可思议的无耻之事，造成了大学德育的一个盲区。究根溯源，既有大学德育体系自身缺陷的原因，也有对社会环境因素重视不够应对不足的因素。

第一，德育目标定位片面追求道德高标准。长期以来，学校德育存在的一个弊端，就是片面追求道德的高标准，将德育的最高目标作为德育的起点，把道德的低标准搁置一边，对大学生提出的道德要求是以对人道德最高要求的"理想人格"，教育为主导的"英雄伦理""楷模伦理"，德育工作流于采取"高、大、空、远"的理想化模式，进行苍白无力的说教，忽视了生活中最普通、最基本的道德要求，求"效"心切，德育目标脱离大学生身心发展的实际，提出不分层次的过高过急要求，使学校德育在相当程度上处于"空转"状态，不仅信度差，效度差，还使学生产生逆反心理，逐步远离德育，甚至出现对事对人不爱惜、不感激的"反道德行为"。而羞耻感、知耻心，作为学生最基本的道德评价基准和最容易达到的道德目标，却往往被忽视。

第二，对社会上支持"耻行"的"耻理"歪言谬论，没有及时加以正确引导。传统德育更多的是关注校园内道德的建设，对社会、家庭对大学生道德教育影响缺乏有效关注以及应对不足。我国改革开放以来，崇尚文明、崇尚科学，尊重知识、尊重劳动成为社会思想主流，但是，一些不健康的糟粕也接踵而至，扰乱了部分人的思想道德，社会上出现了荣耻不分、是非不明、美丑不辨、善恶颠倒错位甚至"以耻为荣"的"去羞耻化"（"去道德化"）倾向。本来，商人不欺诈、官员不贪污、文人不剽窃、学生不违纪是最基本的做人要求，但是现在却反其道而行之，出现不以荣为荣，不以耻为耻，反以耻为荣，面对美德善举报以冷嘲热讽，面对缺德耻辱言行却亦步亦趋的现象。一些人道德耻辱感麻木，羞耻心丧失，对社会生态和公众心理造成污染和破坏，导致社会群体耻感文化逐渐丧失，社会道德滑坡。大学生是社会特殊群体，正处于世界观、人生观、价值观形成的关键时期，容易受到社会环境的影响。而目前的一些高校对大学生思想道德建设缺少正确的道德引导和有力的防范措施，与社会教育脱节，大学生耻感教育单薄无力、流于形式，难以抵挡社会"耻理"歪论的长驱直入，造成大学生耻感意识模糊、是非荣辱观念界限不清，容易随波逐流，有些自律精神差的甚至放任自流、追随无耻。

第三，缺少对中国传统耻感文化精髓的深层挖掘和合理运用。中国传统文化内容丰富、境界高远、旨意宏远，其中包含许多诸如以德义为判定荣辱的标准、重名节、重视耻教以及淡泊名利、反对华而不实和沽名钓誉等"耻德"精华，这些对今天的大学生德育仍有深刻的伦理意义和极大的利用价值，是大学生耻感养成的重要文化资源。但是长期以来，部分学校对传统文化重视还不够，对传统思想"礼义廉耻""有耻且格"等丰富的耻感文化内涵缺少深度挖掘和系统整理，对传统美德"羞恶之心""廉耻之心""知耻—贵耻""求荣—立荣"等追求高尚人格的道德体系缺乏了解、运用，对传统耻感文化的宣扬力度不够，与现实道德教育结合不力。一些学校道德教育形式化、表面化，大学生国学修养匮乏，对传统耻感文化知之甚少，甚至一无所知，更谈不上如何加以继承。

第四，对高校教师耻感的一些滑坡现象带来的负面影响重视不够。传统德育关注的焦点往往集中在学生身上，而忽视了教师群体的"耻德"对学生潜移默化的影响。亚里士多德说过：人是最富于模仿性的生物，人是借助于模仿来学习他最早的功课的。学生具有向师性，教师的一言一行对都是他们模仿的对象。受功利主义和不正之风的影响，现在教师职业道德教育尤其是知耻教育还较为薄弱，有少部分高校教师师德丧失：在学术上不思进取、得过且过甚至偷奸耍滑；见利忘义，不惜损人利己；有的甚至违法乱纪，干出伤天害理无耻之事。教人知耻者反而恬不知耻，道德错位现象给大学生耻感养成带来负面影响。

（三）加强知耻底线伦理的德育措施

古人云"教之耻为先""必有耻，则可教"。社会主义核心价值观，为高校思想道德建设提出了目标，指出了新时期大学德育的工作正确方向。新时期的大学德育应在对传统德育重新进行审视和解读的基础上，强化大学生知耻教育。

第一，明确"知耻"的伦理意义，引导教育学生树立正确的知耻观。首先，要教育学生知耻才能有尊严。南宋陆九渊说人而无耻，果何以为人哉？羞耻心是一个人维护自尊的自因，它有力地护卫着一个人的尊严，而知耻是大学生道德人格的底线，底线一旦失落，道德人格就会发生千里溃堤的危险，清代文人石成金说："如知耻，则洁己而励行，思学正人，所为皆为光明正大。"[1] 大学生有羞耻心，就会珍惜自己形象而力戒耻辱，"穷不失义"，"贫而无谄"，明耻自觉性高一分，羞辱之心多一分，道德人格尊严的底线就多一分。其次，要指导学生知耻而后才会改过迁善。《中庸》载："子曰：知耻近乎勇"，意思是人知道羞耻就接近了勇的品德。作为个人道德意识的一种痛苦体验，耻感意识是流露于大学生内心的一种自我责备，是受"辱"状态下牵动自尊的一种愤激情感。马克思说："羞耻是一种内向的愤怒。"[2] 这种愤怒能促使

---

[1]　石成金：《传家宝·人事通》。
[2]　《马克思恩格斯全集》第1卷，人民出版社1956年版，第407页。

行为主体抑制导致耻辱感行为的再次发生，并通过愤激情绪鞭挞自己，克服缺点，完善自我，遵循以耻感为底线的道德基准，改过自新，战胜自我和邪恶的行为。有了勇毅的品德才会悔悟、自责于已然的过错，羞恶、自律于未然的不善，对恶的可耻生愧悔之心，进而改过向善。最后，要引导学生将知耻化为向上的精神动力和道德力量。耻感文化中"耻于落后、耻于无知、耻于懒惰"的精神焕发出催人奋进的巨大活力。荣辱心能够使大学生产生崇高的自尊心、自豪感，形成完善自我的力量和心理机制，在社会生活中做出善的、符合人的尊严的行为，形成忠诚、守信、勤奋、公正、自律、自强等优良品质，实现道德价值目标和完善道德人格。

第二，加强广大教师"行己有耻"职业道德建设，做学生知荣知耻的典范。孔子倡导"士要行己有耻"，即一个人出言行事应有知耻之心。他在回答子路怎样才算"士"时说："行己有耻，使于四方，不辱君命，可谓士矣。"知荣明耻同样是教师这个特殊职业的道德底线，与教书育人关系重大。学生的可塑性很大，和教师相处时间也最多，乌申斯基说："教师个人的范例，对于青年人的心灵，是任何东西都不可能代替的最有用的阳光。"① 教师是学生的指导者和引路人，首先要从自身出发"反求诸己""不以善小而不为，不以恶小而为之"，严格要求自己，自觉践行社会主义核心价值观、社会主义荣辱观，率先作知荣知耻的典范，博学、慎思、明辨，把握和坚守道德底线，就会对学生产生良好的示范作用，并在潜移默化中感染和熏陶学生自觉加强羞耻心和知耻感。

第三，批判地继承和弘扬传统文化耻感精神，使其内化为大学生自我道德标准。知耻，是中华民族优良传统美德，绵延几千年仍经久不衰。中国自古重道德，传统道德教育尤为强调教人知耻，认为知耻不仅是"利人之大节"而且是"治世之大端"，认为知耻与个人、民族、国家关系密切。先哲探究如何树立价值导向与培养社会的良风美俗关系，以知耻教育来推进义理教育，以义理教育来保障道德秩序，深入而系统。根据台湾学者朱岑楼先生的研究，《论语》中有强烈的耻感取向，

---

① ［俄］康德·乌申斯基：《人是教育的对象》，科学出版社1989年版，第309页。

《论语》中与耻感有关的章节很多；诸子百家传世之作也有很多关于知耻重要性的阐述，其中许多针砭时弊的传统警世良言仍然不失其积极意义。这些都是珍贵的文化思想遗产，社会主义核心价值观和学习和汲取传统文化道德中有价值的部分，不仅有利于培养学生的知耻感、羞耻心，还能由"明耻"而"知荣"，激励大学生秉承道义，自强不息，培养高尚的民族气节和爱国情操。

第四，以社会主义核心价值观和社会主义荣辱观引领大学生树立耻感观念和意识。耻感观念、意识是"耻德"的出发点和前提条件，知耻心是大学生为善去恶、积极向上的内在驱动力。羞耻感、知耻心是最普通、最基本的道德要求，追求大学生道德的高标准，必须首先达到道德的低标准。

社会主义核心价值观提出"爱国、诚信、敬业、友善"的目标，都要从耻德开始。社会主义荣辱观不仅提到了"义"和"信"，更重要的是突出地表现在"耻"字上，把知耻拒辱作为基本价值取向和行为准则并对"耻"作了具体的界定，是大学生道德的底线，以社会主义核心价值观和社会主义荣辱观的"八荣八耻"引领大学生树立正确耻感，让学生懂得以什么为耻，以什么为荣，约束自己的言行，有助于学生形成正确的社会价值认定标准和价值尺度，形成由行为过失导致的心理上的耻辱感，"促使自我对人格结构进行调整与重构，防范自我再度沦入'耻之境地'"①。有耻感、知耻，大学生才会为别人负责，也为自己负责，自觉抵制无耻思想和言行，履行应尽的义务。

第五，抓好大学生知耻环境建设。首先是社会大环境的建设。其一，"养民知耻"，加强社会公德建设，使民众知耻是加强社会公德建设的首要条件，有助于防止不良社会风气的滋长和蔓延。其二，加强各行业制度建设和法制建设。当个人自律不够时，即羞耻心不强烈或根本没有时，社会外在的他律即完善的制度帮助他迫使他具备羞恶之心，产生违犯社会禁律的羞耻感。其三，加强舆论监督。媒体要勇于揭露、批评那些违背社会主义荣辱观的言行和现象，形成"知荣—弃耻""褒荣—贬耻""扬荣—抑耻"的良好社会风气。其次是校园氛围建设。要

① 高兆明：《社会失范论》，江苏人民出版社 2000 年版，第 275 页。

善于利用校园现有条件，教育、引导和帮助大学生在实际生活中养成耻感意识。通过校园媒体传播和校园文化建设，建立一种机制，营造一种氛围，形成一种舆论，使荣辱各得其果，各有所报，以此辅佐、巩固和强化耻感理性教育的成果，启迪大学生凡事从良心和耻感观念出发，在处理人与人、人与集体的关系和利益时，"将心比心""反躬自省"，在遇到自己不情愿的事时，"己所不欲，勿施于人"。良好耻感就是通过这样的实际道德操守和磨炼过程萌生、发育和最终长成的。

二 引领大学生树立耻德价值观

大学生耻德教育，要结合当前社会价值指向要求，以正确的价值观渗入大学生耻德培养的方方面面，主要是从道德价值认知、道德价值情感、道德价值行为、道德价值信念四个方面进行。一是培养大学生知耻明耻道德价值认知。价值认知和认同，是大学生价值观培育的基点，要让大学生对何为"耻"有清晰的认识和判断，在此基础上才能形成道德意识的自觉。因此，加强大学生耻感教育，树立大学生知耻、明耻的道德价值认知，尤为重要。其一，从中华传统文化中找到理论依据。历史上，从古代先贤到近现代思想家的经典著作，都包含着丰富的知耻思想。从孟子所云"羞恶之心，义之端也"，把"礼、义、廉、耻"当作为人处世的根本，到宋代朱熹的"人有耻则能有所不为"，再到清末龚自珍提出了著名的"廉耻论"，认为"士不知耻，为国之大耻"，这一以贯之的标准，已成为社会道德的风向标。其二，从人类社会发展的先进思想中挖掘。马克思主义理论的中国化演进史、世界价值理论的发展史中，都蕴含着丰富的知耻文化精华，要充分挖掘和传承这些思想，充实知耻教育内容，进一步强化大学生的道德价值认同。其三，从中国具体国情和时代要求出发。加强大学生对社会主义核心价值观，对实现中国梦实质的理解，增强耻感教育的时代感和现实感，形成稳定的理想价值目标共识，使之对"耻"的不良价值取向和意识，不断适时调整。耻感教育要通过高校思想理论课的教育教学阵地、高校德育组织学习和其他宣传活动路径全方位展开，使大学生明白什么是"耻"，形成共同价值标准。

二是激发大学生知耻明耻道德价值情感。通过大量的事实，剖析正反两方面案例，激发学生的道德情感共鸣。一方面，以负面事例为激发点，加以分析引导。近年来大学校园从失信失范的不端行为到高校学生裸贷、殴打残杀同学等恶性事件时有发生。要引导大学生对此类案例的反复，深入讨论、反思和自省，促使他们自觉产生因行为不检招致社会贬斥的羞辱感，自觉、及时遏制不良意识的萌芽，培养对"耻"的本能规避。另一方面，以正面事例为榜样，特别是大力宣传当代大学生中的见义勇为、乐于奉献、服务社会等先进典型，充分发挥模范的示范引领作用，促使大学生强化因高尚行为赢得社会和他人赞誉而获得的满足感，不断积累物质利益所无法取代的情感体验。宣传工作要以学校为主要阵地，在方法上注重灵活多样，通过宣传专栏、传媒宣传、报告会、互联网传播、文艺表演等方式，抨击负面典型，树立正面形象，传递正能量，引导大学生将知耻转化为人格追求的道德选择。

三是锻造大学生知耻明耻道德价值行为。从激发道德情感到规范自身道德行为，是大学生价值观培育的关键环节。首先，建立从校园到社会的实践教育体系。通过班级、院系、社团组织，创造各种条件和机会，鼓励大学生走出校园，积极参与社会实践，特别是服务他人、服务社会的公益活动，让大学生在具体的道德情境中，躬行"勿以善小而不为，勿以恶小而为之"的道德实践，从身边的点滴小事开始，时时注意自己的言行举止，不做鲜廉寡耻之事，及时矫正自己的不良行为，不断调整自身的行为以符合社会的价值要求，争做社会和他人认可的道德行为。其次，建立全面的监控和评价体系。大学德育部门拟定合理的规则和条例，以约束大学生不文明行为，充分发挥班级干部、党团组织、学校德育机构监督和管理大学生的日常学习和生活的作用，让学生对失德行为从不敢去做、不屑去做、不愿去做，到对道德行为自愿去做、敢于去做并且争取多做。同时，完善评价奖惩机制，使有德者有德行为及时得到赞誉和宣传，以适当的奖励使知耻者有所"得"，使无德者无德行为时时受到贬斥和否定，以惩罚措施使"耻"的行为有所"失"，营造扶正祛邪、惩恶扬善的大学良好风气。

四是树立大学生知耻明耻道德价值信念。建立坚定道德价值信念，是大学生价值观培育的落脚点和出发点。《论语》说："性相近也，习相远也"，作为底线的知耻品质，是人类共有的内在先天性，但后天能否做到自觉的知耻明耻，形成固化的价值信念，除个人自身修养，更要依靠外部社会的正确引导。在大学生价值信念培养过程中，首先，要避免价值观高标准与低要求相脱节。长期以来，我们的德育往往过于强调以追求高尚理想人格为目标，而忽视最低道德底线的起点，脱离大学生身心发展实际，陷入"高、大、空"的弊端，致使很多学生因道德目标距离自己太过于遥远，而放弃自我道德底线要求。因此，要从大学生能实现的最低目标开始，树立知耻明耻的坚定信念，逐渐走向美德伦理的至善品质。其次，社会、学校、家庭必须联合起来，努力营造正确的社会舆论、良好的校园风气以及和谐的家庭氛围，形成共同价值取向，促进大学生树立知耻明耻的道德价值信念。

三　加强知耻与趋荣相结合的教育

（一）知耻与趋荣是大学生德育的双重伦理维度

趋荣，也可称为求荣、向荣。从伦理学角度解释，就是人们对荣誉在道德肯定之上产生的一种道德向往和道德追求。在本质上，荣誉是一种向内的喜悦及幸福体验，是个人因为意识到褒奖和赞许而产生积极的、肯定的道德情感。趋荣是对获得荣誉而产生的内心道德的自我满足感和愉悦感，并外化为主体一种持之以恒的行为准绳。在中国传统优秀文化中，不乏对趋荣的肯定和认同。孟子最早从伦理方面的荣辱概念中提出"荣"，将荣誉与仁义相结合，"仁则荣，不仁则辱。"先秦儒家荣辱思想的集大成者荀子则进一步提出"义荣"，认为荣誉获得是由于个人道德高尚、行善行义的结果，荣辱由个人的德行决定："荣辱之来，必象其德。"① 因此，每个人必须洁身修性，行善行义，才能求荣避辱。

知耻与趋荣虽然分属伦理学中不同的道德范畴，但是它们都具有共性，即它们都是作为一种主体的道德情感认知以及人的德性品质、人格修养形成的不可或缺的伦理因素和必经路径。

知耻与趋荣在新时期大学生德育教育中不可或缺也是必不可少的道德教育起点与目标。知耻与趋荣与大学生内在品性、德性修养、责任感、义务感以及快乐和幸福等良知体验紧密联系。由于本性使然，良知

---

① 《荀子·劝学》。

深受道德谴责的人会感到心灵痛苦而焦虑不安；反之，良知获得道德褒奖的人则会感到安宁满足，能进入自我肯定的精神快乐境地。大学生如果能自觉以正确的羞耻心和荣誉感来回顾和检视自己的行为动机，就会产生深刻的荣辱之体会、羞耻之感悟。

新时期大学生面对的社会诱惑更多，社会环境的不断变化也会带来大学生核心价值观的模糊和困惑，现实中的种种道德难题也会强烈冲击他们的世界观、人生观和价值观，使他们道德标准选择与道德价值判断的多元化倾向比较明显，道德知、情、意、行不能统一，在道德评价方面有采取双重标准的现象。应该肯定的是，大学生群体的道德主流是积极进取、不断向上的，但仍有部分大学生对"耻"现象持宽容心态，甚至极少部分大学生"以耻为荣"，比如近年来大学生"援交门""激情门""自拍门"各种"门"事件的屡屡发生，当前大学生诸多思想问题，使大学生的知耻意识和趋荣认知教育在德育环节中更为迫切和重要，需要二者在大学生思想领域中发挥应有的作用和效力。

知耻，是大学生德育的底线和基点。西方哲学家舍勒说，从纯粹伦理学的角度看，能否唤醒内心深处害羞感觉，是道德高尚与否的主要标志，这种害羞感越是精致，道德就越完美。[1] 大学生有耻感，就会对自己每一个行为的动机进行理性审判，如果预感到会产生羞耻感，就会尽力避免做出不符合道德规范的行为，而促使行为达到合乎道德性。

趋荣，是大学生德育的向善目标的体现。道德以"善"为核心概念范畴，趋荣是对荣誉和光荣的内心认同感与外在行为的相互统一，它在道德观念和规范取向中趋向于肯定性和积极性的道德评判。因此，趋荣体现了道德"善"的理念和倾向。在大学生德育中的趋荣教育，是对道德"善"的现实回应与实施。趋荣以塑造理想人格和完美情操为终极目的，是大学生德育的最高标准和价值目的。它通过设定崇高的道德指向以及伦理标杆，来鼓励和激发大学生主体向着这一价值原则和目标前进，并以此标准作为大学生德性养成和行为的规范约束。在对大学生进行思想政治教育时，既要让他们明耻知耻，也要让他们在懂得羞耻的基础之上趋荣向荣争荣。

---

① 尚杰：《舍勒的羞愧现象学》，《学海》2007 年第 3 期。

（二）实现知耻与趋荣在大学生德育中的有效结合

知耻与趋荣作为一种重要的伦理范畴在德性中的结合，能反映人性特点和人类道德精神意义以及普世的自主自律自由理性精神，因为它们既弘扬和褒奖人性中的善，又规范和矫正人性中的恶；既体现在人的现实行为中，又指向至高的善目的。它以人的自我生存行为本身为起点，以追求幸福生活和美好人生为终极关怀，恩格斯说："每个社会集团都有他自己的荣辱观。"① 因此，对"耻""荣"的正确把握和追求，在新时期大学生德育中具有重要的意义。大学生以什么为荣、以什么为耻，将决定自身的品性良莠和才能发挥。知耻与趋荣道德双重维度的有机统一，关键在于要形成大学生趋荣避辱自觉的道德情感、积极的道德行为和坚定的道德信念。

激发大学生知耻、明耻到向荣、趋荣的道德情感。趋荣避辱是人的一种固有的社会本能和人格需求，"好荣恶耻"是人类的共性，要将对荣的"趋"与对耻的"避"强化为大学生修身养性的责任动力。首先，要以趋荣避耻的事实感化激发大学生的情感共鸣，以网络中、社会中、校园中的负面事例，引导大学生对此类事件不断进行讨论、反思和自醒，促使大学生自觉产生因行为不检将会招致社会和他人的贬斥的羞辱感的道德心理感悟，产生对道德规范的情感认同，自觉及时遏制不良道德想法的萌芽。同时，以大学校园的见义勇为、乐于奉献等正面事例为榜样，促使大学生产生对荣誉感的崇尚，强化大学生对一个人的行为赢得社会和他人的褒誉而获得心灵上的满足，而这种满足是物质利益享受所无法取代的深刻体会。另外，以中国传统荣辱思想教化大学生。中国几千年的荣辱文化源远流长、博大精深，譬如，"士皆知耻，则国家永无耻；士不知耻，为国之大耻""天施之在人者，使人有廉耻，有廉耻者，不生于大辱""所荣者善行，所耻者恶名"等思想，对个体在社会上立足，以何为"耻"，以何为"荣"，如何避耻趋荣、免予"大辱"之耻等均做出明确界定和评价，以这些经典的荣耻思想感染学生，使学生在道德意识上认同趋荣避辱不仅关系个人的修身品行，而且关系国家命运和他人利益，趋荣避辱必然受到社会和他人的赞许，将趋荣避耻转

---

① 《马克思恩格斯全集》第 39 卷，人民出版社 1975 年版，第 251 页。

化为个体人格追求的自觉情感取向和道德力量，为自身行为提供选择性和反思评判的情感前提。

　　锻造大学生从明耻知耻到趋荣向荣迈进的道德行为。从树立道德内心情感到规范自身道德行为，是知耻与趋荣在大学德育中的有效结合的进一步深化。首先，建立从校园到社会的实践教育，创造各种实践活动，比如班级实践、社团活动、社会公益活动，让学生在具体的道德情境中不断自觉调整自身的行为，逐渐形成"勿以善小而不为，勿以恶小而为之"的道德躬行，从身边的点滴小事开始，时时注意自己的言行举止，不做鲜廉寡耻之事，及时矫正自己的不良行为，争做光荣之举。其次，建立校园监控机制，让大学生对失德行为不耻为不屑为不愿为、不想为不能为不敢为；对有德行为则不仅愿做愿为、敢作敢为而且争做争为。再次，建立校园评价机制，使有德者及时受到赞誉和广泛宣传，无德行为时时受到贬斥和鄙视，营造校园中"荣"是积极奋进的道德标杆，"耻"是防微杜渐的道德警钟的浓厚氛围。最后，建立适当的奖惩措施，使荣者有所"得"、耻者有所"失"，弘扬扶正祛邪、惩恶扬善的良好校园风气。

　　培养大学生明耻知耻与趋荣向荣相统一的道德信念。以培养大学生知耻品性为起点，达到坚定的求荣的信念是大学生德育的目标。孔子说："性相近也，习相远也。"① 因为每个人具有相似的自然属性，因而具有知荣明耻的统一性和必然性，但能否达到要靠后天（社会属性）的修为。首先，大学生德育目标底线伦理定位与追求道德高标准的理性结合。知耻的底线伦理与求荣的理想人格的结合，能引导大学生从践行的身边小事开始，形成自我知耻底线品德并逐渐实现走向美德伦理的趋荣品质。其次，社会、学校、家庭等的共同努力，通过营造正确的社会舆论评价、创建良好的校园和家庭的环境，及时对大学生的行为、品质做出善恶、正邪的价值判断，在反复的肯定"荣"否定"耻"的过程中，不断深化大学生知何为"耻"，如何避"耻"到坚定何为"荣"、如何做到"荣"的道德信念。

---

　　① 《论语·阳货》。

第三节　家庭耻德的熏陶

家庭是构成社会和国家的重要基点和细胞。习近平总书记重视家庭建设，他曾说："不论时代发生多大变化，不论生活格局发生多大变化，我们都要重视家庭建设，注重家庭、注重家教、注重家风，紧密结合培育和弘扬社会主义核心价值观，发扬光大中华民族传统家庭美德。"[①]

"耻"德教育是家庭教育中不可或缺的重要环节，扮演着重要的角色。家庭教育有着学校教育、社会教育不可代替的作用，是培养健康人格不可缺少的重要场域。一个家庭的家教、家风、家训蕴含的耻德思想都会对一个人的成长产生潜移默化的影响，其中，家教为"术"，家风乃"魂"，家训为"体"。家教、家风、家训的好坏，直接影响和塑造家庭成员的价值观念，因此，家庭耻德建设，是社会主义道德建设的有力支撑，重视家庭耻德建设，是社会主义道德建设的必然要求。

一　严格家教管理

（一）树立正确的家庭耻德观

荀子说：荣辱之来，必象其德，一个人必须洁身修性，行善行义，才能求荣避辱。在家庭中，父母作为孩子的第一任老师，对孩子三观的形成有巨大的影响，孩子的语言文字学习、心理思想态度、行为举止习惯的养成都受到父母的熏陶和感染，其影响作用是非常大的。孔子曰："恭近于礼，远耻辱也"。其意是说，做到对他人尊重恭敬，符合"礼"的要求，才能免受侮辱。

首先，家长要时刻反省自身，避免不符合"礼"的行为的发生，发挥榜样作用。当行为主体内心深处对法律道德产生认同，在不正当的思维和行为产生时自身就会感到羞耻，这体现的是耻感的自律性。孟子曰："仁者如射，射者正而己后发。发而不中，不怨胜己者，反求诸己而已矣。"孟子在这里强调的也是自律的重要作用。

---

① 习近平：《在2015年春节团拜会上的讲话》，《人民日报》2015年2月18日。

父母的荣辱观及其言行，对孩子的成长都有深远的影响，这已是共识，须指出的是，现在某些家庭教育中存在着"荣辱"错位现象。例如，有的父母自身价值观不端正，所以在教育子女中出现偏差，要求子女与人交往时不能"吃亏"，只能"占便宜"，甚至损人利己也不批评制止，认为这样才能获得利益最大化。这类想法和做法只会扭曲家庭正确的"耻观"。因此，家庭教育要做到：首先，应有积极向上、与社会要求相适应的耻德标准。其次，父母言传身教十分重要。长辈应当发挥榜样作用，自身要树立正确的荣辱观和知耻观，学习社会主义核心价值观的道德要求，明确荣与耻，严格要求自己，率先做一个有素质、讲文明、讲道德的人，成为孩子的榜样。在教育孩子"老吾老，以及人之老；幼吾幼，以及人之幼"的同时，自己要做到能够孝顺自己的父母；父母在教育孩子"言必信，行必果"的同时要时常反省自己有没有失信的行为；在教育孩子"先天下人之忧而忧，后天下人之乐而乐"的时候要审视自己言行上有没有做到真正爱国。孔子曰："政者，正也。子帅以正，孰敢不正？"俗话也有这样的说法："上梁不正下梁歪"，父母的三观首先端正并以身作则，这样才能使孩子得到潜移默化的影响，做到明是非、辨善恶、知荣辱。

（二）言传与身教相结合

家庭是人的世界观、人生观、价值观形成的重要场所。家长要做到将"言传"与"身教"相结合。家长首先要通过言传的形式，帮助家庭成员树立正确的价值观和荣辱观，让家庭成员懂得"八荣八耻"，懂得有所为，有所不为。在"八荣八耻"中，将社会、家庭、个人中出现的八个正反方面的思想行为，集中于"荣""耻"二字进行阐述。"八荣八耻"的内容体现着人们的世界观、人生观、价值观的要求，直击道德实践主体的主体意识及要求每个公民学会"知耻"，家长应该通过言传的方式培育家庭成员的"知耻"意识。家长还要通过自己的行为来影响孩子，并以优秀榜样来加强对孩子的教育。比如，著名科学家钱学森，在祖国最需要人才的时候，放弃了国外优越的生活条件，突破了层层阻挠，带着妻子孩子毅然回国，帮助祖国建成了一大批重点国防工程，钱学森用他的实际行动教他的孩子应该怎样爱国。比如，在"曾子杀猪"典故中，曾子的妻子为了哄骗执意要跟随自己去集市的儿子，说："等我回来，杀猪给你吃。"等到妻子回来，曾子不顾妻子的反对把猪杀了，并说道："你骗他，就是在教他今后骗人。"曾子用实际行动向孩子诠释了什么是言必信，行必果。言传和身教相结合的教育才是最有启发的教育，因此，家庭美德培养，父母应当从身边一点一滴的小事做起，帮助孩子形成"勿以善小而不为，勿以恶小而为之"的道德躬行，让他们时时刻刻审视自己的言行举止，不做鲜寡廉耻之事，及时矫正自己的不良行为，争做光荣之举。

（三）重视耻德家庭培养

我国长期受到儒家文化的浸润、熏陶，而"耻"文化是我国传统儒家文化的一个重要组成部分。我们是一个羞耻感很强烈的民族，"无耻"成为一个用来评价一个人道德品行极其低劣的词语，一个没有一点羞耻之心的人必会沦为与禽兽无异的无耻之徒。就社会和国家层面而言，教民知耻是一个永恒的话题。《管子·牧民》曰："国有四维，一维绝则倾，二维绝则危，三维绝则覆，四维绝则灭。倾可正也，危可安也，覆可起也，灭不可复错也。何谓四维，一曰礼，二曰义，三曰廉，四曰耻。"体现了"耻"的重要地位。诸葛亮在《诫子书》中写道：

> 夫君子之行，静以修身，俭以养德。非淡泊无以明志，非宁静无以致远。夫学须静也，才须学也，非学无以广才，非志无以成学。淫慢则不能励精，险躁则不能冶性。年与时驰，意与日去，遂成枯落，多不接世，悲守穷庐，将复何及！

诸葛亮教育子孙学习修身养性要从淡泊宁静中下功夫，要"淡泊"自守、"宁静"自处，清静寡欲，蕴含着"以一味追求功名利禄为耻"的劝诫。

家庭的"耻德"教育势在必行。现在社会竞争较为激烈，一些家长的教育理念过于实用化功利化，教育内容也过于注重智力能力而忽视德育，过于重视孩子的学习成绩而忽视了对孩子的基本耻德教育。认为孩子只要考试能考高分就是好孩子，会画画会做奥数会弹钢琴才是优秀，这样做的结果是无法培养好孩子的正确"三观"的，比如，现在很多"熊孩子"的出现和家庭缺乏耻德教育有莫大的关系。有这样的例子，一些"熊孩子"搭乘电梯的时候，喜欢把每一层都按一遍。这是因为孩子父母没有让"熊孩子"意识到这种行为是可耻的，会给其他人带来非常大的不方便。还有这样的事例，媒体爆出的关于熊孩子在南京大屠杀纪念馆用象征遇难者的鹅卵石打水漂的事件，在社会上也传得沸沸扬扬。孩子贪玩是本性，用石头打水漂也是无意之举。但是，作为孩子的家长没能对孩子的不文明行为进行制止和教育则是失职。南京大屠杀是每个中国人心中的痛，是中华民族的耻辱。家长带孩子参观纪念馆出发点是好的，但是要让孩子知道这座纪念馆背后的故事，让他明白这座城市所受到过的苦难和屈辱，从而让孩子将这份耻辱化为奋发向上的力量。以上的事例，为每个家庭敲响了警钟，家庭耻德教育是每一个家长的责任，正确的家庭耻德教育，规范孩子行为、矫正不良习气，有助于培养德行高尚的下一代。但是家长溺爱孩子，无止境地对孩子进行宽容，造成了许多孩子不讲礼貌、为所欲为等现象，更不知什么是"耻"、什么是"荣"，这将是家庭教育是失败的。

二　营造良好家风

家风，又称门风，是一个家庭家族所奉行的道德规范、遵循的行为准则、崇尚的风骨节气、追求的价值标准及家庭中特有的文化氛围、生活习惯等。优良的家训家风作为中华民族道德理想的特有形式，既是培育和传承中华传统美德最直接最有效的方式和单位，也是培育和涵养耻德的有效载体。传统家训家风教育自古以来就是中国道德教育的重要组成部分，是中华民族传统美德的有效传承和一个家庭、家族、民族生生不息的动力源泉。

（一）提炼中华传统优良家风耻德思想

中华民族是一个非常重视家风培育的民族。不同的家风蕴含着不同文化内涵和传统美德。例如，诚实守信、勤俭节约、正直清白、恭谦有礼、善良忠厚等，其中都包含着很多耻德养成思想。春秋时期的《敬姜论劳逸》讲的是姜敬劝解儿子做官要廉洁自律、忠于职守、勤俭节约。林逋在《省心录》中写道："以德遗后者昌，以财遗后者亡。"强调了树"德"立"德"（也包含耻德）对子孙后代的重要性。北宋包拯所立下的遗训"后世子孙仕官，有贪赃滥者，不得放归本家，亡殁之后，不得葬于大茔之中，不从吾志，非吾子孙"。体现了包拯家族对"耻"的看重，对"荣"的向往，这种清正廉洁的家风被后人所称道。在古代，报国安民是社会成员理想人格的终极追求，报国能不惜一死，安民能舍一己之私，具体人格修养表现为知耻、公正和廉洁，特别是在传统家风家教中，它成为告诫子孙和约束自身行为的重要准则。古人坚持教子以义方，做人方方正正，不做不义违法之事。魏晋时期的嵇康认为教子应首先教育他们有正直的品德，即"立身当清远"，并以"志之所之，则口与心誓，守死无贰，耻躬不逮，当大谦裕"。教育子孙在践行理想的过程中，偶尔会有松懈或力量不够的时候，但若能以之为耻，改变之并继续努力，那么经过一段时间后一定会到达想到的境界，得到想要的结果。告诫子孙做人要知耻，对公正、法治的理念及志向应当坚守。

中国传统家风家教除从道德操守进行引导之外，还制定了惩治贪污枉法的家规。如宋代包拯的《训子孙》："后世子孙仕宦，有犯赃滥者，不得放归本家；亡殁之后，不得葬于大茔之中；不从吾志，非吾子孙！"对廉政思想十分重视。北宋司马光坚守着："众人皆以奢靡为荣，吾心独以俭素为美"的价值理念，以挥霍财物、浪费为耻，匡正了家风，其子孙皆以奢侈为耻。朱柏庐在《朱子家训》中说道："人有喜庆，不可生妒忌心；人有祸患，不可生喜幸心。"教育子女要做一个善良的人。明清之后除了朱柏庐的《朱子家训》，还有何伦的《何氏家训》、郑板桥的《家书十六通》，都包含着丰富的耻德内容。

家风是一个家庭的精神内核和道德源头，习近平总书记就曾多次强调家风建设对党风政风的重要性。我们要善于对家族的美德进行发掘、提炼和传承。良好的家风不是富贵人家的专属，也不是贫穷人家的私藏。家长要善于对自己的家族文化进行发掘、提炼、传承，要多给孩子教导为人处世的基本标准和原则，比如哪些可以做哪些不能做。要避免道德教育的"高""大""空"，要从身边小事教育做起，从点点滴滴培养开始，总之，要形成家族门风文化，让家庭成员产生一种家族文化认同感，并身体力行。

（二）将家风耻德融入生活

家风通常以生活经验、实践智慧或者价值理念的形式蕴含于家训、族谱中，但也以实践理性的样态渗透在家庭成员的日常行为之中。

中国是一个文明的古国，是"礼仪之邦"，无论在哪里都要重视礼节，每个地方都有不同的规矩、禁忌，知礼的人会被人认同，不懂礼的人会被排斥。比如，父母在小时候经常告诫孩子放学回家要先和长辈问好，好吃的东西要先孝敬长辈，公车上要主动为老人让座，不能和父母顶嘴等。比如说，小时候家里来了客人，要站在门口迎接，要主动打招呼，吃饭不能先动筷子，长辈在聊天的时候不要乱插话等。如果违背或莽撞冒犯这些规矩，必会被人耻笑。这些其实是我们中华传统文化中最为宝贵的财富之一，那就是懂羞耻、知礼节。

古人云："父母亦师"，长辈做好榜样，讲诚信文明、重礼义廉耻、与人为善，将会形成一种良好的家族文化和修养氛围。在生活中有这样的事例。事例一：北京的地铁上，一个孩子因为身体不舒服吐了，父亲立刻给周围的乘客道歉，并蹲下来整理干净呕吐物，这位父亲教会了儿子要学会为自己的言行举止负责，在公共场所要注意不影响他人。事例二：在公路上堵车静候的车辆中，一个孩子从车窗中扔出一个空矿泉水瓶，父亲立即打开车门拾捡上车，教会孩子不乱丢垃圾。他们都以自己的行为为孩子树立了以遵守社会公德为荣、以破坏社会公德为耻的榜样。

"桃李不言，下自成蹊"，家长的言行举止、生活习惯都潜移默化地影响着孩子三观的形成，伴随孩子的一生。现代社会缺乏公德心现象的出现，从某个侧面反映了家庭教育存在的问题。如果一对父母去餐馆吃饭的时候对服务员颐指气使，那么能指望孩子对其他人友善吗？父母平时买票喜欢插队，那么能指望他的孩子遵守规则吗？父母首先要端正自己的行为，要有正确的荣辱观。在教育孩子的时候，父母首先要是一个知荣辱、讲修养的人，要让孩子因自己的坚守感到光荣、自豪，要让孩子对自己家族的文化产生强烈的认可，同时孩子就会对那些不道德、不文明的现象感到耻辱，然后反省自己的言行举止，使自己成为一个有修养、道德高尚的人。

三　强调家训制约

家训，一是指规范、准则意义上的家规族规；二是指教化训诫或规范活动。这两方面又相辅相成互相结合。家训实体为家庭的训诫之言，是历代家长、祖先长辈及父母兄长用以训诫子孙立身处世、持家治业的教诲之言，包括家规、家诫、家范、家书等。

家训自古以来就是中华民族道德理想的生动表达和特有记载形式，是中国人道德养成的原始场域、影响社会风气的重要元素、传承和弘扬中华传统美德的有效载体。家训文化在中国至少具有三千年之久的历史。在以家庭为本位、家国同构的社会结构模式下，由于家庭的突出地位，使重家教、育家风备受普遍关注，因而也随之产生了种种劝训家人、教育后世子孙的家训，其中，既有父祖对子孙、家长对家人、族长对族人的训导，也有一些是夫妻间的嘱告、兄弟姊妹间的诫勉、劝喻。

家训奠定了社会主义核心价值观的道德人格基础，强化了社会主义核心价值观的道德价值认同，融通了社会主义核心价值观与中华民族传统美德的精神血脉。我们要通过树立价值导向作用、积累丰厚文化积淀、营造浓厚文化氛围、创造有效实践载体等途径，把家训家风建设作为培育和涵养社会主义核心价值观的重要推手。

（一）加强家庭的礼义廉耻训诫

在我国，先秦时期家训已经非常普遍了，其后随着历史的发展，家训不断丰富和发展。北齐颜之推的《颜氏家训》是家训中的典范，具有跨时代的意义。宋代司马光的《温公家范》继承了前人的家庭教育思想，全面而系统，此期间家训在广大民众中得到广泛传播。明末清初朱柏庐的《朱子治家格言》流传广泛，影响巨大，盛传不衰。

借鉴吸收历史上优秀家训文化。要把礼义廉耻文化深深地烙进家族的基因里。刘备写给儿子的遗诏有"勿以恶小而为之，勿以善小而不为"；诸葛亮写给儿子的《诫子书》有"夫君子之行，静以修身，俭以养德。非淡泊无以明志，非宁静无以致远"；颜之推的《颜氏家训》中写道"父不慈则子不孝，兄不友则弟不恭，夫不义则妇不顺"；《朱子家训》中写有"既昏便息，关锁门户，必亲自检点。一粥一饭，当思之来之不易；半丝半缕，恒念物力维艰"等，这些都是名人世家的家训，得到了大家的认同，演变成中国人奉行的准则，这些家训里所蕴含的礼义廉耻训诫是值得每个家庭学习的。另外，家长要注意培养孩子的礼义廉耻精神气节，可以采取给孩子学习中华美德典故的方式，比如家长要给孩子多讲一讲岳飞精忠报国，抗击金军，保家卫国的故事；季布一诺千金，言必信、行必果的故事；祖逖闻鸡起舞、奋发图强的故事；杨时为了不打扰老师休息，程门立雪的故事。给孩子讲这些故事的目的，就是要让他们明白什么是礼仪，什么是正义，什么是廉洁廉正，什么是荣耀与耻辱，并在潜移默化中加以学习深化为个人的言行。

（二）完善家训中的耻德训言

第一，科学制定家训耻德训言。家庭成员的耻感训言要能体现家族的整体风貌和气质，家训中对耻感的训言要避免空泛。可以从身边发生的事情进行耻德教育，形成家族的共识，如某个家庭因为赌博而家破人亡的故事，某个人因为失信而被社会排斥的故事，某个人因为虐待父母而被判刑的故事。可以通过反面的例子，强化家庭的耻感文化，逐渐形成自己家族的训言。例如，《邓氏规范》中明确规定"家业之成，难如升天，当以简素是绳准"，"子孙出仕，有以赃墨者，生则削谱除族籍，死则牌位不许入祠堂"，体现了对铺张浪费、贪赃枉法的"耻"；《增广贤文》说道："不自恃而露才，不轻试而幸功"，体现了对恃才傲物的"耻"；《弟子规》说道，"冠必正，纽必结，袜与履，俱紧切"，体现了对衣冠不正的"耻"；《朱子治家格言》写道：人有喜庆，不可生嫉妒之心；人有祸患，不可生喜庆之心，批判了人性扭曲的"耻"，要把"耻感"融入家庭的血液之中。"他山之石，可以攻玉"，我们在制定"耻感"训言的过程中，可以借鉴学习传统家训，打造属于自己家庭的耻德文化。

第二，明确家训耻德规则。孟子曰"不以规矩不能成为方圆"，俗话说"国有国法，家有家规"，要制定好家庭耻德准则，把传统优秀文化寓于家庭"耻德"训言之中。每个家庭的背景、文化不同，要从实际情况出发，建立属于自己的家庭文化训诫。用文字的方式把规则确定下来，并严格地遵守，明确家庭成员什么能做，什么不能做，鼓励做什么，禁止做什么。好的家庭"耻德"文化、好的家庭价值理念、好的家庭生活习惯，需要每个家庭成员遵守。还要制定明确的赏罚机制，家庭成员如有违反，即使是孩子也不能迁就包庇。但注意不能使用暴力，要通过教育让犯错之人知道自己为什么犯错，让他因自己所犯的错误而感到羞耻、愧疚。家长也不能独断专权，自己犯了错就要自我检讨，形成一种民主、和谐的家庭氛围，让践行"耻德"成为家庭每个人的行为标杆。

（三）践行家训耻德

家庭耻德需要践行。家训中的耻德训言制定好以后，要求全体家庭成员必须全部严格遵守。家训不是纸上功夫，而是行动中的"利器"，要在家庭日常生活中从点点滴滴遵循执行开始。另外，还要做到慎独、自省。"慎独"是一种宝贵的品质，是指一个人不管周围有没有其他人都要严格要求自己。一个人的行为举止要受到自己内心深处"知耻"的制约，"耻德"不仅应该成为每个人心中的一把尺子，还应该是一条鞭子，时时刻刻鞭策家庭所有成员的言行举止。让知耻明耻在家庭、家族中时时刻刻发挥它的作用，把"知耻"融于我们的家庭生活、工作学习当中，形成一种"知耻"意志，一种习惯。

四 重视家规建设

家规，是一个家庭的行为准则，它由家庭或家族制定，要求每一个家族成员及子孙后代都要遵循。家规是家庭成员的为人准绳、言行规范、处世规矩等一系列的标准。家规一般是一个家族时代遗传下来的教育规范后代子孙的准则，也称家法。它规范家庭每个成员所需承担的义务、责任以及该享有的权利和待遇。家规不同于家训，家训是指导性的纲领，而家规是家庭成员所要遵守的大大小小的规则。家规更为具体、实用，而家训则具有高度的概括性。

（一）家规要与时俱进，符合实际

现代家庭与古代家庭有了很大的变化，现代大多数是三口之家，或者是三代同堂的家庭格局。建立一套完整、系统的家规来规范全家族成员已然不太现实。而且我国的国情发生了较大的变化，家庭所遵守的行为准则、价值观、教育理念、道德风尚也相应发生了改变。家规的制定要根据自己家庭的实际情况，形成具有自己家庭特色的、有价值、有意义的家规。比如，在制定耻德培育的家规中，军人家庭的家规会倾向于严格的纪律性，知识分子的家规会倾向于内敛自律涵养，商人家庭可能更侧重于义利之辨。每个家庭环境不同，追求不同，家规会有差异，应建立适合自己家庭特质的家规。

家规要以社会主义核心价值观对家庭的美德涵养提出的明确要求为指导，社会主义核心价值观中对公民个人层面"爱国、敬业、诚信、友善"的要求，就是各家家规的思想来源、依据和目标。另外，要科学对待传统家规，修正与时代要求不相符合的内容，做到家规与时俱进、不断完善。同时，中国传统文化中存在许多的糟粕，例如《弟子规》中的"父母责，需顺承"，"号泣随，挞无怨"等都会对孩子性格造成压抑和扭曲，必须辩证看待和扬弃。

（二）家规实现人性化科学化

家规切忌烦琐而要求过高。过于高大空远的家规，会令家庭成员内心产生抗拒，执行起来也会非常困难。因此，家规要符合人性需求，做到科学规范而又符合实际。比如，前美国总统给自己的女儿制定了九条家规，其中的第四条和第七条分别写道："保持玩具房清洁""每晚八点半准时熄灯"，这两条家规看似平常，却蕴含了家长希望孩子能够独立自主、养成规律的生活习惯等美好的品质。"国有国法，家有家规"，现今，许多"官二代""富二代"因生活品行不端而被媒体曝光，闹得沸沸扬扬。这与其家规不严或不妥应当有非常大的关系，父母没能通过家规培养其品行，导致子女无所忌惮、违法乱纪，不仅毁了自己的人生，还给社会带来了危害。

家规制定后，要严格执行。家规应该是家庭每个成员必须遵守的行为准则。孔子曰："其身正，不令而行；其身不正，虽令不从。"家长首先要做好表率。此外，还要做好相应的惩罚机制。家规旨在培养孩子的规则意识，通过这些规则潜移默化地培养孩子的品性。

（三）家规的制定讲究民主

民主讲究平等，在家庭中，民主作风尤其可贵。首先，家规的制定包括家庭耻德的条目、规则拟定及通过都需要家庭成员全员参与。在制定家规的过程中，家庭成员无论年龄大小都应献言献策，营造民主的氛围。这样制定出来的家规才具有真正的适用性和约束力，才会让家庭的每个成员产生内心真正的认同，而不是被动地接受和执行。

其次，家规适用于家庭全体成员。不仅仅是针对晚辈，如果长辈有封建制家长作风，霸道独断，只一味地要求晚辈来遵守这些规则，可是自己都做不到，自己犯错却故意逃避不受惩罚，家庭规则的制定和执行也就失去了应有的价值和意义。因此，违反家规中耻德的条例，每个成员都要受到相应的惩罚。

第四节 社会耻德的塑造

加强社会培育，树立人们正确耻感意识，达到耻德内化于心、外化于行为的道德境界，是社会主义社会公民培养的目标之一。社会耻德的塑造，需要多方面的合力实施：在全社会加强宣传力度，使人们了解"耻德"内涵和内容；提炼中华传统文化的有益养分，古为今用，推动"耻德"的培育；培养人们知耻意识，形成以耻为辱的共同观念，使耻德内化于心、外化于行；建立规范的道德机制以及完善相关法律法规，形成全民知耻意识。

一 加强耻德宣传

人的羞耻之心是人自我约束、自我控制的根本来源。人对羞耻的感知是自我约束、自我控制的基点，加强"耻德"的社会宣传，使社会成员了解什么是耻、如何远离耻。因此，有必要在全社会形成广泛的共同的"知耻"意识，使社会形成明耻远耻的良好风尚。

（一）利用新媒体加快耻德宣传

进入新媒体时代，网络的不断发展与普及，我们获取网络信息的方式不仅仅局限于电脑。智能手机 4G 时代的来临，网络 APP 应运而生。"刷微博""看热搜""刷朋友圈"是当今人们在茶余饭后的"必修课"，每天实时更新发布的信息不计其数。因此，把握时代脉搏，善于运用互联网、微博、微信等作为宣传"耻德"的平台，才能紧紧跟随时代发展的脚步。第一，加快搭建微信公众平台、微博平台等，运用微博微信为文化，做好推广工作。第二，平台内容设计要有新意且突出主题。对于耻德的相关宣传内容应该通俗易懂、追求大众化，运用丰富多彩的形式，方便人们理解与接受。此外，网络微课程也是一个重要的宣传平台。近年来，越来越多的人喜欢利用闲暇的时间通过 APP 在网络上学习知识，因此，做好网络讲堂、网络课堂、微视频或者微动漫，既能给在网上学习的人们提供更新颖、更便利的学习体验，也能够潜移默化地帮助人们形成正确的是非观。

在新媒体的运用上，我们可以利用微博社区、微信公众号把思想政治工作部门和群体组成一个个专业宣传团队，经过文章、图片、音像资料等的筛选与审查，进行面向全社会耻德内容宣传的推送，安排专门人员关注实时发送的内容并把公众号、文章进行及时推广与普及。组织开展相关的线下宣传与交流活动，进行学习经验的分享与问题的探讨，充分做到理论与实践相结合。

此外，还可以引导鼓励人们在学习"耻德"内容后，把学习后的感想和心得体会、总结发送到朋友圈等网络空间，这样就能更好地利用网络的便利，把信息传播与扩展，把"耻德"教育的宣传范围延伸得更宽更广。

（二）运用灵活多样的宣传方式

在我国，城乡地区发展的水平、人们知识结构和水平还存在较大的差异。因此，我们要根据实地研究来选择最佳的宣传方式。宣传的方式不可"一刀切"，而是需要根据各地区的实际情况、各文化层次人群的实际情况进行区别与甄选。在农村、在城市，用不同方式进行耻德宣传。

首先，农村主要以村镇为单位，在村下面还有各个屯，人口分布较散，宣传工作更困难；而城市，人口主要生活在街道社区，分布集中，方便宣传工作的开展。其次，农村地区教育落后，知识文化水平较低，其接受能力和理解能力要相对弱一些，因此宣传工作应该更为简洁有力，宣传内容要通俗易懂、接地气、生活化；在城市街道社区的宣传，内容可以更富有深层含义，能发人深省。最后，可以从宣传者的工作性质出发，进而制定不同的宣传内容，在农村，村民一般以农业劳动为主，从事劳作的人居多，可以从乡规民约、社会公德等角度入手进行宣传；城市人口很多人从事文化劳动，可以从法律常识、正确价值观、人生信念等方面出发引导，帮助人们更好地认识耻与荣，明确社会主义社会对公民的耻德要求，从而对照和修正自身言行。

但是要明确的是，耻德宣传的效果并非立竿见影，需要经过时间的检验与考验，因此，宣传者首先要保持长期的定力和持之以恒的毅力，坚定不移地进行宣传。另外，要不断加强自我学习，准确掌握国家新政策新要求，灵敏把握新内容，加强知识更新，使"耻德"宣传内容与时俱进、日趋完善，以便我们可以用不同的宣传方式满足不同接受者的需要，更好地实现"耻德"学习和培养的大众化普及化。

二　营造良好社会环境

（一）营造培养正确耻辱意识环境

耻德的建立，必须要培养人们的知耻意识。知耻才能避耻，知耻才能趋荣，才能以耻为助力，行道德之事，提升个人的道德品质。

知耻是人在社会生活、行为处世上自我约束、道德自律的道德底线，是保护人的道德意识免予崩塌的最后一道防线。在全社会塑造耻德，最基本的是培养人们的知耻意识，使人们明确知道"耻"是什么，什么是"耻的行为"？"耻"是人在社会生活中，做出与社会共同价值观念、道德准则相违背的行为时，产生的一种羞愧、羞辱和自我谴责的自我感觉。而"耻的行为"一般来讲，就是做出不道德的行为，做出有辱自身修养的行为。知耻是良知的先导，是人提高文化层次和修养的前提，小到个人品行，大到民族气节的形成，知耻都发挥着根本的作用。"耻者，羞恶之心也，存之则近于圣贤，失之则入于禽兽。故所系为甚大。"[1] 人与圣贤和野兽之间的差异就在于"耻"，有耻感在品质上就有不断接近于圣贤的可能，而没有耻感就如同野兽一般。知耻才会以耻为辱，有了耻辱感，才能以耻为推动力，引导人们趋荣求荣。

《论语·为政》中提到，"有耻且格。"人有知耻之心，则能够自我检点而归正道。在《礼记·中庸》中也提到，"知耻近乎勇"。人有了知耻之心，就接近于勇的品质了。我国古代先贤就已经提出了知耻之心能够帮助人提升个人品质、道德修养，知耻意识是人能自觉进行自我反省的前提。

（二）营造知耻社会环境

1. 加强公民耻德教育的社会环境建设

强化外在约束机制，抓好公民知耻环境建设。耻德的树立需要有一

---

[1]　朱熹：《四书章句集注·孟子·尽心上》。

个优良的社会培育环境。首先，根据我国社会转型期建设状况的现实，应着力加强社会公道、职业道德、家庭美德和个人品德建设，树立公民的耻感意识。其次，形成有效的话语机制。社会舆论是道德发挥作用的有效约束力。运用好媒体和网络力量，形成批评唾弃无耻之行，形成知耻弃耻、扬荣抑耻的良好社会舆论风气。再次，健全导向和监督体制。凡有约束力的伦理道德都必须起源于社会的监督。当个人自律不够时，即羞耻心不强烈或根本没有时，社会外在的他律即完善的监督机制则可以帮助并迫使他具备羞恶之心，产生违犯社会禁律的羞耻感。最后，加强各行业制度、法规建设。相对于道德的劝善，制度、法律具有强制性，也更具威慑力。用法律法规来严厉惩治无耻之为，是预防和遏制无耻蔓延的有力保证。

2. 加强青少年耻德教育的校园环境建设

青少年是国家未来发展的力量，青年兴则国家兴、青年强则国家强。做好青少年耻德的环境建设，良好的教育环境能够有效地帮助青少年形成正确的价值观，对于青少年的成长有重要作用。学校作为青少年学习生活的重要场所，要在青少年的德育培养中下足功夫。《韩非子·喻老》："千丈之堤以蝼蚁之穴溃，百尺之室以突隙之烟焚。"一个小小的陋习，如果不加以矫正，那将会变成毁灭人生的致命要害。

首先，学校要善于营造积极向善的校园文化风气。多方面开展耻德教育活动：首先，进行有关"耻德"内容的讲座、开展有关"耻德"的黑板报比赛、演讲比赛等，鼓励学生积极学习中华文明优秀传统文化，并不断加以内化吸收。其次，学校在进行知识学习过程中，注重宣传教育学生知荣辱、辨是非、分善恶；将耻德教育融入知识传授全过程，鼓励学生在日常生活中以正确的荣辱观、是非观、善恶观行事，提倡不做有辱道德的事情，多做有道德的事情。另外，教师要不断加强自身职业道德修养以及中华文明先进文化的学习，以提高自身涵养与内在品格，做学生的道德表率，此外，还要积极教导学生对"耻德"内容的学习，组织学生开展主题班会、研讨会等活动，进行耻德培育的宣讲交流。最后，教导学生要积极践行，把"耻德"内容内化于心，并外化于行。

三 健全社会耻德运行机制

社会是一个大环境，只有建立社会耻德规则，形成社会共识，才会提升整个社会的道德风气。休谟说过："如果我独自一个人把严厉的约束加于自己，而其他人却在那里为所欲为，那么我会出于正直而成为呆子。"规则只有在约束一个群体的时候才会起到其本身应有的作用；相反只针对某一个个体时，它就难以被执行。在社会耻德规则的构建中也是如此，只有与整体的社会道德水平和社会价值取向相吻合，才能够起良好的促进作用，提升整个社会道德风尚。

（一）以社会主义核心价值观为指导

价值观是塑造人的精神的重要力量，培育和践行社会主义核心价值观是促进人的全面发展的需要。2014年"五四青年节"习总书记来到北京大学看望师生，提到核心价值观其实也就是一种"德"，既是个人的"德"，也是一种大德，就是国家的德、社会的德，更是公民个人的大德。他还指出："国无德不兴，人无德不立。"核心价值观是国家、民族文化自觉的必然结果，表达了国家、社会和个人最本质的价值诉求，体现了社会评判是非的价值标准。社会主义核心价值观凝练了社会主义荣辱观的核心思想，继承和发展了中华优秀耻感文化传统，它为人们在当前形势下明辨是非、区别善恶、分清美丑提出了新要求，因此，社会主义核心价值观具有价值德性统摄作用，也是社会耻德建立的依据。

用社会主义核心价值观推进公民修身正己、知耻明耻。恩格斯说过，每个社会集团都有它自己的荣辱观。正确的价值观有助于正确的耻德的形成，社会主义核心价值观倡导富强、民主、文明、和谐、自由、平等、公正、法治、爱国、敬业、诚信、友善，展现了社会正确的价值导向，明确指示全民应坚守的道德规范。因此，健全社会耻德必须以社会主义核心价值观为指导，我们应该坚持什么、反对什么，倡导什么、抵制什么，要旗帜鲜明，立场坚定，与社会主义核心价值观相符，时刻以"荣"作为积极奋进的目标，以"耻"作为防微杜渐的警钟，摒弃头脑中存在的各种错误思想，经受住市场经济大潮中各种诱惑的考验，抵制外来腐败思想的侵蚀。另外，耻德规则的建立应与社会主义核心价值观和社会主义荣辱观的要求为基本点，在社会上提倡行荣誉之事，禁耻辱之为，帮助人们矫正是非观、善恶观、荣辱观，构建社会公德心，以形成文明有序的和谐社会，提升社会风气。

（二）建立耻德运行模式

和其他教育模式相同，耻德的培养和形成也要通过特有的耻感教育来实现，而耻感教育的切实运行，需要有健全的社会相关机制来做保证：要考虑到两个问题。一是怎么建；二是建设成怎么样。

首先是"怎么建"的问题，应该要由政府引领建设，从上至下，使社会公众信服接受。历史上的典故商鞅变法取信于民的典故，今天仍有良好的启示作用：秦国时期，商鞅欲行变法，在得到秦孝公的支持后，通过徙木立信，取信于民，在机构内外都得到支持的情况下，从而使新法得到有效实施。其次是关于"建设什么样"的问题，我们必须立足于国家发展的高度，从民族文化、国家社会价值观念出发，建设与社会主义建设时代要求相符的耻德规则。

第一，结合我国社会公德要求、社会公德实际状况，制定民众所普遍认同的耻德的基本要求和主要规则。制定这些规则、规范的目的，就是使人们能明确必须对维护社会稳定、推进社会健康发展应履行的社会基本责任和义务。

第二，要把耻感教育作为社会主义核心价值观、社会主义荣辱观的重要组成部分，通过多种形式、多种渠道融入国民道德教育和社会主义精神文明建设全过程。引导公民在实际公共生活领域养成耻感意识，遵守耻德建设要求，引导公民行事须从知耻出发，反躬自省、纠正偏差，并做到自觉维护社会公共秩序，维护社会公德文明。

第三，要充分发挥道德模范的知荣辱的示范榜样作用。比如，每一年度中央电视台举办的全国道德楷模评选活动、各省市组织的道德楷模评选活动，都要加以大量宣传；社会中涌现出来的善行义举，要加以学习传播，而对歪风邪气，要加以严厉制止。总之，弘扬社会主旋律、传播社会正能量，激励人们向榜样看齐，知耻克己、自律奉献，充分发挥社会舆论的道德评价作用，为社会公德建设营造良好的道德氛围。

第四，要适应我国公民的实际道德需要，逐步建立和完善耻德的评价机制、监控机制和奖惩机制，让每一位公民无论身处何方、无论在哪个岗位工作、无论担任何种社会角色，都能有章可依、有规可循，为形成扶正祛邪、扬善惩恶的社会风气提供制度保证。

四 以优秀传统文化融入耻德培育

在社会耻德塑造过程中借鉴我国优秀传统文化，并与新时代的社会发展相融合形成新的优秀的社会主义新文化，是社会主义精神文明建设的重要内容。我国传统文化源远流长，有众多可挖掘的优秀荣辱思想资源，这些思想中的积极成分，应及时转化为当今社会所应该提倡的耻德思想教育内容。

比如，道家主张自然无为，对于世间荣辱秉着超然的态度，更多地表现为清心寡欲的状态。无欲无为能够容易满足，不会冲破界限，教育人们不宜过分追求功名利禄，"甚爱必大费，多藏必厚亡。故知足不辱，知止不殆，可以长久。"过于爱慕名利就必定要付出巨大的代价，过分积敛财富，就必定会有更严重的损失；而知足则不会受到耻辱，适可而止则不会遇到危险，如此才能保证长久平安。老子从辩证的角度来看待荣辱，认为荣辱既是对立的，又是可以相互转化的，荣与辱之间又有限度。

比如，《管子·牧民》曰，"仓廪实而知礼节，衣食足而知荣辱。"认为生存条件得到保障是人知耻的前提，把一定的物质条件作为人们知荣辱的基本条件。此外，还提出了"国之四维，礼义廉耻"，把知耻提升到建设国家的层次上，耻感文化关乎国家命运。法家重视法治，主张通过法令来推动社会的发展，把国家的耻辱与个人的耻辱联系在一起。

比如，墨家主张"兼相爱，交相利"，既崇义，又尚利。简明来说就是人们要互爱互利，不分亲疏贵贱。"兼爱"是体现义的行为，从此出发，又要"交相利"。墨家所认为的"利"更多地体现在人民的利益方面，即国家同人民讲仁义，而不能给人民带来实际好处，这其实也是不仁义的体现。而从个人层面上的"利"来讲，人与人之间要相互付出才能得到回报，那些只索取利益而不付出的行为，是不义之举，是耻的行为。

以上所述，都是我国传统文化中的积极成分，将我国优秀传统文化融入社会主义文化，形成中国特色社会主义文化，把"仁义礼智信"

中的优秀思想观念融入社会耻德建设中，重塑个人道德人格。优秀传统文化中蕴含的修身养性之道以及儒家、道家、墨家、法家等各学派中的优秀思想，为今天我们的公民耻德培育所用，对铸就道德底线、提升个人品格将大有裨益。

五　建立耻德法治保障

法律在日常生活中对人的行为准则具有强制性，对于约束人的行为起着严格的他律作用，能够很好地帮助人矫正不良作风、失德行为，严明规定禁止和允许做何事的标准。柏拉图说，"法律是一切人类智慧和聪明的结晶，包括一切社会思想和道德。"法律在发展和完善的过程中，能够与社会道德准则相互融合发展，而变得更为合理，从而也帮助人们对某一行为作出正确的判断。如果说，耻德社会规范属于"德治"范畴，那么，耻德法律法规治理完善应属于"法治"范畴，德治和法治作为社会调控手段，调节和控制着在社会关系。历史也已表明，单纯实行法治或德治各有利弊，二者结合起来，国家、社会的治理才能相得益彰。

（一）建立符合社会道德准则的法律法规

首先，要明确耻德培养必须依靠法治与德治共同作用。在社会主义社会法治国家建设的过程中，完善法律体系制度，加大执法力度的同时，加强耻文化建设，开展耻德观教育，逐步制定和完善耻德培养的相关法规，将能净化社会风气，重塑优秀传统风俗习惯，并为法治建设提供了"清""正"的文化环境。

对国家治理而言，法治与德治相辅相成，二者缺一不可、不可偏废。法律执行需要道德规范的配合与支持，道德规范需要法律的强制力做后盾。在社会主义建设和发展中，法治以其权威性和强制性规范全体社会成员的行为，其主要功能是惩恶；德治以其感召力和劝导力提高全社会成员的思想认识和道德觉悟，其主要社会功能是扬善。但有时候，道德的软约束力不能及时发挥作用，因此，社会耻德的培育，还需要以法律作为保障和支撑。

其次，建立健全相关法律法规。通过法律的途径，制约和惩罚"耻"的行为，能够起到良好的效果。比如偷盗，本来就是令人羞耻的行为，偷盗者在古代被称为"偷鸡摸狗之辈"，不是君子所为，而在法律上也属于违法行为，违法者会被法律审判，做出相应的制裁。从道德准则与法律规范两方面来制约可耻的行为能够更为有效，道德准则是对人的内心做出制裁，而法律规范则是对人的外在条件做出制裁。双重作用的制约，比起单方面制约而言更具有力量。

法律的规定从某种意义上看，是将人类的道德底线文字化，通过条例条令展示出来，因此，法律法规其实也是保障人们道德行为的最低准则。比如说，我国《婚姻法》第21条规定："子女对父母有赡养扶助的义务。"这是法律对子女的赡养行为做出的明确规定，子女不赡养父母就是犯法。在我们的传统观念中，子女不赡养父母是不孝的行为，会遭受社会道德的谴责和良心的考问。而当前我国法律将这一行为纳入法律条令中，首要原因是社会上还存在一些子女不赡养父母的不孝的行为，是与我们传统观念相悖的可耻行为，而以法律形式严令禁止将更为有效。然而，从另一方面来看，这一规定将"老有所养"的社会道德观念融进了法律规定之中，通过法律的严令，制约了不孝的行为的出现，补充完善了相应的道德准则。

社会主义法律法规的耻德内容，应以社会主义道德规范为重要依据和来源。《中华人民共和国公民道德实施纲要》对我国社会主义道德的主要内容作了集中概括，如规定："国家提倡爱祖国、爱人民、爱科学、爱社会主义，在人民中进行爱国主义、集体主义和国际主义、共产主义教育，进行辩证唯物主义教育和历史唯物主义教育，反对资本主义、封建主义和其他腐朽思想。"借鉴社会主义道德规范的主要内容和基本精神，通过立法程序可以将其转变为合适的耻德法律规范。

（二）完善评价监督机制

评价监督机制，通过评判、反馈、监督等形式，成为耻德培育的有效载体。完善评价监督机制，能帮助人们正确社会主义荣辱观和耻德观的塑造。人能否对某一行为做出正确评价，是人能否做出正确行为的关键。从社会层面上，要对社会一切行为做出正确的道德判断，从而形成良好的社会道德风气，塑造良好社会环境，使人们在优质的社会环境中塑造正确的道德人格和精神风貌。从个人层面上，人是社会中的一部分，一个人能够在社会中得以良好发展，那么他的价值理念需要同社会的基本价值理念相符合而不与社会向前发展的脚步相违背。完善评价机制需要在社会和个人两个层面做出努力，达到和谐统一。

评价监督机制，强调他律的作用。在社会上，绝大部分人都只是普通人，并非圣人，自律难以做到一直坚持，因此他律就能够显现出其作用。监督"耻"的行为，首先应该在个人与个人之间进行，当人们能够正确评判"耻的行为"后，人们之间就能够进行相互监督。其次是社会与个人之间的相互监督，即社会通过道德舆论监督、法律规制监督约束某一个体的行为，而个体也能对某一社会行为做出评价，并从中得到反思。做到从道德方面进行的监督和法律方面进行监督，双管齐下。

鼓励人们勇敢地批评可耻、无耻的行为。当今社会更应该提倡对可耻行为的批判，很多人自身并未意识到自己的行为已经到了"耻"的边缘，抑或是觉得自身行为只是人群中的个例，只会淡漠地置之不理。所以对耻的行为评价和监督就更为至关重要。首先，政府机构可以对人们抵制可耻之行的勇举进行鼓励甚至是嘉奖，在制止他人可耻行为的人受到不满或辱骂欺侮时，社会能及时给予支持和帮助，并对行为不端者进行严厉的批评教育甚至惩罚；人们可以作为城市的志愿者，对无耻的行为进行劝诫，形成人人批判耻行、抵制耻行、自觉避耻的社会风气。其次，评价监督机制要与时俱进，根据社会新的变化发展，不断加以补充、修改、完善，创新机制建设，使评价指标体系、监督条例与社会新要求相符合，更易于执行，如此，将有助于在全社会形成知耻弃耻的良好道德风尚。

参考文献

一　中文经典

《论语》《孟子》《春秋繁露》《庄子》《道德经》《墨子》《韩非子》《管子》《商君书》《尚书》《左传》《中庸》《易经》《朱子语类》《荀子》《礼记》《日知录》《淮南子》《传习录》《陆九渊集》《吕氏春秋》《明良论》

二　中文著作

［德］哈贝马斯：《交往与社会进化》，张博树译，重庆出版社 1993 年版。

［德］康德：《实践理性批判》，商务印书馆 1999 年版。

［德］马克斯·舍勒：《价值的颠覆》，生活·读书·新知三联书店 1997 年版。

［德］马克斯·韦伯：《新教伦理与资本主义精神》，苏国勋等译，社会科学文献出版社 2010 年版。

［俄］康德·乌申斯基：《人是教育的对象》，科学出版社 1989 年版。

［法］让·克洛德·布罗涅：《廉耻观的历史》，李玉民译，中信出版社 2005 年版。

［古希腊］亚里士多德：《尼各马可伦理学》，廖申白译，商务印书馆 2004 年版。

［荷兰］斯宾诺莎：《伦理学》，商务印书馆 1998 年版。

［美］弗兰克·梯利：《伦理学导论》，何意译，广西师范大学出版社 2002 年版。

［美］露丝·本尼迪克特：《菊与刀——日本文化类型》，商务印书馆 2000 年版。

［美］罗纳德·波特－埃夫隆：《羞耻感》，机械工业出版社 2018 年版。

［美］麦金太尔：《德性之后》，龚群等译，中国社会科学出版社 1995 年版。

［美］约翰·罗尔斯：《正义论》（修订版），中国社会科学出版社 2009 年版。

［英］威廉斯：《羞耻与必然性》，北京大学出版社 2014 年版。

［英］亚当·斯密：《道德情操论》，蒋自强等译，商务印书馆 1988 年版。

《邓小平文选》（第 3 卷），人民出版社 1994 年版。

马克思：《1844 年经济学哲学手稿》，人民出版社 2000 年版。

《马克思恩格斯全集》（第 1 卷），人民出版社 1965 年版。

《马克思恩格斯全集》（第 2 卷），人民出版社 1956 年版。

《马克思恩格斯选集》（第 3 卷），人民出版社 1972 年版。

蔡元培：《中国伦理学史》，商务印书馆 2010 年版。

高兆明：《社会失范论》，江苏人民出版社 2000 年版。

何怀宏：《底线伦理》，辽宁人民出版社 1998 年版。

何怀宏：《公平的正义：解读罗尔斯〈正义论〉》，山东人民出版社 2002 年版。

焦国成：《中国伦理学通论》（上册），山西教育出版社 1997 年版。

李泽厚：《历史本体论》，生活·读书·新知三联书店 2007 年版。

刘汪楠：《廉洁——知耻而后勇》，天津大学出版社 2015 年版。

刘致丞：《耻的道德意蕴》，上海世纪集团 2015 年版。

汪凤炎、郑红：《荣耻心的心理学研究》，人民出版社 2010 年版。

杨峻岭：《道德耻感论》，中央编译出版社 2013 年版。

三　中文论文

包晓光：《新时代语境下传统文化创造性转化创新性发展的几个问题》，《湖南社会科学》2018 年第 5 期。

晁福林：《"五刑不如一耻"——先秦时期刑法观念的一个特色》，《社会科学辑刊》2014 年第 5 期。

陈飞：《论耻感文化与耻感底线伦理》，《学术论坛》2008 年第 4 期。

陈浩川：《社会主义核心价值体系中的中国文化意蕴浅析》，《思想教育研究》2013 年第 6 期。

陈其泰：《中华传统文化精华创造性阐释》，《陕西师范大学学报》（哲学社会科学版）2018 年第 5 期。

陈少平、陈桂香：《高校中华传统文化教育与思想政治教育研究综述》，《思想教育研究》2016 年第 6 期。

陈思宇、程倩：《转型期公民道德耻感提升研究》，《甘肃社会科学》2015 年第 5 期。

陈晓杰、王宇飞：《试论耻感文化与和谐社会的构建》，《长白学刊》2012 年第 3 期。

陈新汉：《论耻感的哲学意蕴》，《上海财经大学学报》2009 年第 10 期。

陈英敏、高峰强：《"羞怯" 与 "羞耻" 之辨析》，《山东师范大学学报》（人文社会科学版）2012 年第 7 期。

崔乐泉、孙喜和：《中华优秀传统体育文化传承发展的理论与实践——〈关于实施中华优秀传统文化传承发展工程的意见〉解读》，《北京体育大学学报》2018 年第 1 期。

邓剑华：《试论〈论语〉耻德教育在高校德育中的价值》，《湘南学院学报》2014 年第 12 期。

邓清华：《当代大学生耻感的问题、原因与对策》，《学校党建与思想教育》2010 年第 5 期。

丁珊、陆珺：《德育应始于耻感的培养》，《广西大学学报》（哲学社会科学版）2008 年第 12 期。

丁一平：《中华传统耻感文化形成的根源探析》，《河南师范大学学报》（哲学社会科学版）2015 年第 3 期。

段超：《中华优秀传统文化当代传承体系建构研究》，《中南民族大学学报》（人文社会科学版）2012 年第 3 期。

樊浩：《耻感与道德体系》，《道德与文明》2007 年第 4 期。

范赟、王月清：《论习近平总书记系列重要讲话中的中华传统文化理念与情怀》，《理论学刊》2014 年第 9 期。

房广顺、隈金成：《社会主义核心价值观与中华传统文化的契合性》，《马克思主义研究》2015 年第 10 期。

冯开兵：《领导干部的有耻与忍耻》，《领导科学》2013 年第 2 期。

傅才武、岳楠：《论中国传统文化创新性发展的实现路径——以当代文化资本理论为视角》，《同济大学学报》（社会科学版）2018 年第 2 期。

高春花：《论孔子耻感的道德品性》，《道德与文明》2008 年第 2 期。

高猛、陈思坤：《耻感教育：当代大学生道德建构的重要维度》，《理论导刊》2008 年第 10 期。

高琦、娄淑华：《习近平论中华优秀传统文化的价值》，《思想教育研究》2018 年第 3 期。

龚志宏：《论高校荣辱观教育中的知耻教育》，《教育探索》2008 年第 5 期。

关媛媛、王晓广：《中国传统耻感文化及其当代价值》，《思想政治教育研究》2012 年第 2 期。

郭聪惠：《知耻教育：大学德育的新路径》，《广西社会科学》2008 年第 11 期。

郭聪惠：《中国传统耻感文化的当代道德教育价值解读》，《青海社会科学》2008 年第 7 期。

郭曰铎：《传承与升华：中华优秀传统文化和社会主义核心价值观的有机融合——学习习近平总书记关于中华传统文化与社会主义核心价值观的重要论述》，《青岛科技大学学报》（社会科学版）2014 年第 12 期。

郭瞻予、李阳：《大学生人格、羞耻感和社交焦虑的关系分析》，《沈阳师范大学学报》（社会科学版）2017 年第 5 期。

贺晋秀：《中国传统羞耻感文化的失落与重拾》，《内蒙古师范大学学报》（哲学社会科学版）2014 年第 9 期。

侯平安：《"耻"德教育是构建和谐社会的平台》，《思想政治教育研究》2008 年第 6 期。

姜红、俞宁：《从道德自律看中西文化"耻罪二分"之误》，《学术界》

2010 年第 7 期。

揭芳：《从〈论语〉中的"耻"看中国哲学的自律精神》，《社会科学家》2013 年第 2 期。

竭婧、杨丽珠：《三种羞耻感发展理论述评》，《辽宁师范大学学报》（社会科学版）2009 年第 1 期。

孔宪峰：《中华优秀传统文化的当代价值——兼论中国共产党关于传统文化的新认识》，《教学与研究》2015 年第 1 期。

寇东亮：《成为一个人并尊敬他人为人——耻感教育的人学指向》，《伦理学研究》2009 年第 9 期。

李国娟：《高校加强中华优秀传统文化教育的理论思考与实践逻辑》，《思想理论教育》2015 年第 4 期。

李国泉、周向军：《学习习近平总书记关于传承和弘扬中华优秀传统文化的重要论述》，《思想理论教育》2014 年第 10 期。

李海：《论耻感与自律》，《道德与文明》2008 年第 2 期。

李宏斌：《人性镜像下的耻感与公共管理伦理构建》，《湖南师范大学社会科学学报》2012 年第 5 期。

李华伟：《中国传统文化中的生态德育思想析论》，《理论导刊》2014 年第 8 期。

李建华、冯丕红：《论〈论语〉中"耻"的伦理意蕴》，《孔子研究》2012 年第 11 期。

李蕉：《耻感的价值——兼论孔子德治思想的内在依据》，《江淮论坛》2008 年第 10 期。

李娟、王焕丽：《现代生态公民社会建构中的传统耻感文化维度探析》，《河北学刊》2014 年第 9 期。

李荣启：《弘扬中华传统文化与建设社会主义核心价值观》，《中国文化研究》2014 年第 8 期。

李义论：《培育大学生"社会主义荣辱观"的重要性及其途径》，《山西财经大学学报》2014 年第 4 期。

廉清：《耻感生成机制研究》，《求实》2008 年第 4 期。

刘代容、江昊：《日本文化探索——以耻感文化为中心》，《学术探索》2015 年第 2 期。

刘芳：《中华优秀传统文化：社会主义核心价值观的精神滋养》，《思想理论教育》2015 年第 1 期。

刘峻峰：《对大学生社会主义荣辱观教育的理性思考》，《教育探索》2008 年第 9 期。

刘梦溪：《论知耻》，《北京大学学报》（哲学社会科学版）2017 年第 11 期。

柳士同：《耻感文化与罪感文化》，《社会科学论坛》2012 年第 5 期。

罗诗钿：《耻感教育的含义与途径探析》，《理论月刊》2012 年第 10 期。

罗诗钿：《论"耻"的文化向度与价值呈现》，《船山学刊》2014 年第 2 期。

罗诗钿：《论"耻感"文化在社会主义道德建设中的作用》，《求实》2010 年第 4 期。

罗诗钿：《论耻感的意识向度与人的存在方式》，《深圳大学学报》（人文社会科学版）2012 年第 11 期。

罗诗钿：《中国耻感文化对社会主义荣辱观内化为信仰的启示》，《甘肃理论学刊》2010 年第 1 期。

马金祥：《中华优秀传统文化与社会主义核心价值观内在逻辑管窥》，《思想教育研究》2016 年第 7 期。

牟世晶：《儒家传统中的耻论资源对知耻教育的意义》，《兰州学刊》2008 年第 1 期。

欧阳爱权：《当代大学生文化自觉之整体性思考》，《学校党建与思想教育》2014 年第 1 期。

普书贞等：《从耻感文化视角分析日本社会秩序现象》，《中国农业大学学报》（社会科学版）2015 年第 6 期。

乔石豪：《耻感教育应成为高校道德建设的重要内容》，《中州大学学报》2013 年第 8 期。

沙莲香：《耻感作为一种心理现象》，《道德与文明》2008 年第 2 期。

邵培仁、姚锦云：《和而不同 交而遂通：中华优秀传统文化的当代价值》，《新疆师范大学学报》（哲学社会科学版）2015 年第 7 期。

佘双好、李秀：《论中华传统文化的"精神基因"》，《新疆师范大学学报》（哲学社会科学版）2015 年第 4 期。

沈贵鹏、刘蓉：《90 后大学生"耻感现象"探析》，《教育探索》2012 年第 4 期。

沈贵鹏、张天舒：《耻感与耻感教育》，《思想理论教育》2009 年第 8 期。

盛红：《〈论语〉中"耻"的德性意蕴》，《江苏第二师范学院学报》2017 年第 3 期。

史小华：《日本耻文化的考察研究》，《牡丹江大学学报》2017 年第 8 期。

宋乃庆：《中华优秀传统文化与社会主义核心价值观的培育和践行》，《思想理论教育导刊》2015 年第 4 期。

孙龙国：《单向度的耻感及其文化本源——兼谈我国公民道德建构的几个问题》，《求索》2009 年第 5 期。

孙庆忠、丁若沙：《东方传统耻文化下的中日差异》，《西安交通大学学报》（社会科学版）2008 年第 9 期。

孙寿涛、周德丰：《社会主体论视域下中华传统文化唯物史观基因新探》，《天津师范大学学报》（社会科学版）2018 年第 3 期。

台秀珍：《耻感文化的内涵及大学生耻感意识的培养》，《学校党建与思想教育》2009 年第 9 期。

汤舜：《大学生耻感的失落与追寻》，《教育探索》2010 年第 3 期。

唐海燕：《廉与耻之内在关联及当代运用》，《广西社会科学》2017 年第 10 期。

陶红丽：《社会主义核心价值体系建设的自觉与自信》，《淮海工学院学报》（人文社会科学版）2014 年第 2 期。

田海平：《耻感难题与荣辱的初始条件》，《学术研究》2009 年第 4 期。

童恒萍：《坚守中华文化立场立足当代中国现实——从中华传统文化视角阐析十九大文化建设理论》，《华南师范大学学报》（社会科学版）2018 年第 1 期。

王彬：《中华优秀传统文化是文化自信的根基》，《山东社会科学》2018 年第 2 期。

王锋：《耻感：个体自律的道德心理机制》，《天津社会科学》2010 年第 1 期。

王锋：《耻感与尊严》，《道德与文明》2010 年第 8 期。

王锋、高兆明：《懊悔：知耻明荣的道德心理机制》，《南京社会科学》2009 年第 10 期。

王红：《中华优秀传统道德文化价值体认系统的生成逻辑探析》，《伦理学研究》2018 年第 5 期。

王磊、孙亚男：《中华友善家风的传统文化意蕴及当代价值》，《长白学刊》2018 年第 3 期。

王丽、丁海波：《孔子论"耻"的内涵及其当代审美价值》，《社会科学战线》2012 年 11 期。

王玲：《建设良好社会风气要重视培育"耻感文化"》，《理论前沿》2009 年第 9 期。

王晓广：《高校大学生耻感文化建设刍议》，《思想政治教育研究》2014 年第 4 期。

王晓广：《论耻感文化的道德功能》，《学术交流》2015 年第 12 期。

王永超、朱长利：《〈孟子〉"无耻之耻，无耻矣"义辨》，《中南大学学报》（社会科学版）2011 年第 2 期。

文敏、杨文宇：《论孟子德性思想之情理精神对中国文化的影响》，《沈阳大学学报》（社会科学版）2014 年第 2 期。

闻素霞、乔亲才：《羞耻感对道德自我发展的影响》，《徐州师范大学学报》（哲学社会科学版）2010 年第 3 期。

吴超、张烨：《构建中国特色社会主义话语体系怎样汲取中华优秀传统文化的滋养》，《思想理论教育导刊》2016 年第 4 期。

吴根友、熊健：《传统社会的道德耻感论》，《伦理学研究》2017 年第 11 期。

吴潜涛、杨峻岭：《论耻感的基本含义、本质属性及其主要特征》，《哲学研究》2010 年第 8 期。

吴潜涛、杨峻岭：《社会公德建设与公民耻感涵育》，《道德与文明》2008 年第 2 期。

吴潜涛、杨峻岭：《中国传统耻感思想及其启示》，《思想教育研究》2010 年第 7 期。

伍志燕：《中华传统耻感文化的现代转换及发展》，《毛泽东邓小平理论研究》2014 年第 11 期。

许壮飞、徐柳凡：《当前大学生耻感教育着力点分析》，《思想理论教育导刊》2012 年第 5 期。

杨玢：《中华优秀传统文化认同的理论视域》，《理论导刊》2018 年第 3 期。

杨峻岭、任凤彩：《对几个与耻感相近、相关概念的厘定与辨析》，《河北学刊》2010 年第 5 期。

杨峻岭：《先秦儒家耻感思想的基本内容、主要特征及其现实意义》，《伦理学研究》2008 年第 3 期。

杨峻岭、任凤彩：《道德耻感的基本样态分析》，《伦理学研究》2009 年第 5 期。

杨峻岭、任凤彩：《加强大学生耻感教育的依据及其途径探析》，《思想理论教育导刊》2010 年第 10 期。

杨峻岭、吴潜涛：《论自由意志与道德耻感》，《中国人民大学学报》2013 年第 1 期。

杨婷：《"知耻"传统文化丰富公民教育》，《思想政治教育研究》2008 年第 6 期。

翟学伟：《耻感与面子：差之毫厘，失之千里》，《社会学研究》2016 年第 1 期。

张国立：《耻感的伦理价值研究》，《贵州大学学报》（社会科学版）2009 年第 5 期。

张莉：《耻感文化与罪感文化刍议》，《延安大学学报》（社会科学版）2007 年第 2 期。

张立文：《儒家伦理与廉政》，《中州学刊》2014 年第 6 期。

张小平：《论十八大以来中华优秀传统文化传承理论的新发展》，《学术论坛》2017 年第 6 期。

张哲、王永明：《中华优秀传统文化的育人价值》，《人民论坛》2018 年第 3 期。

张自慧：《论耻感与耻感教育》，《辽宁大学学报》（哲学社会科学版）2008 年第 11 期。

章越松：《耻感伦理的含义、属性与问题域》，《伦理学研究》2014 年第 1 期。

赵锋：《面子、羞耻与权威的运作》，《社会学研究》2016 年第 1 期。

赵景欣：《中华优秀传统文化传承与学生发展核心素养研究》，《中国教育学刊》2016 年第 6 期。

赵平安、高猛：《耻感的向度与公民道德建构》，《江西社会科学》2008 年第 9 期。

赵侯：《浅谈日本的"耻"文化》，《牡丹江大学学报》2010 年第 2 期。

郑德荣、邱潇：《习近平传统文化观的历史渊源与思想精髓》，《毛泽东邓小平理论研究》2016 年第 7 期。

郑吉伟、常佩瑶：《论习近平的传统文化观》，《理论学刊》2016 年第 1 期。

钟澳、戴钢书：《以中华传统文化三大要素涵养社会主义核心价值观建设》，《毛泽东思想研究》2018 年第 1 期。

周毅刚、高猛：《耻感的心理机制与公共管理伦理建构》，《河南师范大学学报》（哲学社会科学版）2008 年第 5 期。

庄梅兰：《论传统耻德资源的公共文明建设价值》，《福建论坛》（人文社会科学版）2016 年第 4 期。

邹兴平：《转型时期的耻感文化：蜕变与重建》，《湖南师范大学社会科学学报》2010 年第 3 期。

四 英文文献

JunePrice，Tangney，Patricia E. Wanger，et al.，Relation of Shame and Guilt to Constructive Versus Destructive Responses to Anger Across the Lifespan. *Journalof Personality and Social Psychology*，1996，70（4）.

Devlin，Patrick. *The Enforcement of Morals.* London：Oxford University Press，1965.

Eliza Ahmed and Valerie Braithwaite. Forgiveness，Reconciliation，and Shame：Three Key Variables in Reducing School Bullying Eliza Ahmed and Valerie Braithwaite. *Journal of Social Issues*，2006（2）.

Harder D. W.，et al.，psychopathology. Assessment of shame and guilt and their relationships to Journal of Pert sonality Assessment, 1992.

Lewis H. B. , *Shame and Guilt in Neurosis.* New York: International Universities Press, 1971.

Lewis H. B. , *The Role of Shame Guilt in Symptom Formation Emotions and Psychopathology.* New York: Plenum Press, 1988.

O. J. Harvey, Harvey Frank, etc. Relationship of Belief System to Shame and Guilt. *Personality and Individual Differences*, 1998 (25).

O. J. Harvey, Edmond J. Gore, etc. , Relationship of Shame and Guilt to Gender and Parenting Practices. *Personality and Individual Differences*1997, (23).

Nathan Harris. Reintegrative Shaming, Shame; and Criminal Justice. *Journal of Social Issues*, 2006 (2).

Alan Jenkins, Shame Realisation and Restitution, *The Ethics of Restorative Practice.* Australia & New Zealand Journal of Family Therapy, 2006, 27 (3).